建筑与市政工程施工现场专业人员职业标准培训教材

材料员考核评价大纲及习题集

（第二版）

本书编委会　编

中国建筑工业出版社

图书在版编目（CIP）数据

材料员考核评价大纲及习题集/《材料员考核评价大纲及习题集》编委会编. —2版. —北京：中国建筑工业出版社，2017.8（2022.7重印）
建筑与市政工程施工现场专业人员职业标准培训教材
ISBN 978-7-112-21141-8

Ⅰ.①材… Ⅱ.①材… Ⅲ.①建筑材料-职业培训-自学参考资料 Ⅳ.①TU5

中国版本图书馆CIP数据核字（2017）第207126号

本教材为材料员考核评价大纲及习题集（第二版）。全书分为两部分，第一部分为材料员考核评价大纲，由住房和城乡建设部人事司组织编写；第二部分为材料员习题集，分为通用与基础知识、岗位知识与专业技能两篇，共收录了约1000道习题和两套模拟试卷，习题和试卷均配有正确答案和解析。可供参加材料员培训考试的同志和相关专业工程技术人员练习使用。

* * *

责任编辑：李 阳 朱首明 李 明
责任校对：焦 乐 党 蕾

建筑与市政工程施工现场专业人员职业标准培训教材
材料员考核评价大纲及习题集
（第二版）
本书编委会 编

*

中国建筑工业出版社出版、发行（北京海淀三里河路9号）
各地新华书店、建筑书店经销
北京科地亚盟排版公司制版
廊坊市海涛印刷有限公司印刷

*

开本：787×1092毫米 1/16 印张：15½ 字数：373千字
2017年8月第二版 2022年7月第十七次印刷
定价：**45.00**元
ISBN 978-7-112-21141-8
（30711）

本书编委会

主　任：阚咏梅

副主任：艾伟杰

委　员：（按姓氏笔画排序）

王　鑫	王江涛	韦爱利	朱吉顶	危道军
刘延兵	刘善安	李　光	李雪飞	肖　硕
邹德勇	张　彤	张庆丰	张囡囡	张晓艳
张悠荣	张鲁风	苗云森	赵泽红	钱大治
徐　刚	徐　静	徐梦南	高东旭	郭　瑞
曹立纲	曹安民	董慧凝	潘志强	魏鸿汉

出版说明

建筑与市政工程施工现场专业人员队伍素质是影响工程质量和安全生产的关键因素。我国从20世纪80年代开始，在建设行业开展关键岗位培训考核和持证上岗工作。对于提高建设行业从业人员的素质起到了积极的作用。进入21世纪，在改革行政审批制度和转变政府职能的背景下，建设行业教育主管部门转变行业人才工作思路，积极规划和组织职业标准的研发。在住房和城乡建设部人事司的主持下，由中国建设教育协会、苏州二建建筑集团有限公司等单位主编了建设行业的第一部职业标准——《建筑与市政工程施工现场专业人员职业标准》，已由住房和城乡建设部发布，作为行业标准于2012年1月1日起实施。为推动该标准的贯彻落实，进一步编写了配套的14个考核评价大纲。

该职业标准及考核评价大纲有以下特点：(1) 系统分析各类建筑施工企业现场专业人员岗位设置情况，总结归纳了8个岗位专业人员核心工作职责，这些职业分类和岗位职责具有普遍性、通用性。(2) 突出职业能力本位原则，工作岗位职责与专业技能相互对应，通过技能训练能够提高专业人员的岗位履职能力。(3) 注重专业知识的完整性、系统性，基本覆盖各岗位专业人员的知识要求，通用知识具有各岗位的一致性，基础知识、岗位知识能够体现本岗位的知识结构要求。(4) 适应行业发展和行业管理的现实需要，岗位设置、专业技能和专业知识要求具有一定的前瞻性、引导性，能够满足专业人员提高综合素质和适应岗位变化的要求。

为落实职业标准，规范建设行业现场专业人员岗位培训工作，我们依据与职业标准相配套的考核评价大纲，以《建筑与市政工程施工现场专业人员职业标准培训教材（第二版）》为依据，组织开发了各岗位的题库、题集。

第二版习题集是在上版的基础上，总结使用过程中发现的不足之处，参照现行标准、规范，面向国家考核评价题库，对习题集内容进行了调整、修改、补充，使之更贴近于考核评价，满足学员需求。

题集覆盖《建筑与市政工程施工现场专业人员职业标准》涉及的施工员、质量员、安全员、标准员、材料员、机械员、劳务员、资料员8个岗位。题集分为上下两篇，上篇为通用与基础知识部分习题，下篇为岗位知识与专业技能部分习题，每本习题集收录了1000道左右习题，所有习题均配有答案和解析，上下篇各附有模拟试卷一套。可供参加相关岗位培训考试的专业人员练习使用。

题库建设中，教材主编及相关专家为我们提供了样题和部分试题，在此表示感谢!

作为行业现场专业人员第一个职业标准贯彻实施的配套教材，我们的编写工作难免存在不足，因此，我们恳请使用本套教材的培训机构、教师和广大学员多提宝贵意见，以便进一步的修订，使其不断完善。

目　　录

材料员

考核评价大纲

通 用 知 识

一、熟悉国家工程建设相关法律法规

（一）《建筑法》

1. 从业资格的有关规定
2. 建筑安全生产管理的有关规定
3. 建筑工程质量管理的有关规定

（二）《安全生产法》

1. 生产经营单位安全生产保障的有关规定
2. 从业人员权利和义务的有关规定
3. 安全生产监督管理的有关规定
4. 安全事故应急救援与调查处理的有关规定

（三）《建设工程安全生产管理条例》、《建设工程质量管理条例》

1. 施工单位安全责任的有关规定
2. 施工单位质量责任和义务的有关规定

（四）《劳动法》、《劳动合同法》

1. 劳动合同和集体合同的有关规定
2. 劳动安全卫生的有关规定

二、掌握工程材料的基本知识

（一）无机胶凝材料

1. 无机胶凝材料的分类及其特性
2. 通用水泥的特性、主要技术性质及应用
3. 特性水泥的分类、特性及应用

（二）混凝土

1. 混凝土的分类及主要技术性质
2. 普通混凝土的组成材料及其技术要求
3. 轻混凝土、高性能混凝土、预拌混凝土的特性及应用
4. 常用混凝土外加剂的品种及应用

（三）砂浆

1. 砂浆的分类、特性及应用
2. 砌筑砂浆的主要技术性质
3. 砌筑砂浆的组成材料及其技术要求

（四）石材、砖和砌块

1. 石材的分类及应用
2. 砖的分类、主要技术要求及应用

3. 砌块的分类、主要技术要求及应用
（五）金属材料
1. 钢结构用钢材的品种及主要技术性质
2. 钢筋混凝土结构用钢材的品种及主要技术性质
3. 铝合金的分类及特性
4. 不锈钢的分类及特性
（六）沥青材料及沥青混合料
1. 沥青材料的分类、技术性质及应用
2. 沥青混合料的分类、组成材料及其技术要求
（七）防水材料及保温材料
1. 防水材料的分类、技术性质及应用
2. 保温材料的分类、技术性质及应用

三、了解施工图识读、绘制的基本知识

（一）施工图的基本知识
1. 房屋建筑施工图的组成及作用
2. 房屋建筑施工图的图示特点
（二）施工图的识读
房屋建筑施工图识读的步骤与方法

四、了解工程施工工艺和方法

（一）地基与基础工程
1. 岩土的工程分类
2. 基坑（槽）开挖、支护及回填的主要方法
3. 混凝土基础施工工艺
（二）砌体工程
1. 砌体工程的种类
2. 砌体工程施工工艺
（三）钢筋混凝土工程
1. 常见模板的种类
2. 钢筋工程施工工艺
3. 混凝土工程施工工艺
（四）钢结构工程
1. 钢结构的连接方法
2. 钢结构安装施工工艺
（五）防水工程
1. 防水工程的主要种类
2. 防水工程施工工艺

五、熟悉工程项目管理的基本知识

（一）施工项目管理的内容及组织

1. 施工项目管理的内容

2. 施工项目管理的组织

（二）施工项目目标控制

1. 施工项目目标控制的任务

2. 施工项目目标控制的措施

（三）施工资源与现场管理

1. 施工资源管理的任务和内容

2. 施工现场管理的任务和内容

基 础 知 识

一、了解建筑力学的基本知识

（一）平面力系

1. 力的基本性质

2. 力矩和力偶的性质

3. 平面力系的平衡方程

（二）杆件强度、刚度和稳定的基本概念

1. 杆件变形的基本形式

2. 应力、应变的基本概念

3. 杆件强度的概念

4. 杆件刚度和压杆稳定性的概念

（三）材料强度、变形的基本知识

1. 材料的强度及常用强度指标

2. 材料的变形

3. 强度和变形对材料选择使用的影响

（四）力学试验的基本知识

1. 材料的拉伸试验

2. 材料的压缩试验

3. 材料的弯曲试验

4. 材料的剪切试验

二、熟悉工程预算的基本知识

（一）工程计量

1. 建筑面积计算

2. 建筑工程的工程量计算

3. 装饰装修工程的工程量计算
4. 建筑设备安装工程的工程量计算
5. 市政工程的工程量计算
（二）工程造价计价
1. 工程造价构成
2. 工程造价的定额计价基本知识
3. 工程造价的工程量清单计价方法的基本知识

三、掌握物资管理的基本知识

（一）材料管理的基本知识
1. 材料管理的意义和任务
2. 材料管理的主要内容
（二）机械设备管理的基本知识
1. 施工机具的分类及装备原则
2. 机械设备管理的主要内容

四、熟悉抽样统计分析的基本知识

（一）数理统计的基本概念、抽样调查的方法
1. 总体、样本、统计量、抽样分布的概念
2. 抽样的方法
（二）材料数据抽样和统计分析方法
1. 材料数据抽样的基本方法
2. 数据统计分析的基本方法

岗 位 知 识

一、熟悉与材料管理相关的管理规定和标准

（一）建筑材料管理的有关规定
1. 选用、采购环节确保建筑材料质量的规定
2. 建设工程项目管理规范中关于建筑材料管理的规定
（二）建筑材料相关技术标准
1. 建筑材料技术标准的体系框架
2. 常用建筑材料技术标准的有关要求

二、熟悉市场调查分析的内容和方法

（一）市场的相关概念
1. 市场和建筑市场
2. 建筑市场的特点和构成

（二）市场的调查分析

1. 市场调查分析的概念

2. 市场调查的内容和方法

三、熟悉招投标和合同管理的基本知识

（一）建设项目招标与投标

1. 建筑材料、设备招标和政府采购的分类

2. 建筑材料、设备招标和政府采购的程序和方式

3. 建筑材料、设备投标和政府采购的工作机构及程序

4. 标价的计算与确定

（二）合同与合同管理

1. 合同的法律基础

2. 合同的订立与效力

3. 合同的履行与担保

4. 合同的变更、转让与终止

5. 违约责任承担与争议处理

（三）建设工程施工合同示范文本及建筑材料采购合同样本

1. 施工合同示范文本的结构、双方权利与义务、控制与管理性条款

2. 建筑材料采购合同样本

四、掌握建筑材料验收、存储、供应的基本知识

（一）材料的进场验收和复验

1. 进场验收和复验的意义

2. 进场验收和复验的方法

3. 常用建筑材料进场验收和复验的内容

（二）材料的仓储管理

1. 仓库分类及仓储管理规划

2. 仓储账务管理及仓储盘点

（三）材料的使用管理

1. 材料领发的要求及常用方法

2. 限额领料的方法

3. 材料的使用监督

（四）现场料具和周转材料管理

1. 现场料具管理

2. 周转材料管理

（五）现场材料的计算机管理

1. 材料计算机管理系统的主要功能

2. 材料计算机管理系统的操作要点

五、掌握建筑材料核算的内容和方法

（一）工程费用及成本核算

1. 工程费用的组成
2. 工程成本的分析
3. 工程材料费的核算

（二）材料核算的内容及方法

1. 材料、设备成本核算的内容
2. 材料采购的实际价格
3. 材料的供应核算
4. 材料的储备核算
5. 材料消耗量的核算

专 业 技 能

一、能够参与编制材料、设备配置管理计划

1. 进行材料、设备需用数量核算
2. 提供编制材料、设备配置计划相应的依据文件资料
3. 编制材料、设备配置管理实施方案

二、能够分析建筑材料市场信息，并进行材料、设备的采购

1. 根据市场信息确定材料、设备的采购方式和采购时机
2. 拟定采购合同的主要条款内容，预测并规避采购合同的风险
3. 组织进行材料、设备的采购、订货的准备和谈判
4. 完成采购及订货成交、进场和结算

三、能够对进场材料、设备进行符合性判断

1. 对水泥按验收批进行进场验收及记录，按检验批进行复验及记录
2. 对预拌混凝土按验收批进行进场验收及记录，按检验批进行复验及记录
3. 对砂浆按验收批进行进场验收及记录，按检验批进行复验及记录
4. 对线材和型材按验收批进行进场验收及记录，按检验批进行复验及记录
5. 对墙体材料按验收批进行进场验收及记录，按检验批进行复验及记录
6. 对防水、保温材料按验收批进行进场验收及记录，按检验批进行复验及记录
7. 对公路沥青、混合料和土工合成料按验收批进行进场验收及记录，按检验批进行复验及记录

四、能够组织保管、发放施工材料和设备

1. 对进场水泥实施保管，对不合格水泥进行处理

2. 对进场钢材实施保管，并对钢材的代换应用提出建议
3. 对各类易损、易燃、易变质材料进行保管
4. 对常用施工设备实施保管
5. 按发料制度和程序进行计划发料和使用情况检查
6. 制定限额领料的方案并按管理流程实施

五、能够对危险物品进行安全管理

1. 执行现场危险物品管理责任制
2. 辨识现场危险源，提出危险物品存放方案，并储存管理
3. 进行现场危险物品发放管理

六、能够参与对施工余料、废弃物进行处置或再利用

1. 分析施工余料的产生情况
2. 提出对施工余料的处置建议
3. 提出对施工废弃物的处置意见

七、能够建立材料、设备的统计台账

1. 建立材料、设备的收、发、存台账
2. 根据领料单登记材料、设备的收、发、存台账
3. 使用计算机系统进行现场材料管理

八、能够参与进行材料、设备的成本核算

1. 按当期主要材料耗用数量登记实际成本台账
2. 找出主要材料超计划用料的原因，提出调整措施
3. 提出现场周转材料加快周转的措施
4. 进行现场料具成本核算
5. 提出周转材料的租赁及成本核算建议
6. 进行中小型设备的折旧及成本核算

九、能够编制、收集、整理施工材料和设备资料

1. 填写施工材料资料表
2. 填写施工设备资料表

材料员

习 题 集

上篇　通用与基础知识

第一章　建设法规

一、判断题

1. 建设行政法规是指由国务院制定，经国务院常务委员会审议通过，由国务院总理以中华人民共和国国务院令的形式发布的属于国务院建设行政主管部门业务范围的各项规定。

【答案】错误

【解析】建设行政法规是指由国务院制定，经国务院常务委员会审议通过，由国务院总理以中华人民共和国国务院令的形式发布的属于建设行政主管部门主管业务范围的各项法规。

2. 在我国的建设法规的五个层次中，法律效力的层级是上位法高于下位法，具体表现为：建设法律→建设行政法规→建设部门规章→地方性建设法规→地方建设规章。

【答案】正确

【解析】在建设法规的五个层次中，其法律效力由高到低依次为建设法律、建设行政法规、建设部门规章、地方性建设法规和地方建设规章。法律效力高的称为上位法，法律效力低的称为下位法，下位法不得与上位法相抵触，否则其相应规定将被视为无效。

3.《建筑法》的立法目的在于加强对建筑活动的监督管理，维护建筑市场秩序，保证建筑工程的质量和安全，促进建筑业健康发展。

【答案】正确

【解析】《建筑法》的立法目的在于加强对建筑活动的监督管理，维护建筑市场秩序，保证建筑工程的质量和安全，促进建筑业健康发展。

4. 建筑业企业资质，是指建筑业企业的建设业绩、人员素质、管理水平、资金数量、技术装备等的总称。

【答案】正确

【解析】建筑业企业资质，是指建筑业企业的建设业绩、人员素质、管理水平、资金数量、技术装备等的总称。

5.《建筑法》第 36 条规定：建筑工程安全生产管理必须坚持“安全第一、预防为主”的方针。其中“安全第一”是安全生产方针的核心。

【答案】错误

【解析】《建筑法》第 36 条规定：建筑工程安全生产管理必须坚持“安全第一、预防为主”的方针。“安全第一”是安全生产方针的基础；“预防为主”是安全生产方针的核心和具体体现，是实现安全生产的根本途径，生产必须安全，安全促进生产。

6.《安全生产法》的立法目的是加强安全生产工作，防止和减少生产安全事故，保障人民群众生命和财产安全，促进经济社会持续健康发展。

【答案】正确

【解析】《安全生产法》总则第1条规定：为了加强安全生产工作，防止和减少生产安全事故，保障人民群众生命和财产安全，促进经济社会持续健康发展，制定本法。

7. 群防群治制度是建筑生产中最基本的安全管理制度，是所有安全规章制度的核心，是安全第一、预防为主方针的具体体现。

【答案】错误

【解析】安全生产责任制是建筑生产中最基本的安全管理制度，是所有安全规章制度的核心，是安全第一、预防为主方针的具体体现。

8. 安全生产检查制度是上级管理部门或企业自身对安全生产状况进行定期或不定期检查的制度。

【答案】正确

【解析】安全生产检查制度是上级管理部门或企业自身对安全生产状况进行定期或不定期检查的制度。

9. 在建设工程竣工验收后，在规定的保修期限内，因勘察、设计、施工、材料等原因造成的质量缺陷，应当由责任单位负责维修、返工或更换。

【答案】错误

【解析】建设工程质量保修制度，是指在建设工程竣工验收后，在规定的保修期限内，因勘察、设计、施工、材料等原因造成的质量缺陷，应当由施工承包单位负责维修、返工或更换，由责任单位负责赔偿损失的法律制度。

10. 危险物品的生产、经营、储存单位以及矿山、建筑施工单位的主要负责人和安全生产管理人员，应当缴费参加由有关部门对其安全生产知识和管理能力考核合格后方可任职。

【答案】错误

【解析】《安全生产法》第24条规定：危险物品的生产、经营、储存单位以及矿山、建筑施工单位的主要负责人和安全生产管理人员，应当由有关部门对其安全生产知识和管理能力考核合格后方可任职。考核不得收费。

11. 生产经营单位的特种作业人员必须按照国家有关规定经生产经营单位组织的安全作业培训，方可上岗作业。

【答案】错误

【解析】《安全生产法》第27条规定：生产经营单位的特种作业人员必须按照国家有关规定经专门的安全作业培训，取得特种作业操作资格证书，方可上岗作业。

12. 从业人员发现直接危及人身安全的紧急情况时，未经主管单位允许停止作业后，生产经营单位有权降低其工资、福利等待遇。

【答案】错误

【解析】《安全生产法》第47条规定：从业人员发现直接危及人身安全的紧急情况时，有权停止作业或者在采取可能的应急措施后撤离作业场所。生产经营单位不得降低其工资、福利等待遇或者解除与其订立的劳动合同。

13. 生产经营单位临时聘用的钢结构焊接工人不属于生产经营单位的从业人员，所以不享有相应的从业人员应享有的权利。

【答案】错误

【解析】生产经营单位的从业人员，是指该单位从事生产经营活动各项工作的所有人员，包括管理人员、技术人员和各岗位的工人，也包括生产经营单位临时聘用的人员。

14.《安全生产法》规定，生产经营单位与从业人员订立的劳动合同，应当载明依法为从业人员办理工伤社会保险的事项。

【答案】正确

【解析】《安全生产法》第49条规定，生产经营单位与从业人员订立的劳动合同，应当载明依法为从业人员办理工伤社会保险的事项。

15. 国务院负责安全生产监督管理的部门对全国建设工程安全生产工作实施综合监督管理。

【答案】错误

【解析】国务院负责安全生产监督管理的部门对全国安全生产工作实施综合监督管理。国务院建设行政主管部门对全国建设工程安全生产实施监督管理。

16. 对有根据认为不符合保障安全生产的法律规定的设施、设备、器材以及违法生产、储存、使用、经营、运输的危险物品予以查封或者扣押，对违法生产、储存、使用、经营危险物品的作业场所予以查封，并依法作出处理决定。

【答案】错误

【解析】《安全生产法》第61条规定：安全生产监督管理部门和其他负有安全生产监督管理职责的部门依法开展安全生产行政执法工作，对生产经营单位执行有关安全生产的法律、法规和国家标准或者行业标准的情况进行监督检查，行使以下职权。

1）进入生产经营单位进行检查，调阅有关资料，向有关单位和人员了解情况。

2）对检查中发现的安全生产违法行为，当场予以纠正或者要求限期改正；对依法应当给予行政处罚的行为，依照本法和其他有关法律、行政法规的规定作出行政处罚决定。

3）对检查中发现的事故隐患，应当责令立即排除；重大事故隐患排除前或者排除过程中无法保证安全的，应当责令从危险区域内撤出作业人员，责令暂时停产停业或者停止使用相关设施、设备；重大事故隐患排除后，经审查同意，方可恢复生产经营和使用。

4）对有根据认为不符合保障安全生产的国家标准或者行业标准的设施、设备、器材以及违法生产、储存、使用、经营、运输的危险物品予以查封或者扣押，对违法生产、储存、使用、经营危险物品的作业场所予以查封，并依法作出处理决定。

监督检查不得影响被检查单位的正常生产经营活动。

17. 某施工工地脚手架倒塌，造成3人死亡8人重伤，根据《生产安全事故报告和调查处理条例》规定，该事故等级属于一般事故。

【答案】错误

【解析】根据《生产安全事故报告和调查处理条例》规定：根据生产安全事故造成的人员伤亡或者直接经济损失，事故一般分为以下等级：1）特别重大事故，是指造成30人及以上死亡，或者100人及以上重伤（包括急性工业中毒，下同），或者1亿元及以上直接经济损失的事故；2）重大事故，是指造成10人及以上30人以下死亡，或者50人及以上100人以下重伤，或者5000万元及以上1亿元以下直接经济损失的事故；3）较大事故，是指造成3人及以上10人以下死亡，或者10人及以上50人以下重伤，或者1000万元及以上5000万元以下直接经济损失的事故；4）一般事故，是指造成3人以下死亡，或者10人以下重伤，或者1000万元以下直接经济损失的事故。

18. 生产经营单位发生生产安全事故后，事故现场相关人员应当立即报告施工项目经理。

【答案】 错误

【解析】《安全生产法》第80条规定：生产经营单位发生生产安全事故后，事故现场有关人员应当立即报告本单位负责人。单位负责人接到事故报告后，应当迅速采取有效措施，组织抢救，防止事故扩大，减少人员伤亡和财产损失，并按照国家有关规定立即如实报告当地负有安全生产监督管理职责的部门，不得隐瞒不报、谎报或者迟报，不得故意破坏事故现场、毁灭有关证据。

19.《安全生产法》第81条规定：有关地方人民政府和负有安全生产监督管理职责的部门的负责人接到生产安全事故报告后，应当按照生产安全事故应急救援预案的要求立即赶到事故现场，组织事故抢救。

【答案】 正确

【解析】《安全生产法》第81条规定：有关地方人民政府和负有安全生产监督管理职责的部门的负责人接到生产安全事故报告后，应当按照生产安全事故应急救援预案的要求立即赶到事故现场，组织事故抢救。

20. 按照《建设工程安全生产管理条例》，建设工程为实行施工总承包的，由总承包单位对施工现场安全生产负总责。

【答案】 正确

【解析】《建设工程安全生产管理条例》第24条规定：建设工程实行施工总承包的，由总承包单位对施工现场的安全生产负总责。

21. 建设工程施工前，施工单位负责该项目管理的施工员应当对有关安全施工的技术要求向施工作业班组、作业人员做出详细说明，并由双方签字确认。

【答案】 正确

【解析】《建设工程安全生产管理条例》第27条规定，建设工程施工前，施工单位负责该项目管理的技术人员应当对有关安全施工的技术要求向施工作业班组、作业人员做出详细说明，并由双方签字确认。

22. 施工技术交底的目的是使现场施工人员对安全生产有所了解，最大限度避免安全事故的发生。

【答案】 错误

【解析】 施工前的安全施工技术交底的目的就是让所有的安全生产从业人员都对安全生产有所了解，最大限度避免安全事故的发生。《建设工程安全生产管理条例》第27条规定，建设工程施工前，施工单位负责该项目管理的技术人员应当对有关安全施工的技术要求向施工作业班组、作业人员做出详细说明，并由双方签字确认。

23. 施工单位应当在施工现场入口处、施工起重机械、临时用电设施、脚手架等危险部位，设置明显的安全警示标志。

【答案】 正确

【解析】《建设工程安全生产管理条例》第28条规定，施工单位应当在施工现场入口处、施工起重机械、临时用电设施、脚手架、出入通道口、楼梯口、电梯井口、孔洞口、桥梁口、隧道口、基坑边沿、爆炸物及有害危险气体和液体存放处等危险部位，设置明显的安全警示标志。

24.《劳动合同法》的立法目的，是为了完善劳动合同制度，建立和维护适应社会主义市场经济的劳动制度，明确劳动合同双方当事人的权利和义务，保护劳动者的合法权益，构建和发展和谐稳定的劳动关系。

【答案】错误

【解析】《劳动合同法》的立法目的，是为了完善劳动合同制度，明确劳动合同双方当事人的权利和义务，保护劳动者的合法权益，构建和发展和谐稳定的劳动关系。

25. 用人单位和劳动者之间订立的劳动合同可以采用书面或口头形式。

【答案】错误

【解析】《劳动合同法》第19条规定：建立劳动关系，应当订立书面劳动合同。

26. 试用期应包含在劳动合同期限内。

【答案】正确

【解析】《劳动合同法》第19条规定，试用期包含在劳动合同期限内。劳动合同仅约定试用期的，试用期不成立，该期限为劳动合同期限。

27. 用人单位违反集体合同，侵犯职工劳动权益的，职工可以要求用人单位承担责任。

【答案】错误

【解析】用人单位违反集体合同，侵犯职工劳动权益的，工会可以依法要求用人单位承担责任。

二、单选题

1. 建设法规是指国家立法机关或其授权的行政机关制定的旨在调整国家及其有关机构、企事业单位、（　　）之间，在建设活动中或建设行政管理活动中发生的各种社会关系的法律、法规的统称。

A. 社区　　B. 市民　　C. 社会团体、公民　　D. 地方社团

【答案】C

【解析】建设法规是指国家立法机关或其授权的行政机关制定的旨在调整国家及其有关机构、企事业单位、社会团体、公民之间，在建设活动中或建设行政管理活动中发生的各种社会关系的法律、法规的统称。

2. 建设法律的制定通过部门是（　　）。

A. 全国人民代表大会及其常务委员会　　B. 国务院

C. 国务院常务委员会　　D. 国务院建设行政主管部门

【答案】A

【解析】建设法律是指由全国人民代表大会及其常务委员会制定通过，由国家主席以主席令的形式发布的属于国务院建设行政主管部门业务范围的各项法律。

3. 以下法规属于建设行政法规的是（　　）。

A.《工程建设项目施工招标投标办法》

B.《中华人民共和国城乡规划法》

C.《建设工程安全生产管理条例》

D.《实施工程建设强制性标准监督规定》

【答案】C

【解析】建设行政法规的名称常以“条例”、“办法”、“规定”、“规章”等名称出现，如《建设工程质量管理条例》、《建设工程安全生产管理条例》等。建设部门规章是指住房和城乡建设部根据国务院规定的职责范围，依法制定并颁布的各项规章或由住房和城乡建设部与国务院其他有关部门联合制定并发布的规章，如《实施工程建设强制性标准监督规定》、《工程建设项目施工招标投标办法》等。

4. 下列属于建设行政法规的是（ ）。

A.《建设工程质量管理条例》

B.《工程建设项目施工招标投标办法》

C.《中华人民共和国立法法》

D.《实施工程建设强制性标准监督规定》

【答案】A

【解析】建设行政法规的名称常以“条例”、“办法”、“规定”、“规章”等名称出现，如《建设工程质量管理条例》、《建设工程安全生产管理条例》等。建设部门规章是指住房和城乡建设部根据国务院规定的职责范围，依法制定并颁布的各项规章或由住房和城乡建设部与国务院其他有关部门联合制定并发布的规章，如《实施工程建设强制性标准监督规定》、《工程建设项目施工招标投标办法》等。

5. 在建设法规的五个层次中，其法律效力从高到低依次为（ ）。

A. 建设法律、建设行政法规、建设部门规章、地方性建设法规、地方建设规章

B. 建设法律、建设行政法规、建设部门规章、地方建设规章、地方性建设法规

C. 建设行政法规、建设部门规章、建设法律、地方性建设法规、地方建设规章

D. 建设法律、建设行政法规、地方性建设法规、建设部门规章、地方建设规章

【答案】A

【解析】在建设法规的五个层次中，其法律效力由高到低依次为建设法律、建设行政法规、建设部门规章、地方性建设法规和地方建设规章。法律效力高的称为上位法，法律效力低的称为下位法，下位法不得与上位法相抵触，否则其相应规定将被视为无效。

6. 下列各选项中，不属于《建筑法》规定约束的是（ ）。

A. 建筑工程发包与承包

B. 建筑工程涉及的土地征用

C. 建筑安全生产管理

D. 建筑工程质量管理

【答案】B

【解析】《建筑法》共 8 章 85 条，分别从建筑许可、建筑工程发包与承包、建筑工程监理、建筑安全生产管理、建筑工程质量管理等方面做出了规定。

7. 建筑业企业资质等级，是指（ ）按资质条件把企业划分成为不同等级。

A. 国务院建设行政主管部门

B. 国务院资质管理部门

C. 国务院工商注册管理部门

D. 国务院

【答案】A

【解析】建筑业企业资质等级，是指国务院建设行政主管部门按资质条件把企业划分成的不同等级。

8. 按照《建筑业企业资质管理规定》，建筑业企业资质分为（ ）三个序列。

A. 特级、一级、二级　　B. 一级、二级、三级

C. 甲级、乙级、丙级　　D. 施工总承包、专业承包和施工劳务

【答案】D

【解析】建筑业企业资质分为施工总承包、专业承包和施工劳务三个序列。

9. 在我国，施工总承包企业资质划分为建筑工程、公路工程等（　）个资质类别。

A. 10　　B. 12　　C. 36　　D. 60

【答案】B

【解析】建筑业企业资质分为施工总承包资质、专业承包资质、施工劳务资质三个序列。施工总承包资质、专业承包资质按照工程性质和技术特点分别划分为若干资质类别，各资质类别按照规定的条件划分为若干资质等级。施工劳务资质不分类别与等级。施工总承包序列设有12个类别，专业承包序列设有36个类别，施工劳务序列不分类别与等级。

10. 房屋建筑工程、市政公用工程施工总承包企业资质等级均分为（　）。

A. 特级、一级、二级　　B. 一级、二级、三级

C. 特级、一级、二级、三级　　D. 甲级、乙级、丙级门

【答案】C

【解析】房屋建筑工程、市政公用工程施工总承包企业资质等级均分为特级、一级、二级、三级。

11. 预拌商品混凝土工程专业承包资质等级分为（　）。

A. 一、二、三级　　B. 不分等级　　C. 二、三级　　D. 一、二级

【答案】B

【解析】预拌商品混凝土专业承包企业资质不分等级。

12. 水暖电安装作业劳务分包工程资质等级分为（　）。

A. 一、二、三级　　B. 不分等级　　C. 二、三级　　D. 一、二级

【答案】B

【解析】水暖电安装作业劳务分包工程资质等级不分等级。

13. 以下关于建筑业企业资质等级的相关说法，正确的是（　）。

A. 情有可原时，建筑施工企业可以用其他建筑施工企业的名义承揽工程

B. 建筑施工企业可以口头允许其他单位短时借用本企业的资质证书

C. 禁止建筑施工企业超越本企业资质等级许可的业务范围承揽工程

D. 承包建筑工程的单位实际达到的资质等级满足法律要求，即可承揽相应工程

【答案】C

【解析】《建筑法》规定：承包建筑工程的单位应当持有依法取得的资质证书，并在其资质等级许可的业务范围内承揽工程。禁止建筑施工企业超越本企业资质等级许可的业务范围或者以任何形式用其他建筑施工企业的名义承揽工程。禁止建筑施工企业以任何形式允许其他单位或个人使用本企业的资质证书、营业执照，以本企业的名义承揽工程。

14. 建筑工程安全生产管理必须坚持“安全第一、预防为主”的方针。预防为主体现在建筑工程安全生产管理的全过程中，具体是指（　）、事后总结。

A. 事先策划、事中控制　　B. 事前控制、事中防范

C. 事前防范、监督策划　　D. 事先策划、全过程自控

【答案】A

【解析】“预防为主”体现在事先策划、事中控制、事后总结，通过信息收集，归类分析，制定预案，控制防范。

15. 以下关于建设工程安全生产基本制度的说法中，正确的是（　　）。

A. 群防群治制度是建筑生产中最基本的安全管理制度

B. 建筑施工企业应当对直接施工人员进行安全教育培训

C. 安全检查制度是安全生产的保障

D. 施工中发生事故时，建筑施工企业应当及时清理事故现场并向建设单位报告

【答案】C

【解析】安全生产责任制度是建筑生产中最基本的安全管理制度，是所有安全规章制度的核心，是安全第一、预防为主方针的具体体现。群防群治制度也是“安全第一、预防为主”的具体体现，同时也是群众路线在安全工作中的具体体现，是企业进行民主管理的重要内容。《建筑法》第51条规定，施工中发生事故时，建筑施工企业应当采取紧急措施减少人员伤亡和事故损失，并按照国家有关规定及时向有关部门报告。安全检查制度是安全生产的保障。

16. 针对事故发生的原因，提出防止相同或类似事故发生的切实可行的预防措施，并督促事故发生单位加以实施，以达到事故调查和处理的最终目的。此款符合“四不放过”事故处理原则的（　　）原则。

A. 事故原因不清楚不放过

B. 事故责任者和群众没有受到教育不放过

C. 事故责任者没有处理不放过

D. 事故隐患不整改不放过

【答案】D

【解析】事故处理必须遵循一定的程序，坚持“四不放过”原则，即事故原因分析不清不放过；事故责任者和群众没有受到教育不放过；事故隐患不整改不放过；事故的责任者没有受到处理不放过。

17. 建筑施工单位的安全生产责任制主要包括各级领导人员的安全职责、（　　）以及施工现场管理人员及作业人员的安全职责三个方面。

A. 项目经理部的安全管理职责

B. 企业监督管理部的安全监督职责

C. 企业各有关职能部门的安全生产职责

D. 企业各级施工管理及作业部门的安全职责

【答案】C

【解析】建筑施工单位的安全生产责任制主要包括各级领导人员的安全职责、企业各有关职能部门的安全生产职责以及施工现场管理人员及作业人员的安全职责三个方。

18. 在建设工程竣工验收后，在规定的保修期限内，因勘察、设计、施工、材料等原因造成的质量缺陷，应当由（　　）负责维修、返工或更换。

A. 建设单位　　B. 监理单位　　C. 责任单位　　D. 施工承包单位

【答案】D

【解析】建设工程质量保修制度，是指在建设工程竣工验收后，在规定的保修期限内，因勘察、设计、施工、材料等原因造成的质量缺陷，应当由施工承包单位负责维修、返工或更换，由责任单位负责赔偿损失的法律制度。

19. 根据《建筑法》的规定，以下属于质量保修范围的是（　　）。

A. 供热、供冷系统工程　　B. 因使用不当造成的质量缺陷

C. 因第三方造成的质量缺陷　　D. 不可抗力造成的质量缺陷

【答案】A

【解析】《建筑法》第 62 条规定，建筑工程实行质量保修制度。同时，还对质量保修的范围和期限作了规定：建筑工程的保修的范围应当包括地基基础工程、主体结构工程、屋面防水工程和其他土建工程，以及电气管线、上下水管线的安装工程，供热、供冷系统工程等项目。

20.《中华人民共和国安全生产法》主要对生产经营单位的安全生产保障、（　　）、安全生产的监督管理、安全生产事故的应急救援与调查处理四个主要方面做出了规定。

A. 生产经营单位的法律责任　　B. 安全生产的执行

C. 从业人员的权利和义务　　D. 施工现场的安全

【答案】C

【解析】《中华人民共和国安全生产法》对生产经营单位的安全生产保障、从业人员的权利和义务、安全生产的监督管理、生产安全事故的应急救援与调查处理四个主要方面做出了规定。

21. 生产经营单位安全生产保障措施中管理保障措施包括（　　）、物力资源管理。

A. 资金资源管理　　B. 现场资源管理　　C. 人力资源管理　　D. 技术资源管理

【答案】C

【解析】生产经营单位安全生产保障措施中管理保障措施包括人力资源管理和物力资源管理。

22. 下列措施中，不属于物力资源管理措施的是（　　）。

A. 生产经营项目、场所的协调管理　　B. 设备的日常管理

C. 对废弃危险物品的管理　　D. 设备的淘汰制度

【答案】C

【解析】物力资源管理由设备的日常管理，设备的淘汰制度，生产经营项目、场所、设备的转让管理，生产经营项目、场所的协调管理等四方面构成。

23. 下列关于生产经营单位安全生产保障的说法中，正确的是（　　）。

A. 生产经营单位可以将生产经营项目、场所、设备发包给建设单位指定认可的不具有相应资质等级的单位或个人

B. 生产经营单位的特种作业人员经过单位组织的安全作业培训方可上岗作业

C. 生产经营单位必须依法参加工伤社会保险，为从业人员缴纳保险费

D. 生产经营单位仅需要为工业人员提供劳动防护用品

【答案】C

【解析】《安全生产法》第 46 条规定：生产经营单位不得将生产经营项目、场所、设备发包或者出租给不具备安全生产条件或者相应资质的单位或者个人。《安全生产法》第

27 条规定：生产经营单位的特种作业人员必须按照国家有关规定经专门的安全作业培训，取得相应资格，方可上岗作业。《安全生产法》第 42 条规定：生产经营单位必须为从业人员提供符合国家标准或者行业标准的劳动防护用品，并监督、教育从业人员按照使用规则佩戴、使用。《安全生产法》第 48 条规定：生产经营单位必须依法参加工伤保险，为从业人员缴纳保险费。

24. 当从业人员发现直接危及人身安全的紧急情况时，有权停止作业或在采取可能的应急措施后撤离作业场所，这里的权是指（　　）。

A. 拒绝权　　B. 批评权和检举、控告权

C. 紧急避险权　　D. 自我保护权

【答案】C

【解析】生产经营单位的从业人员依法享有知情权，批评权和检举、控告权，拒绝权，紧急避险权，请求赔偿权，获得劳动防护用品的权利和获得安全生产教育和培训的权利。

25. 根据《安全生产法》规定，生产经营单位与从业人员订立协议，免除或减轻其对从业人员因生产安全事故伤亡依法应承担的责任，该协议（　　）。

A. 无效　　B. 有效　　C. 经备案后生效　　D. 是否生效待定

【答案】A

【解析】《安全生产法》第 49 条规定：生产经营单位不得以任何形式与从业人员订立协议，免除或者减轻其对从业人员因生产安全事故伤亡依法应承担的责任。

26. 根据《安全生产法》规定，安全生产中从业人员的义务不包括（　　）。

A. 遵章守法　　B. 接受安全生产教育和培训

C. 安全隐患及时报告　　D. 紧急处理安全事故

【答案】D

【解析】生产经营单位的从业人员依法享有知情权，批评权和检举、控告权，拒绝权，紧急避险权，请求赔偿权，获得劳动防护用品的权利和获得安全生产教育和培训的权利。

27. 以下不属于生产经营单位的从业人员的范畴的是（　　）。

A. 技术人员　　B. 临时聘用的钢筋工

C. 管理人员　　D. 监督部门视察的监管人员

【答案】D

【解析】生产经营单位的从业人员，是指该单位从事生产经营活动各项工作的所有人员，包括管理人员、技术人员和各岗位的工人，也包括生产经营单位临时聘用的人员。

28. 下列关于负有安全生产监督管理职责的部门行使职权的说法，错误的是（　　）。

A. 进入生产经营单位进行检查，调阅有关资料，向有关单位和人员了解情况

B. 重大事故隐患排除后，即可恢复生产经营和使用

C. 对检查中发现的安全生产违法行为，当场予以纠正或者要求限期改正

D. 对检查中发现的事故隐患，应当责令立即排除

【答案】B

【解析】《安全生产法》第 62 条规定：安全生产监督管理部门和其他负有安全生产监督管理职责的部门依法开展安全生产行政执法工作，对生产经营单位执行有关安全生产的法律、法规和国家标准或者行业标准的情况进行监督检查，行使以下职权：

1）进入生产经营单位进行检查，调阅有关资料，向有关单位和人员了解情况。

2）对检查中发现的安全生产违法行为，当场予以纠正或者要求限期改正；对依法应当给予行政处罚的行为，依照本法和其他有关法律、行政法规的规定作出行政处罚决定。

3）对检查中发现的事故隐患，应当责令立即排除；重大事故隐患排除前或者排除过程中无法保证安全的，应当责令从危险区域内撤出作业人员，责令暂时停产停业或者停止使用相关设施、设备；重大事故隐患排除后，经审查同意，方可恢复生产经营和使用。

4）对有根据认为不符合保障安全生产的国家标准或者行业标准的设施、设备、器材以及违法生产、储存、使用、经营、运输的危险物品予以查封或者扣押，对违法生产、储存、使用、经营危险物品的作业场所予以查封，并依法作出处理决定。

监督检查不得影响被检查单位的正常生产经营活动。

29. 根据《生产安全事故报告和调查处理条例》规定：造成10人及以上30人以下死亡，或者50人及以上100人以下重伤，或者5000万元及以上1亿元以下直接经济损失的事故属于（　　）。

A. 重伤事故　　B. 较大事故　　C. 重大事故　　D. 死亡事故

【答案】C

【解析】国务院《生产安全事故报告和调查处理条例》规定：根据生产安全事故造成的人员伤亡或者直接经济损失，事故一般分为以下等级：1）特别重大事故，是指造成30人及以上死亡，或者100人及以上重伤（包括急性工业中毒，下同），或者1亿元及以上直接经济损失的事故；2）重大事故，是指造成10人及以上30人以下死亡，或者50人及以上100人以下重伤，或者5000万元及以上1亿元以下直接经济损失的事故；3）较大事故，是指造成3人及以上10人以下死亡，或者10人及以上50人以下重伤，或者1000万元及以上5000万元以下直接经济损失的事故；4）一般事故，是指造成3人以下死亡，或者10人以下重伤，或者1000万元以下直接经济损失的事故。

30. 某市地铁工程施工作业面内，因大量水和流沙涌入，引起部分结构损坏及周边地区地面沉降，造成3栋建筑物严重倾斜，直接经济损失约合1.5亿元。根据《生产安全事故报告和调查处理条例》规定，该事故等级属于（　　）。

A. 特别重大事故　　B. 重大事故　　C. 较大事故　　D. 一般事故

【答案】A

【解析】国务院《生产安全事故报告和调查处理条例》规定：根据生产安全事故造成的人员伤亡或者直接经济损失，事故一般分为以下等级：1）特别重大事故，是指造成30人及以上死亡，或者100人及以上重伤（包括急性工业中毒，下同），或者1亿元及以上直接经济损失的事故；2）重大事故，是指造成10人及以上30人以下死亡，或者50人及以上100人以下重伤，或者5000万元及以上1亿元以下直接经济损失的事故；3）较大事故，是指造成3人及以上10人以下死亡，或者10人及以上50人以下重伤，或者1000万元及以上5000万元以下直接经济损失的事故；4）一般事故，是指造成3人以下死亡，或者10人以下重伤，或者1000万元以下直接经济损失的事故。

31.《安全生产法》对安全事故等级的划分标准中重大事故是指（　　）。

A. 造成30人及以上死亡　　B. 造成10人及以上30人以下死亡

C. 造成3人及以上10人以下死亡　　D. 造成3人以下死亡

【答案】B

【解析】国务院《生产安全事故报告和调查处理条例》规定：根据生产安全事故造成的人员伤亡或者直接经济损失，事故一般分为以下等级：1）特别重大事故，是指造成30人及以上死亡，或者100人及以上重伤（包括急性工业中毒，下同），或者1亿元及以上直接经济损失的事故；2）重大事故，是指造成10人及以上30人以下死亡，或者50人及以上100人以下重伤，或者5000万元及以上1亿元以下直接经济损失的事故；3）较大事故，是指造成3人及以上10人以下死亡，或者10人及以上50人以下重伤，或者1000万元及以上5000万元以下直接经济损失的事故；4）一般事故，是指造成3人以下死亡，或者10人以下重伤，或者1000万元以下直接经济损失的事故。

32. 以下关于安全事故调查的说法中，错误的是（　　）。

A. 重大事故由事故发生地省级人民政府负责调查

B. 较大事故的事故发生地与事故发生单位不在同一个县级以上行政区域的，由事故发生单位所在地的人民政府负责调查，事故发生地人民政府应当派人参加

C. 一般事故以下等级事故，可由县级人民政府直接组织事故调查，也可由上级人民政府组织事故调查

D. 特别重大事故由国务院或者国务院授权有关部门组织事故调查组进行调查

【答案】B

【解析】《生产安全事故报告和调查处理条例》规定了事故调查的管辖。特别重大事故由国务院或者国务院授权有关部门组织事故调查组进行调查。重大事故、较大事故、一般事故分别由事故发生地省级人民政府、设区的市级人民政府、县级人民政府负责调查。省级人民政府、设区的市级人民政府、县级人民政府可以直接组织事故调查组进行调查，也可以授权或者委托有关部门组织事故调查组进行调查。未造成人员伤亡的一般事故，县级人民政府也可以委托事故发生单位组织事故调查组进行调查。上级人民政府认为必要时，可以调查由下级人民政府负责调查的事故。特别重大事故以下等级事故，事故发生地与事故发生单位不在同一个县级以上行政区域的，由事故发生地人民政府负责调查，事故发生单位所在地人民政府应当派人参加。

33.《生产安全事故报告和调查处理条例》规定，较大事故由（　　）。

A. 国务院或国务院授权有关部门组织事故调查组进行调查

B. 事故发生地省级人民政府负责调查

C. 事故发生地设区的市级人民政府负责调查

D. 事故发生地县级人民政府负责调查

【答案】C

【解析】《生产安全事故报告和调查处理条例》规定了事故调查的管辖。特别重大事故由国务院或者国务院授权有关部门组织事故调查组进行调查。重大事故、较大事故、一般事故分别由事故发生地省级人民政府、设区的市级人民政府、县级人民政府负责调查。

34. 以下说法中，不属于施工单位主要负责人的安全生产方面的主要职责的是（　　）。

A. 对所承建的建设工程进行定期和专项安全检查，并做好安全检查记录

B. 制定安全生产规章制度和操作规程

C. 落实安全生产责任制度和操作规程

D. 建立健全安全生产责任制度和安全生产教育培训制度

【答案】 C

【解析】《安全生产管理条例》第 21 条规定：施工单位主要负责人依法对本单位的安全生产工作负全责。具体包括：A. 建立健全安全生产责任制度和安全生产教育培训制度；B. 制定安全生产规章制度和操作规程；C. 保证本单位安全生产条件所需资金的投入；D. 对所承建的建设工程进行定期和专项安全检查，并做好安全检查记录。

35. 以下关于专职安全生产管理人员的说法中，错误的是（　　）。

A. 施工单位安全生产管理机构的负责人及其工作人员属于专职安全生产管理人员

B. 施工现场专职安全生产管理人员属于专职安全生产管理人员

C. 专职安全生产管理人员是指经过建设单位安全生产考核合格取得安全生产考核证书的专职人员

D. 专职安全生产管理人员应当对安全生产进行现场监督检查

【答案】 C

【解析】《安全生产管理条例》第 23 条规定：施工单位应当设立安全生产管理机构，配备专职安全生产管理人员。专职安全生产管理人员是指经建设主管部门或者其他有关部门安全生产考核合格，并取得安全生产考核合格证书在企业从事安全生产管理工作的专职人员，包括施工单位安全生产管理机构的负责人及其工作人员和施工现场专职安全生产管理人员。专职安全生产管理人员的安全责任主要包括：对安全生产进行现场监督检查。发现安全事故隐患，应当及时向项目负责人和安全生产管理机构报告；对于违章指挥、违章操作的，应当立即制止。

36. 建设工程实行施工总承包的，施工现场的安全生产由（　　）。

A. 分包单位各自负责　　B. 总承包单位负总责

C. 建设单位负总责　　D. 监理单位负责

【答案】 B

【解析】《安全生产管理条例》第 24 条规定：建设工程实行施工总承包的，由总承包单位对施工现场的安全生产负总责。

37. 下列选项中，哪类安全生产教育培训不是必需的？（　　）

A. 施工单位的主要负责人的考核

B. 特种作业人员的专门培训

C. 作业人员进入新岗位前的安全生产教育培训

D. 监理人员的考核培训

【答案】 D

【解析】《安全生产管理条例》第 36 条规定：施工单位的主要负责人、项目负责人、专职安全生产管理人员应当经建设行政主管部门或其他有关部门考核合格后方可任职。《安全生产管理条例》第 36 条规定：施工单位应当对管理人员和作业人员每年至少进行一次安全生产教育培训，其教育培训情况记入个人工作档案。安全生产教育培训考核不合格的人员，不得上岗。《安全生产管理条例》第 37 条对新岗位培训作了两方面规定。一是作业人员进入新的岗位或者新的施工现场前，应当接受安全生产教育培训。未经教育培训或者教育培训考核不合格的人员，不得上岗作业；二是施工单位在采用新技术、新工艺、新设备、新材料时，应当对作业人员进行相应的安全生产教育培训。《安全生产管理条例》第25条规定：垂直运输机械作业人员、安装拆卸工、爆破作业人员、起重信号工、登高架设作业人员等特种作业人员，必须按照国家有关规定经过专门的安全作业培训，并取得特种作业操作资格证书后，方可上岗作业。

38. 建设工程施工前，施工单位负责该项目管理的（　　）应当对有关安全施工的技术要求向施工作业班组、作业人员做出详细说明，并由双方签字确认。

A. 项目经理　　B. 技术人员　　C. 质量员　　D. 安全员

【答案】B

【解析】施工前的安全施工技术交底的目的就是让所有的安全生产从业人员都对安全生产有所了解，最大限度避免安全事故的发生。《建设工程安全生产管理条例》第27条规定，建设工程施工前，施工单位负责该项目管理的技术人员应当对有关安全施工的技术要求向施工作业班组、作业人员做出详细说明，并由双方签字确认。

39. 对达到一定规模的危险性较大的分部分项工程编制专项施工方案，并附具安全验算结果，经（　　）签字后实施，由专职安全生产管理人员进行现场监督。

A. 施工单位技术负责人、总监理工程师

B. 建设单位负责人、总监理工程师

C. 施工单位技术负责人、监理工程师

D. 建设单位负责人、监理工程师

【答案】A

【解析】《建设工程安全生产管理条例》第26条规定，对达到一定规模的危险性较大的分部分项工程编制专项施工方案，并附具安全验算结果，经施工单位技术负责人、总监理工程师签字后实施，由专职安全生产管理人员进行现场监督。

40.（　　）负责现场警示标牌的保护工作。

A. 建设单位　　B. 施工单位　　C. 监理单位　　D. 项目经理

【答案】B

【解析】《安全生产管理条例》第28条规定，施工单位应当在施工现场入口处、施工起重机械、临时用电设施、脚手架、出入通道口、楼梯口、电梯井口、孔洞口、桥梁口、隧道口、基坑边沿、爆炸物及有害危险气体和液体存放处等危险部位，设置明显的安全警示标志。

41.《特种设备安全监察条例》规定的施工起重机械，在验收前应当经有相应资质的检验检测机构监督检验合格。施工单位应当自施工起重机械和整体提升脚手架、模板等自升式架设设施验收合格之日起（　　）日内，向建设行政主管部门或者其他有关部门登记。

A. 15　　B. 30　　C. 7　　D. 60

【答案】B

【解析】《特种设备安全监察条例》规定的施工起重机械，在验收前应当经有相应资质的检验检测机构监督检验合格。施工单位应当自施工起重机械和整体提升脚手架、模板等自升式架设设施验收合格之日起30日内，向建设行政主管部门或者其他有关部门登记。登记标志应当置于或者附着于该设备的显著位置。

42. 施工单位为施工现场从事危险作业的人员办理的意外伤害保险期限自建设工程开工之日起至（　　）为止。

A. 工程完工　　B. 交付使用　　C. 竣工验收合格　　D. 该人员工作完成

【答案】C

【解析】《安全生产管理条例》第38条规定：施工单位应当为施工现场从事危险作业的人员办理意外伤害保险。意外伤害保险费由施工单位支付；实行施工总承包的，由总承包单位支付意外伤害保险费。意外伤害保险期限自建设工程开工之日起至竣工验收合格止。

43. 下列社会关系中，属于我国劳动法调整的劳动关系的是（　　）。

A. 施工单位与某个体经营者之间的加工承揽关系

B. 劳动者与施工单位之间在劳动过程中发生的关系

C. 家庭雇佣劳动关系

D. 社会保险机构与劳动者之间的关系

【答案】B

【解析】劳动合同是劳动者与用工单位之间确立劳动关系，明确双方权利和义务的协议。这里的劳动关系，是指劳动者与用人单位（包括各类企业、个体工商户、事业单位等）在实现劳动过程中建立的社会经济关系。

44. 采用欺诈、威胁等手段订立的劳动合同为（　　）劳动合同。

A. 有效　　B. 无效　　C. 可变更　　D. 可撤销

【答案】B

【解析】《劳动合同法》第19条规定：下列劳动合同无效或者部分无效：1）以欺诈、胁迫的手段或者乘人之危，使对方在违背真实意思的情况下订立或者变更劳动合同的；2）用人单位免除自己的法定责任、排除劳动者权利的；3）违反法律、行政法规强制性规定的。对劳动合同的无效或者部分无效有争议的，由劳动争议仲裁机构或者人民法院确认。

45. 2005年2月1日小李经过面试合格后并与某建筑公司签订了为期5年的用工合同，并约定了试用期，则试用期最迟至（　　）。

A. 2005年2月28日　　B. 2005年5月31日

C. 2005年8月1日　　D. 2006年2月1日

【答案】C

【解析】《劳动合同法》第19条进一步明确：劳动合同期限3个月以上不满1年的，试用期不得超过1个月；劳动合同期限1年以上不满3年的，试用期不得超过2个月；3年以上固定期限和无固定期限的劳动合同，试用期不得超过6个月。

46. 甲建筑材料公司聘请王某担任推销员，双方签订劳动合同，约定劳动试用期6个月，6个月后再根据王某工作情况，确定劳动合同期限，下列选项中表述正确的是（　　）。

A. 甲建筑材料公司与王某订立的劳动合同属于无固定期限合同

B. 王某的工作不满一年，试用期不得超过一个月

C. 劳动合同的试用期不得超过6个月，所以王某的试用期是成立的

D. 试用期是不成立的，6个月应为劳动合同期限

【答案】D

【解析】《劳动合同法》第19条进一步明确：劳动合同期限3个月以上不满1年的，

试用期不得超过1个月；劳动合同期限1年以上不满3年的，试用期不得超过2个月；3年以上固定期限和无固定期限的劳动合同，试用期不得超过6个月。试用期包含在劳动合同期限内。劳动合同仅约定试用期的，试用期不成立，该期限为劳动合同期限。

47.《劳动法》第21条规定，试用期最长不得超过（　　）。

A. 3个月　　B. 6个月　　C. 9个月　　D. 12个月

【答案】 B

【解析】《劳动法》第21条规定，试用期最长不得超过6个月。

48. 贾某与乙建筑公司签订了一份劳动合同，在合同尚未期满时，贾某拟解除劳动合同。根据规定，贾某应当提前（　　）日以书面形式通知用人单位。

A. 3　　B. 15　　C. 15　　D. 30

【答案】 D

【解析】 劳动者提前30日以书面形式通知用人单位，可以解除劳动合同。劳动者在试用期内提前3日通知用人单位，可以解除劳动合同。

49. 根据《劳动合同法》，劳动者非因工负伤，医疗期满后，不能从事原工作也不能从事用人单位另行安排的工作的，用人单位可以解除劳动合同，但是应当提前（　　）日以书面形式通知劳动者本人。

A. 10　　B. 15　　C. 30　　D. 50

【答案】 C

【解析】《劳动合同法》第40条规定：有下列情形之一的，用人单位提前30日以书面形式通知劳动者本人或者额外支付劳动者1个月工资后，可以解除劳动合同：1）劳动者患病或者非因工负伤，在规定的医疗期满后不能从事原工作，也不能从事由用人单位另行安排的工作的；2）劳动者不能胜任工作，经过培训或者调整工作岗位，仍不能胜任工作的；3）劳动合同订立时所依据的客观情况发生重大变化，致使劳动合同无法履行，经用人单位与劳动者协商，未能就变更劳动合同内容达成协议的。

50. 根据《劳动合同法》，下列选项中，用人单位可以解除劳动合同的情形是（　　）。

A. 职工患病，在规定的医疗期内　　B. 职工非因工负伤，伤愈出院

C. 女职工在孕期间　　D. 女职工在哺乳期内

【答案】 B

【解析】《劳动合同法》第39条规定：劳动者有下列情形之一的，用人单位可以解除劳动合同：1）在试用期间被证明不符合录用条件的；2）严重违反用人单位的规章制度的；3）严重失职，营私舞弊，给用人单位造成重大损害的；4）劳动者同时与其他用人单位建立劳动关系，对完成本单位的工作任务造成严重影响，或者经用人单位提出，拒不改正的；5）因本法第二十六条第一款第一项规定的情形致使劳动合同无效的；6）被依法追究刑事责任的。《劳动合同法》第40条规定：有下列情形之一的，用人单位提前30日以书面形式通知劳动者本人或者额外支付劳动者1个月工资后，可以解除劳动合同：1）劳动者患病或者非因工负伤，在规定的医疗期满后不能从事原工作，也不能从事由用人单位另行安排的工作的；2）劳动者不能胜任工作，经过培训或者调整工作岗位，仍不能胜任工作的；3）劳动合同订立时所依据的客观情况发生重大变化，致使劳动合同无法履行，经用人单位与劳动者协商，未能就变更劳动合同内容达成协议的。

51. 在试用期内被证明不符合录用条件的，用人单位（　　）。

A. 可以随时解除劳动合同

B. 必须解除劳动合同

C. 可以解除合同，但应当提前 30 日通知劳动者

D. 不得解除劳动合同

【答案】 A

【解析】《劳动合同法》第 39 条规定：劳动者有下列情形之一的，用人单位可以解除劳动合同：1）在试用期间被证明不符合录用条件的；2）严重违反用人单位的规章制度的；3）严重失职，营私舞弊，给用人单位造成重大损害的；4）劳动者同时与其他用人单位建立劳动关系，对完成本单位的工作任务造成严重影响，或者经用人单位提出，拒不改正的；5）因本法第二十六条第一款第一项规定的情形致使劳动合同无效的；6）被依法追究刑事责任的。

52. 工人小韩与施工企业订立了 1 年期的劳动合同，在合同履行过程中小韩不能胜任本职工作，企业给其调整工作岗位后，仍不能胜任工作，其所在企业决定解除劳动合同，需提前（　　）日以书面形式通知小韩本人。

A. 10　　B. 15　　C. 30　　D. 60

【答案】 C

【解析】《劳动合同法》第 40 条规定：有下列情形之一的，用人单位提前 30 日以书面形式通知劳动者本人或者额外支付劳动者 1 个月工资后，可以解除劳动合同：1）劳动者患病或者非因工负伤，在规定的医疗期满后不能从事原工作，也不能从事由用人单位另行安排的工作的；2）劳动者不能胜任工作，经过培训或者调整工作岗位，仍不能胜任工作的；3）劳动合同订立时所依据的客观情况发生重大变化，致使劳动合同无法履行，经用人单位与劳动者协商，未能就变更劳动合同内容达成协议的。

53. 按照《劳动合同法》的规定，在下列选项中，用人单位提前 30 天以书面形式通知劳动者本人或额外支付 1 个月工资后可以解除劳动合同的情形是（　　）。

A. 劳动者患病或非工伤在规定的医疗期满后不能胜任原工作的

B. 劳动者试用期间被证明不符合录用条件的

C. 劳动者被依法追究刑事责任的

D. 劳动者不能胜任工作，经培训或调整岗位仍不能胜任工作的

【答案】 D

【解析】《劳动合同法》第 40 条规定：有下列情形之一的，用人单位提前 30 日以书面形式通知劳动者本人或者额外支付劳动者 1 个月工资后，可以解除劳动合同：1）劳动者患病或者非因工负伤，在规定的医疗期满后不能从事原工作，也不能从事由用人单位另行安排的工作的；2）劳动者不能胜任工作，经过培训或者调整工作岗位，仍不能胜任工作的；3）劳动合同订立时所依据的客观情况发生重大变化，致使劳动合同无法履行，经用人单位与劳动者协商，未能就变更劳动合同内容达成协议的。

54. 劳动者在试用期内单方解除劳动合同，应提前（　　）日通知用人单位。

A. 10　　B. 3　　C. 15　　D. 7

【答案】 B

【解析】劳动者提前30日以书面形式通知用人单位，可以解除劳动合同。劳动者在试用期内提前3日通知用人单位，可以解除劳动合同。

55. 不属于随时解除劳动合同的情形的是（　　）。

A. 某单位司机李某因交通肇事罪被判处有期徒刑3年

B. 某单位发现王某在试用期间不符合录用条件

C. 石某在工作期间严重失职，给单位造成重大损失

D. 职工姚某无法胜任本岗位工作，经过培训仍然无法胜任工作的

【答案】D

【解析】《劳动合同法》第39条规定：劳动者有下列情形之一的，用人单位可以解除劳动合同：1）在试用期间被证明不符合录用条件的；2）严重违反用人单位的规章制度的；3）严重失职，营私舞弊，给用人单位造成重大损害的；4）劳动者同时与其他用人单位建立劳动关系，对完成本单位的工作任务造成严重影响，或者经用人单位提出，拒不改正的；5）因本法第二十六条第一款第一项规定的情形致使劳动合同无效的；6）被依法追究刑事责任的。

56. 王某应聘到某施工单位，双方于4月15日签订为期3年的劳动合同，其中约定试用期3个月，次日合同开始履行。7月18日，王某拟解除劳动合同，则（　　）。

A. 必须取得用人单位同意

B. 口头通知用人单位即可

C. 应提前30日以书面形式通知用人单位

D. 应报请劳动行政主管部门同意后以书面形式通知用人单位

【答案】C

【解析】劳动者提前30日以书面形式通知用人单位，可以解除劳动合同。劳动者在试用期内提前3日通知用人单位，可以解除劳动合同。

57. 2013年1月，甲建筑材料公司聘请王某担任推销员，但2013年3月，由于王某怀孕，身体健康状况欠佳，未能完成任务，为此，公司按合同的约定扣减工资，只发生活费，其后，又有两个月均未能完成承包任务，因此，甲公司做出解除与王某的劳动合同。下列选项中表述正确的是（　　）。

A. 由于在试用期内，甲公司可以随时解除劳动合同

B. 由于王某不能胜任工作，甲公司应提前30日通知王某，解除劳动合同

C. 甲公司可以支付王某一个月工资后解除劳动合同

D. 由于王某在怀孕期间，所以甲公司不能解除劳动合同

【答案】D

【解析】《劳动合同法》第42条规定：劳动者有下列情形之一的，用人单位不得依照本法第四十条、第四十一条的规定解除劳动合同：1）从事接触职业病危害作业的劳动者未进行离岗前职业健康检查，或者疑似职业病病人在诊断或者医学观察期间的；2）在本单位患职业病或者因工负伤并被确认丧失或者部分丧失劳动能力的；3）患病或者非因工负伤，在规定的医疗期内的；4）女职工在孕期、产期、哺乳期的；5）在本单位连续工作满十五年，且距法定退休年龄不足五年的；6）法律、行政法规规定的其他情形。

58.《劳动法》中关于劳动安全卫生的有关规定未对用人单位提出严格要求的是(　　)。

A. 执行国家劳动卫生安全规程和标准

B. 为劳动者办理意外伤害保险

C. 对劳动者进行劳动安全卫生教育

D. 对从事有职业危害作业的劳动者应当定期进行健康检查

【答案】 B

【解析】 根据《劳动法》的有关规定，用人单位和劳动者应当遵守如下有关劳动安全卫生的法律规定：1）用人单位必须建立、健全劳动安全卫生制度，严格执行国家劳动安全卫生规程和标准，对劳动者进行劳动安全卫生教育，防止劳动过程中的事故，减少职业危害；2）劳动安全卫生设施必须符合国家规定的标准。新建、改建、扩建工程的劳动安全卫生设施必须与主体工程同时设计、同时施工、同时投入生产和使用；3）用人单位必须为劳动者提供符合国家规定的劳动安全卫生条件和必要的劳动防护用品，对从事有职业危害作业的劳动者应当定期进行健康检查；4）从事特种作业的劳动者必须经过专门培训并取得特种作业资格；5）劳动者在劳动过程中必须严格遵守安全操作规程。劳动者对用人单位管理人员违章指挥、强令冒险作业，有权拒绝执行；对危害生命安全和身体健康的行为，有权提出批评、检举和控告。

三、多选题

1. 下列属于我国建设法规体系的是（　　）。

A. 建设行政法规　　B. 地方性建设法规

C. 建设部门规章　　D. 建设法律

E. 地方法律

【答案】 ABCD

【解析】 我国建设法规体系由建设法律、建设行政法规、建设部门规章、地方性建设法规和地方建设规章五个层次组成。

2. 以下法规属于建设法律的是（　　）。

A.《中华人民共和国建筑法》　　B.《中华人民共和国招标投标法》

C.《中华人民共和国城乡规划法》　　D.《建设工程质量管理条例》

E.《建设工程安全生产管理条例》

【答案】 ABC

【解析】 建设法律是指由全国人民代表大会及其常务委员会制定通过，由国家主席以主席令的形式发布的属于国务院建设行政主管部门业务范围的各项法律，如《中华人民共和国建筑法》、《中华人民共和国招标投标法》、《中华人民共和国城乡规划法》等。建设行政法规的名称常以“条例”、“办法”、“规定”、“规章”等名称出现，如《建设工程质量管理条例》、《建设工程安全生产管理条例》等。

3. 建筑业企业资质分为（　　）。

A. 施工总承包　　B. 专业承包　　C. 施工劳务　　D. 土石方承包

E. 脚手架作业承包

【答案】 ABC

【解析】建筑业企业资质分为施工总承包、专业承包和施工劳务三个序列。

4.《建筑法》规定（　　）。

A. 承包企业应当持有依法取得的资质证书

B. 应在其资质等级许可的业务范围内承揽工程

C. 禁止超越本企业资质等级许可的业务范围承揽工程

D. 禁止其他单位或个人以本企业名义承揽工程

E. 建筑工程安全生产管理必须坚持安全第一、预防为主的方针

【答案】ABCD

【解析】《建设法》规定：承包建筑工程的单位应当持有依法取得的资质证书，并在其资质等级许可的业务范围内承揽工程。禁止建筑施工企业超越本企业资质等级许可的业务范围或者以任何形式用其他建筑施工企业的名义承揽工程。禁止建筑施工企业以任何形式允许其他单位或个人使用本企业的资质证书、营业执照，以本企业的名义承揽工程。

5. 建设工程安全生产基本制度包括：安全生产责任制、群防群治制度、（　　）等六个方面。

A. 安全生产教育培训制度

B. 伤亡事故处理报告制度

C. 安全生产检查制度

D. 防范监控制度

E. 安全责任追究制度

【答案】ABCE

【解析】建设工程安全生产基本制度包括：安全生产责任制、群防群治制度、安全生产教育培训制度、伤亡事故处理报告制度、安全生产检查制度、安全责任追究制度等六个方面。

6. 下列关于安全责任追究制度的说法，正确的是（　　）。

A. 建设单位由于没有履行职责造成人员伤亡和事故损失的，依法给予不同金额的罚款处理

B. 情节严重的，处以10万元以上50万元以下罚款，并吊销资质证书

C. 构成犯罪的，依法追究刑事责任

D. 由于没有履行职责造成人员伤亡和事故损失，情节严重的，可以责令停业整顿

E. 施工单位由于没有履行职责造成人员伤亡和事故损失，情节严重的，可以降低资质等级或吊销资质证书

【答案】CDE

【解析】建设单位、设计单位、施工单位、监理单位，由于没有履行职责造成人员伤亡和事故损失的，视情节给予相应处理；情节严重的，责令停业整顿，降低资质等级或吊销资质证书；构成犯罪的，依法追究刑事责任。

7. 以下关于建筑工程竣工验收的相关说法中，正确的是（　　）。

A. 交付竣工验收的建筑工程，必须符合规定的建筑工程质量标准

B. 建设单位同意后，可在验收前交付使用

C. 竣工验收是全面考核投资效益、检验设计和施工质量的重要环节

D. 交付竣工验收的建筑工程，需有完整的工程技术经济资料和经签署的工程保修书

E. 建筑工程竣工验收，应由施工单位组织，并会同建设单位、监理单位、设计单位

实施

【答案】ACD

【解析】《建筑法》第61条规定：交付竣工验收的建筑工程，必须符合规定的建筑工程质量标准，有完整的工程技术经济资料和经签署的工程保修书，并具备国家规定的其他竣工条件。建筑工程竣工经验收合格后，方可交付使用；未经验收或验收不合格的，不得交付使用。

建设工程项目的竣工验收，指在建筑工程已按照设计要求完成全部施工任务，准备交付给建设单位使用时，由建设单位或有关主管部门依照国家关于建筑工程竣工验收制度的规定，对该项工程是否符合设计要求和工程质量标准所进行的检查、考核工作。工程项目的竣工验收是施工全过程的最后一道工序，也是工程项目管理的最后一项工作。它是建设投资成果转入生产或使用的标志，也是全面考核投资效益、检验设计和施工质量的重要环节。

8.《建筑法》规定，交付竣工验收的建筑工程必须符合的条件有（　　）。

A. 必须符合规定的建筑工程质量标准　B. 有完整的工程技术经济资料

C. 达到精品工程标准　D. 建筑工程竣工验收合格

E. 已签署的工程保修书

【答案】ABDE

【解析】《建筑法》第61条规定：交付竣工验收的建筑工程，必须符合规定的建筑工程质量标准，有完整的工程技术经济资料和经签署的工程保修书，并具备国家规定的其他竣工条件。建筑工程竣工经验收合格后，方可交付使用；未经验收或验收不合格的，不得交付使用。

9. 生产经营单位安全生产保障措施有（　　）组成。

A. 经济保障措施　B. 技术保障措施　C. 组织保障措施　D. 法律保障措施

E. 管理保障措施

【答案】ABCE

【解析】生产经营单位安全生产保障措施有组织保障措施、管理保障措施、经济保障措施、技术保障措施四部分组成。

10.《安全生产法》第18条规定，生产经营单位的主要负责人对本单位安全生产工作负有以下责任（　　）。

A. 建立、健全本单位安全生产责任制

B. 组织制定本单位安全生产规章制度和操作规程

C. 保证本单位安全生产投入的有效实施

D. 督促、检查本单位安全生产工作，及时消除生产安全事故隐患

E. 安全事故后及时进行处理

【答案】ABCD

【解析】《安全生产法》第17条规定：生产经营单位的主要负责人对本单位安全生产工作负有下列职责：

1）建立、健全本单位安全生产责任制。

2）组织制定本单位安全生产规章制度和操作规程。

3）保证本单位安全生产投入的有效实施。

4）督促、检查本单位的安全生产工作，及时消除生产安全事故隐患。

5）组织制定并实施本单位的生产安全事故应急救援预案。

6）及时、如实报告生产安全事故。

7）组织制定并实施本单位安全生产教育和培训计划。

11. 下列岗位中，属于对安全设施、设备的质量负责的岗位是（　　）。

A. 对安全设施的设计质量负责的岗位　　B. 对安全设施的竣工验收负责的岗位

C. 对安全生产设备质量负责的岗位　　D. 对安全设施的进厂检验负责的岗位

E. 对安全生产设备施工负责的岗位

【答案】ABCE

【解析】对安全设施、设备的质量负责的岗位：A. 对安全设施的设计质量负责的岗位；B. 对安全设施的施工负责的岗位；C. 对安全设施的竣工验收负责的岗位；D. 对安全生产设备质量负责的岗位。

12. 下列措施中，属于生产经营单位安全生产保障措施中管理保障措施的有（　　）。

A. 对新工艺、新技术、新材料或者使用新设备的管理

B. 对主要负责人和安全生产管理人员的管理

C. 生产经营项目、场所的协调管理

D. 对特种作业人员的管理

E. 生产经营项目、场所、设备的转让管理

【答案】BCDE

【解析】生产经营单位安全生产管理保障措施包括人力资源管理和物力资源管理两个方面。其中，人力资源管理由对主要负责人和安全生产管理人员的管理、对一般从业人员的管理和对特种作业人员的管理三方面构成；物力资源管理由设备的日常管理，设备的淘汰制度，生产经营项目、场所、设备的转让管理，生产经营项目、场所的协调管理等四方面构成。

13. 下列措施中，属于生产经营单位安全生产保障措施中技术保障措施的是（　　）。

A. 物质资源管理

B. 对废弃危险物品的管理

C. 新工艺、新技术、新材料或者使用新设备的管理

D. 生产经营项目、场所、设备的转让管理

E. 对员工宿舍的管理

【答案】BCE

【解析】生产经营单位安全生产技术保障措施包含对新工艺、新技术、新材料或者使用新设备的管理，对安全条件论证和安全评价的管理，对废弃危险物品的管理，对重大危险源的管理，对员工宿舍的管理，对危险作业的管理，对安全生产操作规程的管理以及对施工现场的管理等八个方面。

14. 根据《安全生产法》规定，安全生产中从业人员的权利有（　　）。

A. 批评权和检举、控告权　　B. 知情权

C. 紧急避险权　　D. 获得赔偿权

E. 危险报告权

【答案】ABCD

【解析】生产经营单位的从业人员依法享有知情权，批评权和检举、控告权，拒绝权，紧急避险权，请求赔偿权，获得劳动防护用品的权利和获得安全生产教育和培训的权利。

15. 根据《安全生产法》规定，安全生产中从业人员的义务不包括（　　）。

A. 依法履行自律遵规　　B. 检举单位安全生产工作的违章作业

C. 自觉学习安全生产知识　　D. 危险报告的义务

E. 按规定佩戴、使用劳动防护用品

【答案】BE

【解析】生产经营单位的从业人员的义务有：自律遵规的义务、自觉学习安全生产知识的义务、危险报告义务。

16. 国务院《生产安全事故报告和调查处理条例》规定：根据生产安全事故造成的人员伤亡或者直接经济损失，以下事故等级分类正确的有（　　）。

A. 造成 120 人急性工业中毒的事故为特别重大事故

B. 造成 8000 万元直接经济损失的事故为重大事故

C. 造成 3 人死亡 800 万元直接经济损失的事故为一般事故

D. 造成 10 人死亡 35 人重伤的事故为较大事故

E. 造成 10 人死亡 35 人重伤的事故为重大事故

【答案】ABE

【解析】国务院《生产安全事故报告和调查处理条例》规定：根据生产安全事故造成的人员伤亡或者直接经济损失，事故一般分为以下等级：1）特别重大事故，是指造成 30 人及以上死亡，或者 100 人及以上重伤（包括急性工业中毒，下同），或者 1 亿元及以上直接经济损失的事故；2）重大事故，是指造成 10 人及以上 30 人以下死亡，或者 50 人及以上 100 人以下重伤，或者 5000 万元及以上 1 亿元以下直接经济损失的事故；3）较大事故，是指造成 3 人及以上 10 人以下死亡，或者 10 人及以上 50 人以下重伤，或者 1000 万元及以上 5000 万元以下直接经济损失的事故；4）一般事故，是指造成 3 人以下死亡，或者 10 人以下重伤，或者 1000 万元以下直接经济损失的事故。

17. 下列选项中，施工单位的项目人应当履行的安全责任主要包括（　　）。

A. 制定安全生产规章制度和操作规程　　B. 确保安全生产费用的有效使用

C. 组织制定安全施工措施　　D. 消除安全事故隐患

E. 及时、如实报告生产安全事故

【答案】BCDE

【解析】根据《安全生产管理条例》第 21 条，项目负责人的安全责任主要包括：1）落实安全生产责任制度，安全生产规章制度和操作规程；2）确保安全生产费用的有效使用；3）根据工程的特点组织制定安全施工措施，消除安全事故隐患；4）及时、如实报告生产安全事故。

18. 以下关于总承包单位和分包单位的安全责任的说法中，正确的是（　　）。

A. 总承包单位应当自行完成建设工程主体结构的施工

B. 总承包单位对施工现场的安全生产负总责

C. 经业主认可，分包单位可以不服从总承包单位的安全生产管理

D. 分包单位不服从管理导致生产安全事故的，由总包单位承担主要责任

E. 总承包单位和分包单位对分包工程的安全生产承担连带责任

【答案】ABE

【解析】《安全生产管理条例》第24条规定：建设工程实行施工总承包的，由总承包单位对施工现场的安全生产负总责。为了防止违法分包和转包等违法行为的发生，真正落实施工总承包单位的安全责任，该条进一步规定，总承包单位应当自行完成建设工程主体结构的施工。该条同时规定，总承包单位依法将建设工程分包给其他单位的，分包合同中应当明确各自的安全生产方面的权利、义务。总承包单位和分包单位对分包工程的安全生产承担连带责任。分包单位应当服从总承包单位的安全生产管理，分包单位不服从管理导致生产安全事故的，由分包单位承担主要责任。

19. 根据《建设工程安全生产管理条例》，应编制专项施工方案，并附具安全验算结果的分部分项工程包括（　　）。

A. 深基坑工程　B. 起重吊装工程　C. 模板工程　D. 楼地面工程

E. 脚手架工程

【答案】ABCE

【解析】《建设工程安全生产管理条例》第26条规定，对达到一定规模的危险性较大的分部分项工程编制专项施工方案，并附具安全验算结果，经施工单位技术负责人、总监理工程师签字后实施，由专职安全生产管理人员进行现场监督：1）基坑支护与降水工程；2）土方开挖工程；3）模板工程；4）起重吊装工程；5）脚手架工程；6）拆除、爆破工程；7）国务院建设行政主管部门或其他有关部门规定的其他危险性较大的工程。

20. 根据《安全生产管理条例》，以下哪项分部分项工程需要编制专项施工方案（　　）。

A. 基坑支护与降水工程　B. 拆除、爆破工程

C. 土方开挖工程　D. 屋面工程

E. 砌筑工程

【答案】ABC

【解析】《建设工程安全生产管理条例》第26条规定，对达到一定规模的危险性较大的分部分项工程编制专项施工方案，并附具安全验算结果，经施工单位技术负责人、总监理工程师签字后实施，由专职安全生产管理人员进行现场监督：1）基坑支护与降水工程；2）土方开挖工程；3）模板工程；4）起重吊装工程；5）脚手架工程；6）拆除、爆破工程；7）国务院建设行政主管部门或其他有关部门规定的其他危险性较大的工程。

21. 下列属于危险性较大的分部分项工程的有（　　）。

A. 基坑支护与降水工程　B. 土方开挖工程

C. 模板工程　D. 楼地面工程

E. 脚手架工程

【答案】ABCE

【解析】《建设工程安全生产管理条例》第26条规定：对达到一定规模的危险性较大的分部分项工程编制专项施工方案，并附具安全验算结果，经施工单位技术负责人、总监理工程师签字后实施，由专职安全生产管理人员进行现场监督：1）基坑支护与降水工程；2）土方开挖工程；3）模板工程；4）起重吊装工程；5）脚手架工程；6）拆除、爆破工

程；7）国务院建设行政主管部门或其他有关部门规定的其他危险性较大的工程。

22. 以下各项中，属于施工单位的质量责任和义务的有（　　）。

A. 建立质量保证体系

B. 按图施工

C. 对建筑材料、构配件和设备进行检验的责任

D. 组织竣工验收

E. 见证取样

【答案】ABCE

【解析】《质量管理条例》关于施工单位的质量责任和义务的条文是第25～33条，即：依法承揽工程、建立质量保证体系、按图施工、对建筑材料、构配件和设备进行检验的责任、对施工质量进行检验的责任、见证取样、保修。

23. 无效的劳动合同，从订立的时候起，就没有法律约束力。下列属于无效的劳动合同的有（　　）。

A. 报酬较低的劳动合同

B. 违反法律、行政法规强制性规定的劳动合同

C. 采用欺诈、威胁等手段订立的严重损害国家利益的劳动合同

D. 未规定明确合同期限的劳动合同

E. 劳动内容约定不明确的劳动合同

【答案】BC

【解析】《劳动合同法》第26条规定：下列劳动合同无效或者部分无效：1）以欺诈、胁迫的手段或者乘人之危，使对方在违背真实意思的情况下订立或者变更劳动合同的；2）用人单位免除自己的法定责任、排除劳动者权利的；3）违反法律、行政法规强制性规定的。

24. 集体合同是指企业职工乙方与企业（用人单位）就劳动报酬（　　）等事项，依据有关法律法规，通过平等协商达成的书面协议。

A. 工作时间　　B. 工作地点　　C. 休息休假　　D. 劳动安全卫生

E. 保险福利

【答案】ACDE

【解析】集体合同又称集体协议、团体协议等，是指企业职工乙方与企业（用人单位）就劳动报酬、工作时间、休息休假、劳动安全卫生、保险福利等事项，依据有关法律法规，通过平等协商达成的书面协议，集体合同实际上是一种特殊的劳动合同。

25. 关于劳动合同变更，下列表述中正确的有（　　）。

A. 用人单位与劳动者协商一致，可变更劳动合同的内容

B. 变更劳动合同只能在合同订立之后、尚未履行之前进行

C. 变更后的劳动合同文本由用人单位和劳动者各执一份

D. 变更劳动合同，应采用书面形式

E. 建筑公司可以单方变更劳动合同，变更后劳动合同有效

【答案】ACD

【解析】用人单位变更名称、法定代表人、主要负责人或者投资人等事项，不影响劳动合同的履行。用人单位发生合并或者分立等情况，原劳动合同继续有效，劳动合同由承

继其权利和义务的用人单位继续履行。用人单位与劳动者协商一致，可以变更劳动合同约定的内容。变更劳动合同，应当采用书面形式。变更后的劳动合同文本由用人单位和劳动者各执一份。

26. 有下列情形之一的，劳动者可以立即与用人单位解除劳动合同的是（　　）。

A. 用人单位违章指挥危及人身安全的

B. 在试用期内的

C. 用人单位濒临破产的

D. 用人单位强令冒险作业的

E. 用人单位以暴力、威胁手段强迫劳动者劳动的

【答案】ADE

【解析】《劳动合同法》第38条规定：用人单位有下列情形之一的，劳动者可以解除劳动合同：1）未按照劳动合同约定提供劳动保护或者劳动条件的；2）未及时足额支付劳动报酬的；3）未依法为劳动者缴纳社会保险费的；4）用人单位的规章制度违反法律、法规的规定，损害劳动者权益的；5）因本法第二十六条第一款规定的情形致使劳动合同无效的；6）法律、行政法规规定劳动者可以解除劳动合同的其他情形。用人单位以暴力、威胁或者非法限制人身自由的手段强迫劳动者劳动的，或者用人单位违章指挥、强令冒险作业危及劳动者人身安全的，劳动者可以立即解除劳动合同，不需事先告知用人单位。

27. 根据《劳动合同法》，劳动者有下列（　　）情形之一的，用人单位可随时解除劳动合同。

A. 在试用期间被证明不符合录用条件的

B. 严重失职，营私舞弊，给用人单位造成重大损害的

C. 劳动者不能胜任工作，经过培训或者调整工作岗位，仍不能胜任工作的

D. 劳动者患病，在规定的医疗期满后不能从事原工作，也不能从事由用人单位另行安排的工作的

E. 被依法追究刑事责任的

【答案】ABE

【解析】《劳动合同法》第39条规定：劳动者有下列情形之一的，用人单位可以解除劳动合同：1）在试用期间被证明不符合录用条件的；2）严重违反用人单位的规章制度的；3）严重失职，营私舞弊，给用人单位造成重大损害的；4）劳动者同时与其他用人单位建立劳动关系，对完成本单位的工作任务造成严重影响，或者经用人单位提出，拒不改正的；5）因本法第二十六条第一款第一项规定的情形致使劳动合同无效的；6）被依法追究刑事责任的。

28. 某建筑公司发生以下事件：职工李某因工负伤而丧失劳动能力；职工王某因盗窃自行车一辆而被公安机关给予行政处罚；职工徐某因与他人同居而怀孕；职工陈某被派往境外逾期未归；职工张某因工程重大安全事故罪被判刑。对此，建筑公司可以随时解除劳动合同的有（　　）。

A. 李某　　B. 王某　　C. 徐某　　D. 陈某

E. 张某

【答案】DE

【解析】《劳动合同法》第39条规定：劳动者有下列情形之一的，用人单位可以解除劳动合同：1）在试用期间被证明不符合录用条件的；2）严重违反用人单位的规章制度的；3）严重失职，营私舞弊，给用人单位造成重大损害的；4）劳动者同时与其他用人单位建立劳动关系，对完成本单位的工作任务造成严重影响，或者经用人单位提出，拒不改正的；5）因本法第二十六条第一款第一项规定的情形致使劳动合同无效的；6）被依法追究刑事责任的。

29. 有下列情形之一，用人单位可以裁减人员（　　）。

A. 依照企业破产法规定进行重整

B. 生产经营发生严重困难

C. 企业转产、重大技术革新或经营方式调整

D. 企业产品滞销

E. 企业岗位合并

【答案】ABC

【解析】《劳动合同法》第41条规定：有下列情形之一，需要裁减20人以上或者裁减不足20人但占企业职工总数10%以上的，用人单位提前30日向工会或者全体职工说明情况，听取工会或者职工的意见后，裁减人员方案经向劳动行政部门报告，可以裁减人员，用人单位应当向劳动者支付经济补偿：1）依照企业破产法规定进行重整的；2）生产经营发生严重困难的；3）企业转产、重大技术革新或经营方式调整，经变更劳动合同后，仍需裁减人员的；4）其他因劳动合同订立时所依据的客观经济情况发生重大变化，致使劳动合同无法履行的。

30. 在下列情形中，用人单位不得解除劳动合同的有（　　）。

A. 劳动者被依法追究刑事责任

B. 女职工在孕期、产期、哺乳期

C. 患病或者非因工负伤，在规定的医疗期内的

D. 因工负伤被确认丧失或者部分丧失劳动能力

E. 劳动者不能胜任工作，经过培训，仍不能胜任工作

【答案】BCD

【解析】《劳动合同法》第42条规定：劳动者有下列情形之一的，用人单位不得依照本法第四十条、第四十一条的规定解除劳动合同：1）从事接触职业病危害作业的劳动者未进行离岗前职业健康检查，或者疑似职业病病人在诊断或者医学观察期间的；2）在本单位患职业病或者因工负伤并被确认丧失或者部分丧失劳动能力的；3）患病或者非因工负伤，在规定的医疗期内的；4）女职工在孕期、产期、哺乳期的；5）在本单位连续工作满十五年，且距法定退休年龄不足五年的；6）法律、行政法规规定的其他情形。

31. 下列情况中，劳动合同终止的有（　　）。

A. 劳动者开始依法享受基本养老待遇　B. 劳动者死亡

C. 用人单位名称发生变更　D. 用人单位投资人变更

E. 用人单位被依法宣告破产

【答案】ABE

【解析】《劳动合同法》规定：有下列情形之一的，劳动合同终止，用人单位与劳动者

不得在劳动合同法规定的劳动合同终止情形之外约定其他的劳动合同终止条件：1）劳动者达到法定退休年龄的，劳动合同终止；2）劳动合同期满的，除用人单位维持或者提高劳动合同约定条件续订劳动合同，劳动者不同意续订的情形外，依照本项规定终止固定期限劳动合同的，用人单位应当向劳动者支付经济补偿；3）劳动者开始依法享受基本养老保险待遇的；4）劳动者死亡，或者被人民法院宣告死亡或者宣告失踪的；5）用人单位被依法宣告破产的，依照本项规定终止劳动合同的，用人单位应当向劳动者支付经济补偿；6）用人单位被吊销营业执照、责令关闭、撤销或者用人单位决定提前解散的，依照本项规定终止劳动合同的，用人单位应当向劳动者支付经济补偿；7）法律、行政法规规定的其他情形。

第二章　建筑材料

一、判断题

1. 气硬性胶凝材料只能在空气中凝结、硬化、保持和发展强度，一般只适用于干燥环境，不宜用于潮湿环境与水中；那么水硬性胶凝材料则只能适用于潮湿环境与水中。

【答案】错误

【解析】 气硬性胶凝材料只能在空气中凝结、硬化、保持和发展强度，一般只适用于干燥环境，不宜用于潮湿环境与水中。水硬性胶凝材料既能在空气中硬化，也能在水中凝结、硬化、保持和发展强度，既适用于干燥环境，又适用于潮湿环境与水中工程。

2. 通用水泥包括硅酸盐水泥、普通硅酸盐水泥、矿渣硅酸盐水泥、火山灰质硅酸盐水泥、粉煤灰硅酸盐水泥、复合硅酸盐水泥。

【答案】正确

【解析】 通用水泥包括硅酸盐水泥、普通硅酸盐水泥、矿渣硅酸盐水泥、火山灰质硅酸盐水泥、粉煤灰硅酸盐水泥、复合硅酸盐水泥。

3. 国家标准规定：硅酸盐水泥初凝时间不得早于45min，终凝时间不得迟于6.5h。

【答案】正确

【解析】 国家标准规定：硅酸盐水泥初凝时间不得早于45min，终凝时间不得迟于6.5h。

4. 水泥体积安定性是指水泥浆体硬化后体积变化的稳定性。体积安定性不合格的水泥为废品，不能用于工程中。

【答案】正确

【解析】 水泥体积安定性是指水泥浆体硬化后体积变化的稳定性。体积安定性不合格的水泥为废品，不能用于工程中。

5. 通常将水泥、矿物掺合料、粗细骨料、水和外加剂按一定的比例配制而成的、干表观密度为2000～3000kg/m^3 的混凝土称为普通混凝土。

【答案】错误

【解析】 通常将水泥、矿物掺合料、粗细骨料、水和外加剂按一定的比例配制而成的、干表观密度为2000～2800kg/m^3 的混凝土称为普通混凝土。

6. 混凝土立方体抗压强度标准值系指按照标准方法制成边长为150mm的标准立方体试件，在标准条件（温度20℃±2℃，相对湿度为95%以上）下养护28d，然后采用标准试验方法测得的极限抗压强度值。

【答案】正确

【解析】 按照标准方法制成边长为150mm的标准立方体试件，在标准条件（温度20℃±2℃，相对湿度为95%以上）下养护28d，然后采用标准试验方法测得的极限抗压强度值，称为混凝土的立方体抗压强度。

7. 水泥是混凝土组成材料中最重要的材料，也是成本支出最多的材料，更是影响混凝土强度、耐久性最重要的影响因素。

【答案】正确

【解析】水泥是混凝土组成材料中最重要的材料，也是成本支出最多的材料，更是影响混凝土强度、耐久性最重要的影响因素。

8. 混凝土外加剂按照其主要功能分为高性能减水剂、高效减水剂、普通减水剂、引气减水剂、泵送剂、早强剂、缓凝剂和引气剂共八类。

【答案】正确

【解析】混凝土外加剂按照其主要功能分为八类：高性能减水剂、高效减水剂、普通减水剂、引气减水剂、泵送剂、早强剂、缓凝剂和引气剂。

9. 混合砂浆强度较高，耐久性较好，但流动性和保水性较差，可用于砌筑较干燥环境下的砌体。

【答案】错误

【解析】混合砂浆强度较高，且耐久性、流动性和保水性均较好，便于施工，易保证施工质量，是砌体结构房屋中常用的砂浆。

10. 低碳钢拉伸时，从受拉至拉断，经历四个阶段为：弹性阶段，强化阶段，屈服阶段和颈缩阶段。

【答案】错误

【解析】低碳钢从受拉至拉断，共经历四个阶段：弹性阶段，屈服阶段，强化阶段和颈缩阶段。

11. 冲击韧性指标是通过标准试件的弯曲冲击韧性试验确定的。

【答案】正确

【解析】冲击韧性是指钢材抵抗冲击力荷载的能力。冲击韧性指标是通过标准试件的弯曲冲击韧性试验确定的。

12. 焊接的质量取决于焊接工艺、焊接材料及钢的焊接性能。

【答案】正确

【解析】焊接的质量取决于焊接工艺、焊接材料及钢的焊接性能。

13. 石油沥青属于焦油沥青的范畴。

【答案】错误

【解析】石油沥青属于地沥青的范畴。

14. 针入度、延度、软化点是评价黏稠沥青路用性能最常用的经验指标，也是划分沥青牌号的主要依据。所以统称为沥青的“三大指标”。

【答案】正确

【解析】针入度、延度、软化点是评价黏稠沥青路用性能最常用的经验指标，也是划分沥青牌号的主要依据。所以统称为沥青的“三大指标”。

15. 沥青防水卷材由于质量轻、价格低廉、防水性能良好、施工方便、能适应一定的温度变化和基层伸缩变形，故多年来在民用房屋建筑的防水工程中得到了广泛应用。

【答案】正确

【解析】沥青防水卷材由于质量轻、价格低廉、防水性能良好、施工方便、能适应一定的温度变化和基层伸缩变形，故多年来在工业与民用建筑的防水工程中得到了广泛应用。

二、单选题

1. 建筑材料按化学成分分类方法中，下列哪项是不合适的（　　）。

A. 无机材料　　　B. 高分子合成材料　C. 复合材料　　　D. 有机材料

【答案】 B

【解析】 建筑材料按化学成分分类分为无机材料、有机材料和复合材料。

2. 按用途和性能对水泥的分类中，下列哪项是错误的（　　）。

A. 通用水泥　　　B. 专用水泥　　　C. 特性水泥　　　D. 多用水泥

【答案】 D

【解析】 按其用途和性能可分为通用水泥、专用水泥和特性水泥三大类。

3. 下列各项中不属于建筑工程常用的特性水泥的是（　　）。

A. 快硬硅酸盐水泥　　　　　　　B. 膨胀水泥

C. 白色硅酸盐水泥和彩色硅酸盐水泥　D. 火山灰质硅酸盐水泥

【答案】 D

【解析】 建筑工程中常用的特性水泥有快硬硅酸盐水泥、白色硅酸盐水泥和彩色硅酸盐水泥、膨胀水泥。

4. 下列关于建筑工程常用的特性水泥的特性及应用的表述中，不正确的是（　　）。

A. 白水泥和彩色水泥主要用于建筑物内外的装饰

B. 膨胀水泥主要用于收缩补偿混凝土工程，防渗混凝土，防渗砂浆，结构的加固，构件接缝、接头的灌浆，固定设备的机座及地脚螺栓等

C. 快硬水泥易受潮变质，故储运时须特别注意防潮，并应及时使用，不宜久存，出厂超过 3 个月，应重新检验，合格后方可使用

D. 快硬硅酸盐水泥可用于紧急抢修工程、低温施工工程等，可配制成早强、高等级混凝土

【答案】 C

【解析】 快硬硅酸盐水泥可用于紧急抢修工程、低温施工工程等，可配制成早强、高等级混凝土。快硬水泥易受潮变质，故储运时须特别注意防潮，并应及时使用，不宜久存，出厂超过 1 个月，应重新检验，合格后方可使用。白水泥和彩色水泥主要用于建筑物内外的装饰。膨胀水泥主要用于收缩补偿混凝土工程，防渗混凝土，防渗砂浆，结构的加固，构件接缝、接头的灌浆，固定设备的机座及地脚螺栓等。

5. 下列关于普通混凝土的分类方法中错误的是（　　）。

A. 按用途分为结构混凝土、抗渗混凝土、抗冻混凝土、大体积混凝土、水工混凝土、耐热混凝土、耐酸混凝土、装饰混凝土等

B. 按强度等级分为普通强度混凝土、高强混凝土、超高强混凝土

C. 按强度等级分为低强度混凝土、普通强度混凝土、高强混凝土、超高强混凝土

D. 按施工工艺分为喷射混凝土、泵送混凝土、碾压混凝土、压力灌浆混凝土、离心混凝土、真空脱水混凝土

【答案】 C

【解析】 普通混凝土可以从不同的角度进行分类。按用途分为结构混凝土、抗渗混凝

土、抗冻混凝土、大体积混凝土、水工混凝土、耐热混凝土、耐酸混凝土、装饰混凝土等。按强度等级分为普通强度混凝土、高强混凝土、超高强混凝土。按施工工艺分为喷射混凝土、泵送混凝土、碾压混凝土、压力灌浆混凝土、离心混凝土、真空脱水混凝土。

6. 下列关于普通混凝土的主要技术性质的表述中，正确的是（　　）。

A. 混凝土拌合物的主要技术性质为和易性，硬化混凝土的主要技术性质包括强度、变形和耐久性等

B. 和易性是满足施工工艺要求的综合性质，包括流动性和保水性

C. 混凝土拌合物的和易性目前主要以测定流动性的大小来确定

D. 根据坍落度值的大小将混凝土进行分级时，坍落度160mm的混凝土为流动性混凝土

【答案】A

【解析】混凝土拌合物的主要技术性质为和易性，硬化混凝土的主要技术性质包括强度、变形和耐久性等。和易性是满足施工工艺要求的综合性质，包括流动性、黏聚性和保水性。混凝土拌合物的和易性目前还很难用单一的指标来评定，通常是以测定流动性为主，兼顾黏聚性和保水性。坍落度数值越大，表明混凝土拌合物流动性大，根据坍落度值的大小，可将混凝土分为四级：大流动性混凝土（坍落度大于160mm）、流动性混凝土（坍落度大于100～150mm）、塑性混凝土（坍落度大于10～90mm）和干硬性混凝土（坍落度小于10mm）。

7. 保水性是指（　　）。

A. 混凝土拌合物在施工过程中具有一定的保持内部水分而抵抗泌水的能力

B. 混凝土组成材料间具有一定的黏聚力，在施工过程中混凝土能保持整体均匀的性能

C. 混凝土拌合物在自重或机械振动时能够产生流动的性质

D. 混凝土满足施工工艺要求的综合性质

【答案】A

【解析】保水性是指混凝土拌合物在施工过程中具有一定的保持内部水分而抵抗泌水的能力。

8. 和易性是满足施工工艺要求的综合性质，包括（　　）。

A. 流动性、黏聚性和保水性　　B. 流动性和保水性

C. 流动性和黏聚性　　D. 以上答案都不正确

【答案】A

【解析】和易性是满足施工工艺要求的综合性质，包括流动性、黏聚性和保水性。

9. 按照标准制作方法制成边长为150mm的标准立方体试件，在标准条件（温度20℃±2℃，相对湿度为95%以上）下养护（　　），然后采用标准试验方法测得的极限抗压强度值，称为混凝土的立方体抗压强度。

A. 3d　　B. 7d　　C. 30d　　D. 28d

【答案】D

【解析】按照标准方法制成边长为150mm的标准立方体试件，在标准条件（温度20℃±2℃，相对湿度为95%以上）下养护28d，然后采用标准试验方法测得的极限抗压强度值，称为混凝土的立方体抗压强度。

10. 下列关于混凝土的耐久性的相关表述中，正确的是（　　）。

A. 抗渗等级是以 28d 龄期的标准试件，用标准试验方法进行试验，以每组八个试件，六个试件未出现渗水时，所能承受的最大静水压来确定

B. 主要包括抗渗性、抗冻性、耐久性、抗碳化、抗碱一骨料反应等方面

C. 抗冻等级是 28d 龄期的混凝土标准试件，在浸水饱和状态下，进行冻融循环试验，以抗压强度损失不超过 20%，同时质量损失不超过 10%时，所能承受的最大冻融循环次数来确定

D. 当工程所处环境存在侵蚀介质时，对混凝土必须提出耐久性要求

【答案】 B

【解析】 混凝土的耐久性主要包括抗渗性、抗冻性、耐久性、抗碳化、抗碱-骨料反应等方面。抗渗等级是以 28d 龄期的标准试件，用标准试验方法进行试验，以每组六个试件，四个试件未出现渗水时，所能承受的最大静水压来确定。抗冻等级是 28d 龄期的混凝土标准试件，在浸水饱和状态下，进行冻融循环试验，以抗压强度损失不超过 25%，同时质量损失不超过 5%时，所能承受的最大冻融循环次数来确定。当工程所处环境存在侵蚀介质时，对混凝土必须提出耐蚀性要求。

11. 混凝土抗冻等级用 F 表示，如 F100 表示混凝土在强度损失不超过 25%，质量损失不超过 5%时，（　　）。

A. 所能承受的最大冻融循环次数为 10 次

B. 所能抵抗的液体压力 10MPa

C. 所能抵抗的液体压力 1MPa

D. 所能承受的最大冻融循环次数为 100 次

【答案】 D

【解析】 抗冻等级是 28d 龄期的混凝土标准试件，在浸水饱和状态下，进行冻融循环试验，以抗压强度损失不超过 25%，同时质量损失不超过 5%时，所能承受的最大冻融循环次数来确定。当工程所处环境存在侵蚀介质时，对混凝土必须提出耐蚀性要求。

12. 下列表述，不属于高性能混凝土的主要特性的是（　　）。

A. 具有一定的强度和高抗渗能力　　B. 具有良好的工作性

C. 力学性能良好　　D. 具有较高的体积稳定性

【答案】 C

【解析】 高性能混凝土是指具有高耐久性和良好的工作性，早起强度高而后期强度不倒缩，体积稳定性好的混凝土。高性能混凝土的主要特性为：具有一定的强度和高抗渗能力；具有良好的工作性；耐久性好；具有较高的体积稳定性。

13. 下列各项，不属于常用早强剂的是（　　）。

A. 氯盐类早强剂　　B. 硝酸盐类早强剂

C. 硫酸盐类早强剂　　D. 有机胺类早强剂

【答案】 B

【解析】 目前，常用的早强剂有氯盐类、硫酸盐类和有机胺类。

14. 改善混凝土拌合物和易性外加剂的是（　　）。

A. 缓凝剂　　B. 早强剂　　C. 引气剂　　D. 速凝剂

【答案】 C

【解析】 加入引气剂，可以改善混凝土拌合物和易性，显著提高混凝土的抗冻性和抗渗性，但会降低弹性模量及强度。

15. 下列对于砂浆与水泥的说法中错误的是（　　）。

A. 根据胶凝材料的不同，建筑砂浆可分为石灰砂浆、水泥砂浆和混合砂浆

B. 水泥属于水硬性胶凝材料，因而只能在潮湿环境与水中凝结、硬化、保持和发展强度

C. 水泥砂浆强度高、耐久性和耐火性好，常用于地下结构或经常受水侵蚀的砌体部位

D. 水泥按其用途和性能可分为通用水泥、专用水泥以及特性水泥

【答案】 B

【解析】 根据所用胶凝材料的不同，建筑砂浆可分为石灰砂浆、水泥砂浆和混合砂浆；水硬性胶凝材料既能在空气中硬化，也能在水中凝结、硬化、保持和发展强度，既适用于干燥环境，又适用于潮湿环境与水中工程；水泥砂浆强度高、耐久性和耐火性好，但其流动性和保水性差，施工相对难，常用于地下结构或经常受水侵蚀的砌体部位；水泥按其用途和性能可分为通用水泥、专用水泥以及特性水泥。

16. 下列关于砌筑砂浆主要技术性质的说法中，错误的是（　　）。

A. 砌筑砂浆的技术性质主要包括新拌砂浆的密度、和易性、硬化砂浆强度和对基面的黏结力、抗冻性、收缩值等指标

B. 流动性的大小用“沉入度”表示，通常用砂浆稠度测定仪测定

C. 砂浆流动性的选择与砌筑种类、施工方法及天气情况有关。流动性过大，砂浆太稀，不仅铺砌难，而且硬化后强度降低；流动性过小，砂浆太稠，难于铺平

D. 砂浆的强度是以 150mm×150mm×150mm 的立方体试块，在标准条件下养护 28d 后，用标准方法测得的抗压强度（MPa）算术平均值来评定的

【答案】 D

【解析】 砌筑砂浆的技术性质主要包括新拌砂浆的密度、和易性、硬化砂浆强度和对基面的黏结力、抗冻性、收缩值等指标。流动性的大小用“沉入度”表示，通常用砂浆稠度测定仪测定。砂浆流动性的选择与砌筑种类、施工方法及天气情况有关。流动性过大，砂浆太稀，不仅铺砌难，而且硬化后强度降低；流动性过小，砂浆太稠，难于铺平。砂浆的强度是以 70.7mm×70.7mm×70.7mm 的立方体试块，在标准条件下养护 28d 后，用标准方法测得的抗压强度（MPa）算术平均值来评定的。

17. 下列关于砌筑砂浆的组成材料及其技术要求的说法中，正确的是（　　）。

A. M15 及以下强度等级的砌筑砂浆宜选用 42.5 级通用硅酸盐水泥或砌筑水泥

B. 砌筑砂浆常用的细骨料为普通砂。砂的含泥量不应超过 5%

C. 生石灰熟化成石灰膏时，应用孔径不大于 3mm×3mm 的网过滤，熟化时间不得少于 7d；磨细生石灰粉的熟化时间不得少于 3d

D. 制作电石膏的电石渣应用孔径不大于 3mm×3mm 的网过滤，检验时应加热至 70℃并保持 60min，没有乙炔气味后，方可使用

【答案】 B

【解析】M15及以下强度等级的砌筑砂浆宜选用32.5级通用硅酸盐水泥或砌筑水泥。砌筑砂浆常用的细骨料为普通砂。砂的含泥量不应超过5%。生石灰熟化成石灰膏时，应用孔径不大于3mm×3mm的网过滤，熟化时间不得少于7d；磨细生石灰粉的熟化时间不得少于2d。制作电石膏的电石渣应用孔径不大于3mm×3mm的网过滤，检验时应加热至70℃并保持20min，没有乙炔气味后，方可使用。

18. 下列关于烧结砖的分类、主要技术要求及应用的相关说法中，正确的是（　　）。

A. 强度、抗风化性能和放射性物质合格的烧结普通砖，根据尺寸偏差、外观质量、泛霜和石灰爆裂等指标，分为优等品、一等品、合格品三个等级

B. 强度和抗风化性能合格的烧结多心砖，根据尺寸偏差、外观质量、孔型及孔洞排列、泛霜、石灰爆裂分为优等品、一等品、合格品三个等级

C. 烧结多孔砖主要用作非承重墙，如多层建筑内隔墙或框架结构的填充墙

D. 烧结空心砖在对安全性要求低的建筑中，可以用于承重墙体

【答案】B

【解析】强度、抗风化性能和放射性物质合格的烧结普通砖，根据尺寸偏差、外观质量、泛霜和石灰爆裂等指标，分为优等品、一等品、合格品三个等级。强度和抗风化性能合格的烧结多孔砖，根据尺寸偏差、外观质量、孔型及孔洞排列、泛霜、石灰爆裂分为优等品、一等品、合格品。烧结多孔砖可以用于承重墙体。优等品可用于墙体装饰和清水墙砌筑，一等品和合格品可用于混水墙，中泛霜的砖不得用于潮湿部位。烧结空心砖主要用作非承重墙，如多层建筑内隔墙或框架结构的填充墙。

19. 砌块按产品主规格的尺寸，可分为大型砌块、中型砌块和小型砌块。其中，小型砌块的高度（　　）。

A. 大于980mm　　B. 为380～980mm

C. 小于380mm　　D. 大于115mm、小于380mm

【答案】D

【解析】砌块按产品主规格的尺寸，可分为大型砌块（高度大于980mm）、中型砌块（高度380～980mm）和小型砌块（高度大于115mm、小于380mm）。

20. 砌块按产品主规格的尺寸，可分为大型砌块、中型砌块和小型砌块。其中，中型砌块的高度（　　）。

A. 大于980mm　　B. 为380～980mm

C. 小于380mm　　D. 大于115mm、小于380mm

【答案】B

【解析】砌块按产品主规格的尺寸，可分为大型砌块（高度大于980mm）、中型砌块（高度380～980mm）和小型砌块（高度大于115mm、小于380mm）。

21. 砌块按产品主规格的尺寸，可分为大型砌块、中型砌块和小型砌块。其中，大型砌块的高度（　　）。

A. 大于980mm　　B. 为380～980mm

C. 小于380mm　　D. 大于115mm、小于380mm

【答案】A

【解析】砌块按产品主规格的尺寸，可分为大型砌块（高度大于980mm）、中型砌块

（高度380～980mm）和小型砌块（高度大于115mm、小于380mm）。

22. 下列关于钢结构用钢材的相关说法中，正确的是（　）。

A. 工字钢主要用于承受轴向力的杆件、承受横向弯曲的梁以及联系杆件

B. Q235A代表屈服强度为235N/mm^2，A级，沸腾钢

C. 低合金高强度结构钢均为镇静钢或特殊镇静钢

D. 槽钢广泛应用于各种建筑结构和桥梁，主要用于承受横向弯曲的杆件，但不宜单独用作轴心受压构件或双向弯曲的构件

【答案】 C

【解析】 Q235A代表屈服强度为235N/mm^2，A级，镇静钢。低合金高强度结构钢均为镇静钢或特殊镇静钢。工字钢广泛应用于各种建筑结构和桥梁，主要用于承受横向弯曲（腹板平面内受弯）的杆件，但不宜单独用作轴心受压构件或双向弯曲的构件。槽钢主要用于承受轴向力的杆件、承受横向弯曲的梁以及联系杆件。

23. 下列关于型钢的相关说法中，错误的是（　　）。

A. 与工字钢相比，H型钢优化了截面的分布，具有翼缘宽，侧向刚度大，抗弯能力强，翼缘两表面相互平行、连接构造方便，重量轻、节省钢材等优点

B. 钢结构所用钢材主要是型钢和钢板

C. 不等边角钢的规格以“长边宽度×短边宽度×厚度”（mm）或“长边宽度/短边宽度”（cm）表示

D. 在房屋建筑中，冷弯型钢可用做钢架、桁架、梁、柱等主要承重构件，但不可用作屋面檩条、墙架梁柱、龙骨、门窗、屋面板、墙面板、楼板等次要构件和围护结构

【答案】 D

【解析】 钢结构所用钢材主要是型钢和钢板。不等边角钢的规格以“长边宽度×短边宽度×厚度”（mm）或“长边宽度/短边宽度”（cm）表示。与工字钢相比，H型钢优化了截面的分布，具有翼缘宽，侧向刚度大，抗弯能力强，翼缘两表面相互平行、连接构造方便，重量轻、节省钢材等优点。在房屋建筑中，冷弯型钢可用做钢架、桁架、梁、柱等主要承重构件，也被用作屋面檩条、墙架梁柱、龙骨、门窗、屋面板、墙面板、楼板等次要构件和围护结构。

24. 下列关于铝合金分类和特性的说法中正确的是（　　）。

A. 铝合金可以按合金元素分为二元、三元和多元合金

B. 建筑装饰工程中常用铸造铝合金

C. 各种变形铝合金的牌号分别用汉语拼音字母和顺序号表示，其中，顺序号可以直接表示合金元素的含量

D. 常用的硬铝有11个牌号，LY12是硬铝的典型产品

【答案】 D

【解析】 铝合金可以按合金元素分为二元和三元合金。建筑装饰工程中常用形变铝合金。各种变形铝合金的牌号分别用汉语拼音字母和顺序号表示，其中，顺序号不直接表示合金元素的含量。常用的硬铝有11个牌号，LY12是硬铝的典型产品。

25. 下列关于不锈钢分类和特性的说法中正确的是（　　）。

A. 不锈钢就是以钛元素为主加元素的合金钢

B. 在建筑装饰工程中使用的多为普通不锈钢

C. 不锈钢中含有的镍、锰、钛、硅等元素，主要影响不锈钢的强度

D. 哑光面板不锈钢具有镜面玻璃般的反射能力，安装方便，装饰效果好

【答案】B

【解析】不锈钢就是以铬元素为主加元素的合金钢。除铬外，不锈钢中还含有镍、锰、钛、硅等元素，这些元素都会影响不锈钢的强度、塑性、韧性和耐蚀性。在建筑装饰工程中使用的多为普通不锈钢。不锈钢耐腐蚀性强，经不同表面加工可形成不同的光洁度和反射能力，高级的抛光不锈钢具有镜面玻璃般的反射能力，安装方便，装饰效果好。

26. 下列关于沥青材料分类和应用的说法中错误的是（ ）。

A. 焦油沥青可分为煤沥青和页岩沥青

B. 沥青是憎水材料，有良好的防水性

C. 具有很强的抗腐蚀性，能抵抗强烈的酸、碱、盐类等侵蚀性液体和气体的侵蚀

D. 有良好的塑性，能适应基材的变形

【答案】C

【解析】焦油沥青可分为煤沥青和页岩沥青。沥青是憎水材料，有良好的防水性；具有较强的抗腐蚀性，能抵抗一般的酸、碱、盐类等侵蚀性液体和气体的侵蚀；有良好的塑性，能适应基材的变形。

27. 下列关于石油沥青的技术性质的说法中错误的是（ ）。

A. 在一定的温度范围内，当温度升高，黏滞性随之增大，反之则降低

B. 黏滞性是反映材料内部阻碍其相对流动的一种特性，也是我国现行标准划分沥青牌号的主要性能指标

C. 石油沥青的塑性用延度表示，延度越大，塑性越好

D. 低温脆性主要取决于沥青的组分，当沥青中含有较多石蜡时，其抗低温能力就较差

【答案】A

【解析】黏滞性是反映材料内部阻碍其相对流动的一种特性，也是我国现行标准划分沥青牌号的主要性能指标。在一定的温度范围内，当温度升高，黏滞性随之降低，反之则增大。石油沥青的塑性用延度表示，延度越大，塑性越好。低温脆性主要取决于沥青的组分，当树脂含量较多、树脂成分的低温柔性较好时，其抗低温能力就较强；当沥青中含有较多石蜡时，其抗低温能力就较差。

28. 下列关于沥青混合料的分类的说法中错误的是（ ）。

A. 按使用的结合料不同，沥青混合料可分为石油沥青混合料、煤沥青混合料、改性沥青混合料和乳化沥青混合料

B. 按沥青混合料中剩余空隙率大小的不同分为开式沥青混合料和密闭式沥青混合料

C. 按矿质混合料的级配类型可分为连续级配沥青混合料和间断级配沥青混合料

D. 按沥青混合料施工温度，可分为热拌沥青混合料和常温沥青混合料

【答案】B

【解析】按使用的结合料不同，沥青混合料可分为石油沥青混合料、煤沥青混合料、改性沥青混合料和乳化沥青混合料。按沥青混合料中剩余空隙率大小的不同分为开式沥青

混合料、半开式沥青混合料和密实式沥青混合料。按矿质混合料的级配类型可分为连续级配沥青混合料和间断级配沥青混合料。按沥青混合料施工温度，可分为热拌沥青混合料和常温沥青混合料。

29. 下列关于沥青防水卷材的相关说法中，正确的是（ ）。

A. 350 号和 500 号油毡适用于简易防水、临时性建筑防水、建筑防潮及包装等

B. 沥青玻璃纤维布油毡适用于铺设地下防水、防腐层，并用于屋面防水层及金属管道（热管道除外）的防腐保护层

C. 玻纤胎油毡按上表面材料分为膜面、粉面、毛面和砂面四个品种

D. 15 号玻纤胎油毡适用于屋面、地下、水利等工程的多层防水

【答案】 B

【解析】 200 号油毡适用于简易防水、临时性建筑防水、建筑防潮及包装等；350 号和 500 号油毡适用于屋面、地下、水利等工程的多层防水。沥青玻璃纤维布油毡适用于铺设地下防水、防腐层，并用于屋面防水层及金属管道（热管道除外）的防腐保护层。玻纤胎油毡按上表面材料分为膜面、粉面和砂面三个品种。15 号玻纤胎油毡适用于一般工业与民用建筑的多层防水，并用于包扎管道（热管道除外），作防腐保护层；25 号和 35 号玻纤胎油毡适用于屋面、地下、水利等工程的多层防水，其中，35 号玻纤胎油毡可采用热熔法的多层（或单层）防水。

30. 下列关于合成高分子防水卷材的相关说法中，错误的是（ ）。

A. 常用的合成高分子防水卷材如三元乙丙橡胶防水卷材、聚氯乙烯防水卷材、氯化聚乙烯一橡胶共混防水卷材等

B. 三元乙丙橡胶防水卷材是我国目前用量较大的一种卷材，使用屋面、地下防水工程和防腐工程

C. 三元乙丙橡胶防水卷材质量轻，耐老化性好，弹性和抗拉伸性能极佳，对基层伸缩变形或开裂的适应性强，耐高低温性能优良，能在严寒和酷热环境中使用

D. 氯化聚乙烯-橡胶共混防水卷材价格相较于三元乙丙橡胶防水卷材低得多，属中、高档防水材料，可用于各种建筑、道路、桥梁、水利工程的防水，尤其适用寒冷地区或变形较大的屋面

【答案】 B

【解析】 常用的合成高分子防水卷材如三元乙丙橡胶防水卷材、聚氯乙烯防水卷材、氯化聚乙烯一橡胶共混防水卷材等。三元乙丙橡胶防水卷材质量轻，耐老化性好，弹性和抗拉伸性能极佳，对基层伸缩变形或开裂的适应性强，耐高低温性能优良，能在严寒和酷热环境中使用。聚氯乙烯防水卷材是我国目前用量较大的一种卷材，使用屋面、地下防水工程和防腐工程。氯化聚乙烯-橡胶共混防水卷材既具有聚氯乙烯的高强度和优异的耐久性，又具有橡胶的高弹性和高延伸率以及良好的耐低温性能。其性能与三元乙丙橡胶防水卷材相似，但价格却低得多，属中、高档防水材料，可用于各种建筑、道路、桥梁、水利工程的防水，尤其适用寒冷地区或变性较大的屋面。

31. 下列关于建筑绝热材料的相关说法中，正确的是（ ）。

A. 石棉、矿棉、玻璃棉、植物纤维复合板、膨胀蛭石均属于纤维状保温隔热材料

B. 膨胀蛭石及其制品被广泛用于围护结构，低温及超低温保冷设备，热工设备的隔

热保温，以及制作吸声制品

C. 矿棉可用于工业与民用建筑工程、管道、锅炉等有保温、隔热、隔声要求的部位

D. 泡沫玻璃可用来砌筑墙体，也可用于冷藏设备的保温或用作漂浮、过滤材料

【答案】 D

【解析】 纤维状保温隔热材料是以玻璃棉、矿棉、石棉及植物纤维等为主要材料，制成板、筒、毡等形状的制品。常用的有以下几种：玻璃棉及其制品，石棉、矿棉及其制品，植物纤维复合板。矿棉通过胶粘材料制成相应的毡、管和板，用于建筑物的墙壁、屋面、顶棚等处的保温隔热。膨胀蛭石及其制品广泛用于高温炉、工业窑炉的保温。泡沫玻璃可用来砌筑墙体，也可用于冷藏设备的保温或用作漂浮、过滤材料。

32. 下列选项中，不属于常用的有机隔热材料的是（　　）。

A. 泡沫塑料　　B. 隔热薄膜　　C. 胶粉聚苯颗粒　　D. 泡沫玻璃

【答案】 D

【解析】 有机隔热材料主要包括以下几种：泡沫塑料、蜂窝材料、隔热薄膜和胶粉聚苯颗粒。

三、多选题

1. 下列建筑材料按使用功能分类，属于结构材料的是（　　）。

A. 木材　　B. 砌块　　C. 防水材料　　D. 水泥

E. 绝热材料

【答案】 ABD

【解析】 建筑材料按使用功能分类分为结构材料和功能材料。结构材料指的是组成受力构件结构所用的材料，如木材、石材、水泥、混凝土及钢材、砖、砌块等；功能材料指的是担负某些建筑功能的非承重材料，如防水材料、绝热材料、吸声和隔声材料、装饰材料等。

2. 下列关于通用水泥的特性及应用的基本规定中，表述正确的是（　　）。

A. 复合硅酸盐水泥适用于早期强度要求高的工程及冬期施工的工程

B. 矿渣硅酸盐水泥适用于大体积混凝土工程

C. 粉煤灰硅酸盐水泥适用于有抗渗要求的工程

D. 火山灰质硅酸盐水泥适用于抗裂性要求较高的构件

E. 硅酸盐水泥适用于严寒地区遭受反复冻融循环作用的混凝土工程

【答案】 BE

【解析】 硅酸盐水泥适用于早期强度要求高的工程及冬期施工的工程；严寒地区遭受反复冻融循环作用的混凝土工程。矿渣硅酸盐水泥适用于大体积混凝土工程。火山灰质硅酸盐水泥适用于有抗渗要求的工程。粉煤灰硅酸盐水泥适用于抗裂性要求较高的构件。

3. 下列各项，属于通用水泥的主要技术性质指标的是（　　）。

A. 细度　　B. 凝结时间　　C. 黏聚性　　D. 体积安定性

E. 水化热

【答案】 ABDE

【解析】 通用水泥的主要技术性质有细度、标准稠度及其用水量、凝结时间、体积安

定性、水泥的强度、水化热。

4. 下列关于通用水泥的主要技术性质指标的基本规定中，表述错误的是（　　）。

A. 硅酸盐水泥的细度用密闭式比表面仪测定

B. 硅酸盐水泥初凝时间不得早于 45min，终凝时间不得迟于 6.5h

C. 水泥熟料中游离氧化镁含量不得超过 5.0%，三氧化硫含量不得超过 3.5%。体积安定性不合格的水泥可用于次要工程中

D. 水泥强度是表征水泥力学性能的重要指标，它与水泥的矿物组成、水泥细度、水灰比大小、水化龄期和环境温度等密切相关

E. 熟料矿物中铝酸三钙和硅酸三钙的含量愈高，颗粒愈细，则水化热愈大

【答案】AC

【解析】硅酸盐水泥的细度用透气式比表面仪测定。硅酸盐水泥初凝时间不得早于 45min，终凝时间不得迟于 6.5h。水泥熟料中游离氧化镁含量不得超过 5.0%，三氧化硫含量不得超过 3.5%。体积安定性不合格的水泥为废品，不能用于工程中。水泥强度是表征水泥力学性能的重要指标，它与水泥的矿物组成、水泥细度、水灰比大小、水化龄期和环境温度等密切相关。熟料矿物中铝酸三钙和硅酸三钙的含量愈高，颗粒愈细，则水化热愈大。

5. 下列关于普通混凝土的组成材料及其主要技术要求的相关说法中，正确的是（　　）。

A. 一般情况下，中、低强度的混凝土，水泥强度等级为混凝土强度等级的 1.0～1.5 倍

B. 天然砂的坚固性用硫酸钠溶液法检验，砂样经 5 次循环后其质量损失应符合国家标准的规定

C. 和易性一定时，采用粗砂配制混凝土，可减少拌合用水量，节约水泥用量

D. 按水源不同分为饮用水、地表水、地下水、海水及工业废水

E. 混凝土用水应优先采用符合国家标准的饮用水

【答案】BCE

【解析】一般情况下，中、低强度的混凝土，水泥强度等级为混凝土强度等级的 1.5～2.0 倍。天然砂的坚固性用硫酸钠溶液法检验，砂样经 5 次循环后其质量损失应符合国家标准的规定。和易性一定时，采用粗砂配制混凝土，可减少拌合用水量，节约水泥用量。但砂过粗易使混凝土拌合物产生分层、离析和泌水等现象。按水源不同分为饮用水、地表水、地下水、海水及经处理过的工业废水。混凝土用水应优先采用符合国家标准的饮用水。

6. 下列表述，属于轻混凝土的主要特性的是（　　）。

A. 表观密度小　　B. 耐火性能良好　　C. 保温性能良好　　D. 耐久性能良好

E. 力学性能良好

【答案】ABCE

【解析】轻混凝土的主要特性为：表观密度小；保温性能良好；耐火性能良好；力学性能良好；易于加工。

7. 高性能混凝土的主要特性为（　　）。

A. 具有一定的强度和高抗渗能力　　B. 具有良好的工作性

C. 耐久性好　　D. 具有较高的体积稳定性

E. 质量轻

【答案】ABCD

【解析】高性能混凝土是指具有高耐久性和良好的工作性，早期强度高而后期强度不倒缩，体积稳定性好的混凝土。高性能混凝土的主要特性为：具有一定的强度和高抗渗能力；具有良好的工作性；耐久性好；具有较高的体积稳定性。

8. 以下属于混凝土外加剂的是（　　）。

A. 减水剂　　B. 早强剂　　C. 润滑剂　　D. 缓凝剂

E. 抗冻剂

【答案】ABD

【解析】混凝土外加剂按照其主要功能分为八类：高性能减水剂、高效减水剂、普通减水剂、引气减水剂、泵送剂、早强剂、缓凝剂和引气剂。

9. 混凝土缓凝剂主要用于（　　）的施工。

A. 高温季节混凝土　　B. 蒸养混凝土

C. 大体积混凝土　　D. 滑模工艺混凝土

E. 商品混凝土

【答案】ACD

【解析】缓凝剂适用于长时间运输的混凝土、高温季节施工的混凝土、泵送混凝土、滑模施工混凝土、大体积混凝土、分层浇筑的混凝土等。不适用于5℃以下施工的混凝土，也不适用于有早强要求的混凝土及蒸养混凝土。

10. 下列关于砂浆的表述正确的是（　　）。

A. 水泥砂浆强度较高，且耐久性、流动性和保水性均较好，便于施工

B. 混合砂浆强度较高，且耐久性、流动性和保水性均较好，便于施工

C. 石灰砂浆强度较低，耐久性差，但流动性和保水性较好

D. 黏土石灰砂浆强度低，耐久性差

E. 水泥砂浆强度高、耐久性和耐火性好，但其流动性和保水性差，施工相对较困难

【答案】BCDE

【解析】水泥砂浆强度高，耐久性和耐火性好，但其流动性和保水性差，施工相对较困难。混合砂浆强度较高，且耐久性、流动性和保水性均较好，便于施工，易保证施工质量，是砌体结构房屋中常用的砂浆。石灰砂浆强度较低，耐久性差，但流动性和保水性较好。黏土石灰砂浆强度低，耐久性差。

11. 下列关于砂浆的表述正确的是（　　）。

A. 砂浆的和易性包括流动性和保水性两个方面

B. 砂浆的流动性过小，不仅铺砌困难，而且硬化后强度降低；流动性过大，砂浆太稠，难于铺平

C. 砂浆的保水性用保水率（%）表示

D. 砂浆的强度是以3个70.7mm×70.7mm×70.7mm的立方体试块，在标准条件下养护28d后，用标准方法测得的抗压强度（MPa）算术平均值来评定的

E. 砂浆的强度等级分为M5、M7.5、M10、M15、M20、M25、M30七个等级

【答案】ACDE

【解析】砂浆的和易性包括流动性和保水性两个方面。砂浆的流动性过大，不仅铺砌

困难，而且硬化后强度降低；流动性过小，砂浆太稠，难于铺平。砂浆的保水性用保水率（%）表示。砂浆的强度是以3个70.7mm×70.7mm×70.7mm的立方体试块，在标准条件下养护28d后，用标准方法测得的抗压强度（MPa）算术平均值来评定的。砂浆的强度等级分为M5、M7.5、M10、M15、M20、M25、M30七个等级。

12. 下列关于砌筑用石材的分类及应用的相关说法中，正确的是（　　）。

A. 装饰用石材主要为板材

B. 细料石通过细加工、外形规则，叠砌面凹入深度不应大于10mm，截面的宽度、高度不应小于200mm，且不应小于长度的1/4

C. 毛料石外形大致方正，一般不加工或稍加修整，高度不应小于200mm，叠砌面凹入深度不应大于20mm

D. 毛石指形状不规则，中部厚度不小于300mm的石材

E. 装饰用石材主要用于公共建筑或装饰等级要求较高的室内外装饰工程

【答案】ABE

【解析】装饰用石材主要为板材。细料石通过细加工、外形规则，叠砌面凹入深度不应大于10mm，截面的宽度、高度不应小于200mm，且不应小于长度的1/4。毛料石外形大致方正，一般不加工或稍加修整，高度不应小于200mm，叠砌面凹入深度不应大于25mm。毛石指形状不规则，中部厚度不小于300mm的石材。装饰用石材主要用于公共建筑或装饰等级要求较高的室内外装饰工程。

13. 下列关于非烧结砖的分类、主要技术要求及应用的相关说法中，错误的是（　　）。

A. 蒸压灰砂砖根据产品尺寸偏差和外观分为优等品、一等品、合格品三个等级

B. 蒸压灰砂砖可用于工业与民用建筑的基础和墙体，但在易受冻融和干湿交替的部位必须使用优等品或一等品砖

C. 炉渣砖的外形尺寸同普通黏土砖为240mm×115mm×53mm

D. 混凝土普通砖的规格与黏土空心砖相同，用于工业与民用建筑基础和承重墙体

E. 混凝土普通砖可用于一般工业与民用建筑的墙体和基础。但用于基础或易受冻融和干湿交替作用的建筑部位必须使用MU15及以上强度等级的砖

【答案】BE

【解析】蒸压灰砂砖根据产品尺寸偏差和外观分为优等品、一等品、合格品三个等级。蒸压灰砂砖主要用于工业与民用建筑的墙体和基础。蒸压粉煤灰砖可用于工业与民用建筑的基础和墙体，但在易受冻融和干湿交替的部位必须使用优等品或一等品砖。炉渣砖的外形尺寸同普通黏土砖为240mm×115mm×53mm。炉渣砖可用于一般工业与民用建筑的墙体和基础。但用于基础或易受冻融和干湿交替作用的建筑部位必须使用MU15及以上强度等级的砖。混凝土普通砖的规格与黏土空心砖相同，用于工业与民用建筑基础和承重墙体。

14. 下列关于烧结普通砖的表述正确的是（　　）。

A. 以黏土、页岩、煤矸石、粉煤灰为主要原料，经成型、焙烧而成的实心或孔洞率小于15%的砖

B. 标准尺寸是240mm×115mm×53mm

C. 分为MU30、MU25、MU20、MU15、MU10等5个强度等级

D. 以黏土、页岩、煤矸石、粉煤灰为主要原料，经成型、焙烧而成的实心或孔洞率大于10%的砖

E. 以黏土、页岩、煤矸石、粉煤灰为主要原料，经成型、焙烧而成的实心砖

【答案】BC

【解析】以煤矸石、页岩、粉煤灰为主要原料，经成型、焙烧而成的实心砖，成为烧结普通砖。标准尺寸是240mm×115mm×53mm。分为MU30、MU25、MU20、MU15、MU10等5个强度等级。

15. 下列关于钢材的技术性能的相关说法中，正确的是（　　）。

A. 钢材最重要的使用性能是力学性能

B. 伸长率是衡量钢材塑性的一个重要指标，δ越大说明钢材的塑性越好

C. 常用的测定硬度的方法有布氏法和洛氏法

D. 钢材的工艺性能主要包括冷弯性能、焊接性能、冷拉性能、冷拔性能、冲击韧性等

E. 钢材可焊性的好坏，主要取决于钢的化学成分。含碳量高将增加焊接接头的硬脆性，含碳量小于0.2%的碳素钢具有良好的可焊性

【答案】ABC

【解析】力学性能又称机械性能，是钢材最重要的使用性能。伸长率是衡量钢材塑性的一个重要指标，δ越大说明钢材的塑性越好。常用的测定硬度的方法有布氏法和洛氏法。钢材的工艺性能主要包括冷弯性能、焊接性能、冷拉性能、冷拔性能等。钢材可焊性的好坏，主要取决于钢的化学成分。含碳量高将增加焊接接头的硬脆性，含碳量小于0.25%的碳素钢具有良好的可焊性。

16. 低合金高强度结构钢牌号Q345E代表（　　）。

A. 屈服点为345N/mm^2　　B. 质量等级为E级

C. 镇静钢　　D. 沸腾钢

E. 特殊镇静钢

【答案】ABE

【解析】低合金高强度结构钢均为镇静钢或特殊镇静钢。Q345E代表屈服点为345N/mm^{2}的E级低合金高强度结构钢。

17. 下列关于钢板的表述正确的是（　　）。

A. 钢板是用碳素结构钢和低合金高强度结构钢经热轧或冷轧生产的扁平钢材

B. 钢板是用碳素结构钢经热轧生产的扁平钢材

C. 厚度大于4mm的钢板为厚板

D. 厚度小于或等于4mm的钢板为薄板

E. 钢板分为压型钢板、花纹钢板、彩色涂层钢板

【答案】ACD

【解析】钢板是用碳素结构钢和低合金高强度结构钢经热轧或冷轧生产的扁平钢材。厚度大于4mm的钢板为厚板；厚度小于或等于4mm的钢板为薄板。

18. 钢筋牌号HRB400表示为（　　）的热轧带肋钢筋。

A. 屈服强度为400MPa　　B. 抗拉强度为400MPa

C. 强度设计值为 400MPa　　D. 比例极限为 400MPa

E. 热轧带肋钢筋

【答案】 AE

【解析】 热轧带肋钢筋按屈服强度值分为 335、400、500 三个等级。普通热轧钢筋牌号构成为 HRB+屈服强度特征值。

19. 铝合金的牌号 LF21 表示（　　）。

A. 防锈铝合金　B. 顺序号为 21　C. 硬度代号为 21　D. 强度代号为 21

E. 塑性代号为 21

【答案】 AB

【解析】 各种变形铝合金的牌号分别用汉语拼音字母和顺序号表示，其中，顺序号不直接表示合金元素的含量。代表各种变形铝合金的汉语拼音字母如下：LF——防锈铝合金；LY——硬铝合金；LC——超硬铝合金；LD——锻铝合金；LT——特殊铝合金。

20. 下列关于石油沥青的技术性质的说法中，正确的是（　　）。

A. 石油沥青的黏滞性一般采用针入度来表示

B. 延度是将沥青试样制成 8 字形标准试件，在规定温度的水中，以 5cm/min 的速度拉伸至试件断裂时的伸长值，以 cm 为单位

C. 沥青的延度决定于其组分及所处的温度

D. 沥青脆性指标是在特定条件下，涂于金属片上的沥青试样薄膜，因被冷却和弯曲而出现裂纹时的温度，以“℃”表示

E. 通常用软化点来表示石油沥青的温度稳定性，软化点越高越好

【答案】 ABD

【解析】 石油沥青的黏滞性一般采用针入度来表示。沥青的延度决定于沥青的胶体结构、组分和试验温度。延度是将沥青试样制成 8 字形标准试件，在规定温度的水中，以 5cm/min 的速度拉伸至试件断裂试试的伸长值，以 cm 为单位。沥青脆性指标是在特定条件下，涂于金属片上的沥青试样薄膜，因被冷却和弯曲而出现裂纹时的温度，以“℃”表示。通常用软化点来表示石油沥青的温度稳定性。沥青的软化点不能太低，否则夏季易融化发软；但也不能太高，否则不易施工，冬季易发生脆裂现象。

21. 按使用的结合料不同，沥青混合料可分为（　　）。

A. 石油沥青混合料　　B. 煤沥青混合料

C. 改性沥青混合料　　D. 热拌沥青混合料

E. 乳化沥青混合料

【答案】 ABCE

【解析】 按使用的结合料不同，沥青混合料可分为石油沥青混合料、煤沥青混合料、改性沥青混合料和乳化沥青混合料。

22. 下列关于防水卷材的相关说法中，正确的是（　　）。

A. SBS 改性沥青防水卷材适用于工业与民用建筑的屋面和地下防水工程，及道路、桥梁等建筑物的防水，尤其适用于较高气温环境的建筑防水

B. 根据构成防水膜层的主要原料，防水卷材可以分为沥青防水卷材、高聚物改性沥青防水卷材和合成高分子防水卷材三类

C. APP 改性沥青防水卷材主要用于屋面及地下室防水，尤其适用于寒冷地区

D. 铝箔塑胶改性沥青防水卷材在－20～80℃范围内适应性较强，抗老化能力强，具有装饰功能

E. 三元乙丙橡胶防水卷材是目前国内外普遍采用的高档防水材料，用于防水要求高、耐用年限长的防水工程的屋面、地下建筑、桥梁、隧道等的防水

【答案】 BDE

【解析】 根据构成防水膜层的主要原料，防水卷材可以分为沥青防水卷材、高聚物改性沥青防水卷材和合成高分子防水卷材三类。SBS 改性沥青防水卷材主要用于屋面及地下室防水，尤其适用于寒冷地区。APP 改性沥青防水卷材适用于工业与民用建筑的屋面和地下防水工程，及道路、桥梁等建筑物的防水，尤其是适用于较高气温环境的建筑防水。铝箔塑胶改性沥青防水卷材对阳光的反射率高，具有一定的抗拉强度和延伸率，弹性好、低柔性好，在－20～80℃范围内适应性较强，抗老化能力强，具有装饰功能。三元乙丙橡胶防水卷材是目前国内外普遍采用的高档防水材料，用于防水要求高、耐用年限长的防水工程的屋面、地下建筑、桥梁、隧道等的防水。

第三章　建筑工程识图

一、判断题

1. 房屋建筑施工图是工程设计阶段的最终成果，同时又是工程施工、监理和计算工程造价的主要依据。

【答案】正确

【解析】房屋建筑施工图是工程设计阶段的最终成果，同时又是工程施工、监理和计算工程造价的主要依据。

2. 建筑施工图一般包括建筑设计说明、建筑总平面图、平面图、立面图、剖面图。

【答案】错误

【解析】建筑施工图一般包括建筑设计说明、建筑总平面图、平面图、立面图、剖面图及建筑详图等。

3. 常用建筑材料图例中饰面砖的图例可以用来表示铺地砖、陶瓷锦砖、人造大理石等。

【答案】正确

【解析】常用建筑材料图例中饰面砖的图例可以用来表示铺地砖、陶瓷锦砖、人造大理石等。

4. 图样上的尺寸，应包括尺寸界线、尺寸线、尺寸起止符号和尺寸数字四个要素。

【答案】正确

【解析】图样上的尺寸，应包括尺寸界线、尺寸线、尺寸起止符号和尺寸数字四个要素。

5. 建筑总平面图是将拟建工程四周一定范围内的新建、拟建、原有和将拆除的建筑物、构筑物连同其周围的地形地物状况，用正投影方法画出的图样。

【答案】错误

【解析】建筑总平面图是将拟建工程四周一定范围内的新建、拟建、原有和将拆除的建筑物、构筑物连同其周围的地形地物状况，用水平投影方法画出的图样。

6. 建筑平面图中凡是被剖切到的墙、柱断面轮廓线用粗实线画出，其余可见的轮廓线用中实线或细实线，尺寸标注和标高符号均用细实线，定位轴线用细单点长画线绘制。

【答案】正确

【解析】建筑平面图中凡是被剖切到的墙、柱断面轮廓线用粗实线画出，其余可见的轮廓线用中实线或细实线，尺寸标注和标高符号均用细实线，定位轴线用细单点长画线绘制。

7. 建筑平面图主要用来表达房屋的外部造型、门窗位置及形式、外墙面装修、阳台、雨篷等部分的材料和做法等。

【答案】错误

【解析】建筑立面图主要用来表达建筑物外貌形状、门窗和其他构配件的形状和位置，主要包括室外的地面线、房屋的勒脚、台阶、门窗、阳台、雨篷；室外的楼梯、墙和柱；外墙的预留孔洞、檐口、屋顶、雨水管、墙面修饰构件等。

8. 施工图识读方法包括总揽全局、循序渐进、相互对照、重点细读四个部分。

【答案】正确

【解析】施工图识读方法包括总揽全局、循序渐进、相互对照、重点细读四个部分。

9. 识读施工图的一般顺序为：阅读图纸目录→阅读设计总说明→通读图纸→精读图纸。

【答案】正确

【解析】识读施工图的一般顺序为：阅读图纸目录→阅读设计总说明→通读图纸→精读图纸。

二、单选题

1. 按照内容和作用不同，下列不属于房屋建筑施工图的是（　　）。

A. 建筑施工图　　B. 结构施工图　　C. 设备施工图　　D. 系统施工图

【答案】D

【解析】按照内容和作用不同，房屋建筑施工图分为建筑施工图、结构施工图和设备施工图。通常，一套完整的施工图还包括图纸目录、设计总说明（即首页）。

2. 下列关于房屋建筑施工图的图示特点和制图有关规定的说法中，错误的是（　　）。

A. 由于房屋形体较大，施工图一般都用较小比例绘制，但对于其中需要表达清楚的节点、剖面等部位，可以选择用原尺寸的详图来绘制

B. 施工图中的各图样用正投影法绘制

C. 构件代号以构件名称的汉语拼音的第一个字母表示，如B表示板，WB表示屋面板

D. 普通砖使用的图例可以用来表示实心砖、多孔砖、砌块等砌体

【答案】A

【解析】施工图中的各图样用正投影法绘制。由于房屋形体较大，施工图一般都用较小比例绘制，但对于其中需要表达清楚的节点、剖面等部位，则用较大比例的详图表现。构件代号以构件名称的汉语拼音的第一个字母表示，如B表示板，WB表示屋面板。普通砖使用的图例可以用来表示实心砖、多孔砖、砌块等砌体。

3. 下图所示材料图例表示（　　）。

A. 钢筋混凝土　　B. 混凝土　　C. 自然土壤　　D. 灰土

【答案】C

【解析】图示材料图例表示自然土壤。

4. 下图所示材料图例表示（　　）。

A. 钢筋混凝土　B. 混凝土　C. 毛石　D. 灰土

【答案】C

【解析】图示材料图例表示毛石。

5. 下图所示材料图例表示（　）。

A. 钢筋混凝土　B. 混凝土　C. 砂浆　D. 普通砖

【答案】D

【解析】图示材料图例表示普通砖。

6. 以下关于标高的表述错误的是（　）。

A. 标高是表示建筑的地面或某一部位的高度

B. 标高分为相对标高和绝对标高两种

C. 我国把青岛市外的黄海海平面作为相对标高的零点

D. 在房屋建筑中，建筑物的高度用标高表示

【答案】C

【解析】标高是表示建筑的地面或某一部位的高度。在房屋建筑中，建筑物的高度用标高表示。标高分为相对标高和绝对标高两种。我国把青岛市外的黄海海平面作为零点所测定的高度尺寸称为绝对标高。

7. 以下关于标高的表述正确的是（　）。

A. 标高就是建筑物的高度

B. 一般以建筑物底层室内地面作为相对标高的零点

C. 我国把青岛市外的黄海海平面作为相对标高的零点

D. 一般以建筑物底层室内地面作为绝对标高的零点

【答案】B

【解析】标高是表示建筑的地面或某一部位的高度。在房屋建筑中，建筑物的高度用标高表示。标高分为相对标高和绝对标高两种。我国把青岛市外的黄海海平面作为零点所测定的高度尺寸称为绝对标高。

8. 下列关于建筑总平面图图示内容的说法中，正确的是（　）。

A. 新建建筑物的定位一般采用两种方法，一是按原有建筑物或原有道路定位；二是按坐标定位

B. 在总平面图中，标高以 m 为单位，并保留至小数点后三位

C. 新建房屋所在地区风向情况的示意图即为风玫瑰图，风玫瑰图不可用于表明房屋和地物的朝向情况

D. 临时建筑物在设计和施工中可以超过建筑红线

【答案】A

【解析】新建建筑物的定位一般采用两种方法，一是按原有建筑物或原有道路定位；二是按坐标定位。采用坐标定位又分为采用测量坐标定位和建筑坐标定位两种。在总平面图中，标高以 m 为单位，并保留至小数点后两位。风向频率玫瑰图简称风玫瑰图，是新建房屋所在地区风向情况的示意图。风玫瑰图也能表明房屋和地物的朝向情况。各地方国

土管理部门提供给建设单位的地形图为蓝图，在蓝图上用红色笔画定的土地使用范围的线称为建筑红线。任何建筑物在设计和施工中均不能超过此线。

9. 下图所示门窗图例中，（　　）表示双扇门。

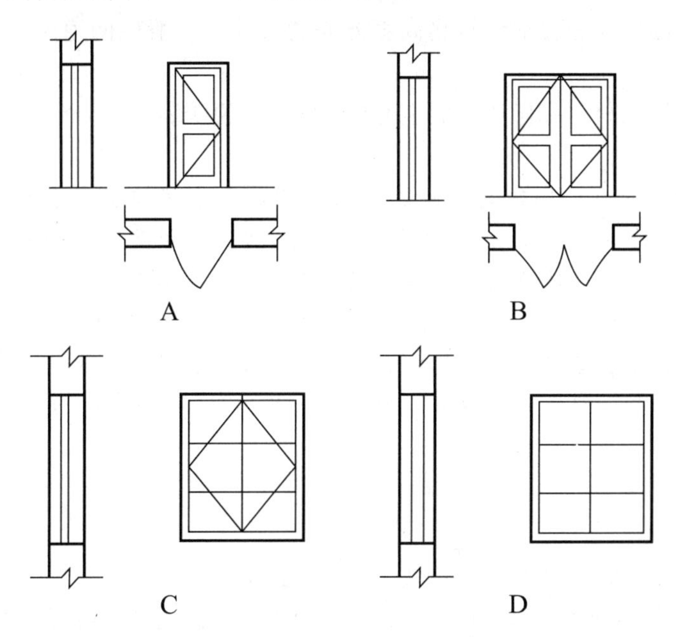

【答案】B

【解析】常见门、窗图例如教材中所示。

10. 下图所示门窗图例中，（　　）表示单扇固定窗。

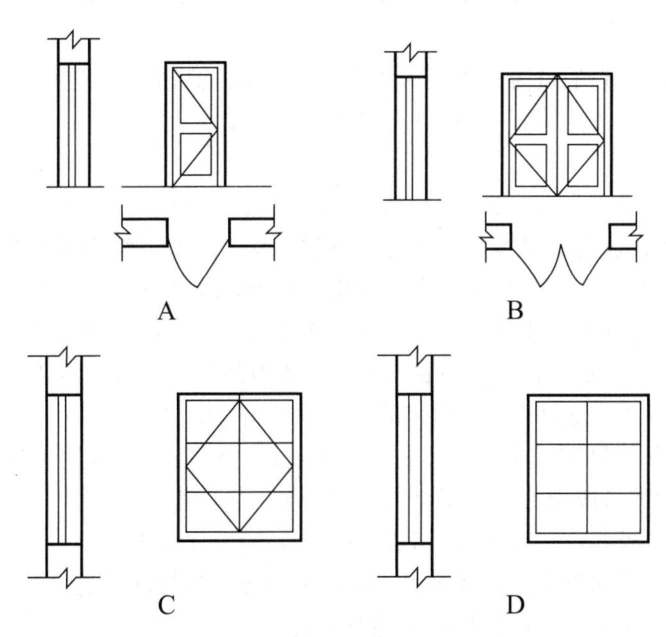

【答案】D

【解析】常见门、窗图例如教材中所示。

11. 下列关于建筑立面图基本规定的说法中，正确的是（　　）。

A. 建筑立面图中通常用粗实线表示立面图的最外轮廓线和地平线

B. 立面图中用标高表示出各主要部位的相对高度，如室内外地面标高、各层楼面标高及檐口高度

C. 立面图中的尺寸是表示建筑物高度方向的尺寸，一般用两道尺寸线表示，即建筑物总高和层高

D. 外墙面的装饰材料和做法一般应附相关的做法说明表

【答案】B

【解析】为使建筑立面图轮廓清晰、层次分明，通常用粗实线表示立面图的最外轮廓线。地平线用标准粗度的1.2～1.4倍的加粗线画出。立面图中用标高表示出各主要部位的相对高度，如室内外地面标高、各层楼面标高及檐口高度。立面图中的尺寸是表示建筑物高度方向的尺寸，一般用三道尺寸线表示。最外面已到位建筑物的总高，中间一道尺寸线为层高，最里面一道为门窗洞口的高度及与楼地面的相对位置。标出各个部分的构造、装饰节点详图的索引符号，外墙面的装饰材料和做法。外墙面装修材料及颜色一般用索引符号表示具体做法。

三、多选题

1. 下列尺寸标注形式的基本规定中，正确的是（　　）。

A. 半圆或小于半圆的圆弧应标注半径，圆及大于半圆的圆弧应标注直径

B. 在圆内标注的直径尺寸线可不通过圆心，只需两端画箭头指至圆弧，较小圆的直径尺寸，可标注在圆外

C. 标注坡度时，在坡度数字下应加注坡度符号，坡度符号为单面箭头，一般指向下坡方向

D. 我国把青岛市外的黄海海平面作为零点所测定的高度尺寸成为绝对标高

E. 在施工图中一般注写到小数点后两位即可

【答案】ACD

【解析】半圆或小于半圆的圆弧应标注半径，圆及大于半圆的圆弧应标注直径。在圆内标注的直径尺寸线应通过圆心，只需两端画箭头指至圆弧，较小圆的直径尺寸，可标注在圆外。标注坡度时，在坡度数字下应加注坡度符号，坡度符号为单面箭头，一般指向下坡方向。我国把青岛市外的黄海海平面作为零点所测定的高度尺寸成为绝对标高。在施工图中一般注写到小数点后三位即可，在总平面图中则注写到小数点后两位。

2. 下列有关建筑平面图的图示内容的表述中，错误的是（　　）。

A. 定位轴线的编号宜标注在图样的下方与右侧，横向编号应用阿拉伯数字，从左至右顺序编写，竖向编号应用大写拉丁字母，从上至下顺序编写

B. 对于隐蔽的或者在剖切面以上部位的内容，应以虚线表示

C. 建筑平面图上的外部尺寸在水平方向和竖直方向各标注三道尺寸

D. 在平面图上所标注的标高均应为绝对标高

E. 屋面平面图一般内容有：女儿墙、檐沟、屋面坡度、分水线与落水口、变形缝、楼梯间、水箱间、天窗、上人孔、消防梯以及其他构筑物、索引符号等

【答案】AD

【解析】定位轴线的编号宜标注在图样的下方与左侧，横向编号应用阿拉伯数字，从左至右顺序编写，竖向编号应用大写拉丁字母，从下至上顺序编写。建筑平面图中的尺寸有外部尺寸和内部尺寸两种。外部尺寸包括总尺寸、轴线尺寸和细部尺寸三类。在平面图上所标注的标高均应为相对标高。底层室内地面的标高一般用±0.000表示。对于隐蔽的或者在剖切面以上部位的内容，应以虚线表示。屋面平面图一般内容有：女儿墙、檐沟、屋面坡度、分水线与落水口、变形缝、楼梯间、水箱间、天窗、上人孔、消防梯以及其他构筑物、索引符号等。

第四章　建筑施工技术

一、判断题

1. 普通土的现场鉴别方法为：用镐挖掘。

【答案】错误

【解析】普通土的现场鉴别方法为：用锄头挖掘。

2. 基坑（槽）开挖施工工艺流程：测量放线→切线分层开挖→排水、降水→修坡→留足预留土层→整平。

【答案】错误

【解析】基坑（槽）开挖施工工艺流程：测量放线→切线分层开挖→排水、降水→修坡→整平→留足预留土层。

3. 土方回填压实的施工工艺流程：填方土料处理→基底处理→分层回填压实→对每层回填土的质量进行检验，符合设计要求后，填筑上一层。

【答案】正确

【解析】土方回填压实的施工工艺流程：填方土料处理→基底处理→分层回填压实→对每层回填土的质量进行检验，符合设计要求后，填筑上一层。

4. 钢筋混凝土扩展基础施工工艺流程：测量放线→基坑开挖、验槽→混凝土垫层施工→支基础模板→钢筋绑扎→浇基础混凝土。

【答案】错误

【解析】钢筋混凝土扩展基础施工工艺流程：测量放线→基坑开挖、验槽→混凝土垫层施工→钢筋绑扎→支基础模板→浇基础混凝土。

5. 砖砌体的施工流程的第三步是放线。

【答案】错误

【解析】砖砌体施工工艺流程为：找平、放线、摆砖样、立皮数杆、盘角、砌筑、清理、勾缝、楼层轴线标引、楼层标高控制。砖砌体的施工流程的第二步是放线。

6. 皮数杆一般立于房屋的四大角、内外墙交接处、楼梯间以及洞口多的洞口。一般可每隔 5～10m 立一根。

【答案】错误

【解析】皮数杆一般立于房屋的四大角、内外墙交接处、楼梯间以及洞口多的洞口。一般可每隔 10～15m 立一根。

7. 当受拉钢筋的直径 $d>22$mm 及受压钢筋的直径 $d>25$mm 时，不宜采用绑扎搭接接头。

【答案】错误

【解析】钢筋的连接可分为绑扎连接、焊接和机械连接三种。当受拉钢筋的直径 $d>25$mm 及受压钢筋的直径 $d>28$mm 时，不宜采用绑扎搭接接头。

8. 绑扎钢筋时水泥砂浆垫块的厚度，应小于保护层厚度。

【答案】错误

【解析】绑扎钢筋时水泥砂浆垫块的厚度，应等于保护层厚度。

9. 框架梁、牛腿及柱帽等钢筋，应放在柱的纵向钢筋外侧。

【答案】错误

【解析】框架梁、牛腿及柱帽等钢筋，应放在柱的纵向钢筋内侧。

10. 对于双向受力板，应先铺设平行于短边方向的受力钢筋，后铺设平行于长边方向的受力钢筋。

【答案】正确

【解析】对于双向受力板，应先铺设平行于短边方向的受力钢筋，后铺设平行于长边方向的受力钢筋。

11. 施工缝进行处理需满铺一层厚10～15mm的水泥浆或与混凝土同水灰比的水泥砂浆。

【答案】正确

【解析】施工缝进行处理需满铺一层厚10～15mm的水泥浆或与混凝土同水灰比的水泥砂浆。

12. 气体保护焊是生产效率较高的机械化焊接方法之一。

【答案】错误

【解析】埋弧焊是生产效率较高的机械化焊接方法之一，又称焊剂层下自动电弧焊。

13. 引弧和熄弧板应采用气割方法切除，并修磨平整，可用锤击落。

【答案】错误

【解析】引弧和熄弧板应采用气割方法切除，并修磨平整，不得用锤击落。

14. 按工程部位和用途，防水工程又可分为屋面防水工程、地下防水工程、楼地面防水工程三大类。

【答案】正确

【解析】按工程部位和用途，防水工程又可分为屋面防水工程、地下防水工程、楼地面防水工程三大类。

15. 为了提高混凝土的防水要求，可在混凝土中加入一定量的外加剂。

【答案】正确

【解析】为了提高混凝土的防水要求，可在混凝土中加入一定量的外加剂，如减水剂、加气剂、防水剂及膨胀剂等，以改善混凝土性能和结构的组成，提高其密实性和抗渗性，达到防水要求。

16. 胎体增强材料可以是单一品种的，也可以采用玻璃纤维布和聚酯纤维布混合使用。

【答案】正确

【解析】胎体增强材料可以是单一品种的，也可以采用玻璃纤维布和聚酯纤维布混合使用。混合使用时，一般下层采用聚酯纤维布，上层采用玻璃纤维布。

17. 植筋施工中，应在钢筋混凝土结构上钻出孔洞，插入植筋钢筋并矫正位置，然后注入胶粘剂，符合固化后即完成植筋施工。

【答案】错误

【解析】植筋施工中，应在钢筋混凝土结构上钻出孔洞，注入胶粘剂，植入钢筋，符合固化后即完成植筋施工。

二、单选题

1. 下列土的工程分类，除（　　）之外，均为岩石。

A. 软石　　B. 砂砾坚土　　C. 坚石　　D. 软石

【答案】B

【解析】在建筑施工中，按照施工开挖的难易程度，将土分为松软土、普通土、坚土、砂砾坚土、软石、次坚石、坚石和特坚石八类，其中，一至四类为土，五到八类为岩石。

2. 下列关于基坑（槽）开挖施工工艺的说法中，正确的是（　　）。

A. 采用机械开挖基坑时，为避免破坏基底土，应在标高以上预留15～50cm的土层由人工挖掘修整

B. 在基坑（槽）四侧或两侧挖好临时排水沟和集水井，或采用井点降水，将水位降低至坑、槽底以下500mm，以利于土方开挖

C. 雨期施工时，基坑（槽）需全段开挖，尽快完成

D. 当基坑挖好后不能立即进行下道工序时，应预留30cm的土不挖，待下道工序开始再挖至设计标高

【答案】B

【解析】在基坑（槽）四侧或两侧挖好临时排水沟和集水井，或采用井点降水，将水位降低至坑、槽底以下500mm，以利于土方开挖。雨期施工时，基坑（槽）应分段开挖。当基坑挖好后不能立即进行下道工序时，应预留15～30cm的土不挖，待下道工序开始再挖至设计标高。采用机械开挖基坑时，为避免破坏基底土，应在标高以上预留15～30cm的土层由人工挖掘修整。

3. 下列关于基坑支护的表述中，错误的是（　　）。

A. 钢板桩支护具有施工速度快，可重复使用的特点

B. 工程开挖土方时，地下连续墙可用作支护结构，既挡土又挡水，地下连续墙还可同时用作建筑物的承重结构

C. 深层搅拌水泥土桩墙，采用水泥作为固化剂

D. 常用的钢板桩施工机械有自由落锤、气动锤、柴油锤、振动锤，使用较多的是柴油锤

【答案】D

【解析】钢板桩支护具有施工速度快，可重复使用的特点。常用的钢板桩施工机械有自由落锤、气动锤、柴油锤、振动锤，使用较多的是振动锤。深层搅拌水泥土桩墙，采用水泥作为固化剂。工程开挖土方时，地下连续墙可用作支护结构，既挡土又挡水，地下连续墙还可同时用作建筑物的承重结构。

4. 常用的钢板桩施工机械有自由落锤、气动锤、柴油锤、振动锤，使用较多的是（　　）。

A. 自由落锤　　B. 气动锤　　C. 柴油锤　　D. 振动锤

【答案】D

【解析】钢板桩支护具有施工速度快，可重复使用的特点。常用的钢板桩施工机械有自由落锤、气动锤、柴油锤、振动锤，使用较多的是振动锤。

5. 下列关于钢筋混凝土扩展基础施工要点的基本规定，错误的是（　　）。

A. 混凝土宜分段分层灌注，每层厚度不超过500mm

B. 混凝土自高处倾落时，如高度超过3m，应设料斗、漏斗、串筒、斜槽、溜管，以防止混凝土产生分层离析

C. 各层各段间应相互衔接，每段长2～3m，使逐段逐层呈阶梯形推进

D. 混凝土应连续浇灌，以保证结构良好的整体性

【答案】B

【解析】混凝土宜分段分层灌注，每层厚度不超过500mm。各层各段间应相互衔接，每段长2～3m，使逐段逐层呈阶梯形推进，并注意先使混凝土充满模板边角，然后浇筑中间部分。混凝土应连续浇灌，以保证结构良好的整体性。混凝土自高处倾落时，其自由倾落高度不宜超过2m。如高度超过3m，应设料斗、漏斗、串筒、斜槽、溜管，以防止混凝土产生分层离析。

6. 下列按砌筑主体不同分类的砌体工程中，不符合的是（　　）。

A. 砖砌体工程　　B. 砌块砌体工程

C. 石砌体工程　　D. 混凝土砌体工程

【答案】D

【解析】根据砌筑主体的不同，砌体工程可分为砖砌体工程、石砌体工程、砌块砌体工程、配筋砌体工程。

7. 砖砌体的施工工艺过程正确的是（　　）。

A. 找平、放线、摆砖样、盘角、立皮数杆、砌筑、勾缝、清理、楼层标高控制、楼层轴线标引等

B. 找平、放线、摆砖样、立皮数杆、盘角、砌筑、清理、勾缝、楼层轴线标引、楼层标高控制等

C. 找平、放线、摆砖样、立皮数杆、盘角、砌筑、勾缝、清理、楼层轴线标引、楼层标高控制等

D. 找平、放线、立皮数杆、摆砖样、盘角、挂线、砌筑、勾缝、清理、楼层标高控制、楼层轴线标引等

【答案】B

【解析】砖砌体施工工艺流程为：找平、放线、摆砖样、立皮数杆、盘角、砌筑、清理、勾缝、楼层轴线标引、楼层标高控制。

8. 下列关于毛石砌体施工工艺的基本规定中，错误的是（　　）。

A. 毛石料和粗石料砌体的灰缝厚度不宜大于10mm，细石料砌体的灰缝厚度不宜小于10mm

B. 施工工艺流程为：施工准备→试排撂底→砌筑毛石（同时搅拌砂浆）→勾缝→检验评定

C. 每日砌筑高度不宜超过1.2m，在转角处及交接处应同时砌筑，如不能同时砌筑时，应留斜槎

D. 毛石挡土墙一般按3～4皮为一个分层高度砌筑，每砌一个分层高度应找平一次

【答案】A

【解析】毛石料和粗石料砌体的灰缝厚度不宜大于20mm，细石料砌体的灰缝厚度不宜小于5mm。施工工艺流程为：施工准备→试排撂底→砌筑毛石（同时搅拌砂浆）→勾缝→检验评定。每日砌筑高度不宜超过1.2m，在转角处及交接处应同时砌筑，如不能同时砌筑时，应留斜槎。毛石挡土墙一般按3～4皮为一个分层高度砌筑，每砌一个分层高度应找平一次。

9. 不属于钢框木（竹）胶合板模板的面板有（　　）。

A. 木胶合板　　B. 竹胶合板

C. 纤维板　　D. 单片木面竹芯胶合板

【答案】C

【解析】钢框木（竹）胶合板模板，是以热轧异型钢为钢框架，以覆面胶合板作板面，并加焊若干钢筋承托面板的一种组合式模板。面板有竹、竹胶合板、单片木面竹芯胶合板等。

10. 下列各项中，关于钢筋连接的基本规定不正确的说法是（　）。

A. 钢筋的连接可分为绑扎连接、焊接和机械连接三种

B. 在任何情况下，纵向受拉钢筋绑扎搭接接头的搭设长度不应小于300mm，纵向受压钢筋的搭接长度不应小于200mm

C. 钢筋机械连接有钢筋套筒挤压连接、钢筋锥螺纹套筒连接、钢筋镦粗直螺纹套筒连接、钢筋滚压直螺纹套筒连接

D. 当受拉钢筋的直径$d>22$mm及受压钢筋的直径$d>25$mm时，不宜采用绑扎搭接接头

【答案】D

【解析】钢筋的连接可分为绑扎连接、焊接和机械连接三种。当受拉钢筋的直径$d>25$mm及受压钢筋的直径$d>28$mm时，不宜采用绑扎搭接接头。在任何情况下，纵向受拉钢筋绑扎搭接接头的搭设长度不应小于300mm，纵向受压钢筋的搭接长度不应小于200mm。钢筋机械连接有钢筋套筒挤压连接、钢筋锥螺纹套筒连接、钢筋镦粗直螺纹套筒连接、钢筋滚压直螺纹套筒连接。

11. 在任何情况下，纵向受压钢筋的搭接长度不应小于（　　）mm。

A. 200　　B. 300　　C. 400　　D. 500

【答案】A

【解析】在任何情况下，纵向受拉钢筋绑扎搭接接头的搭设长度不应小于300mm，纵向受压钢筋的搭接长度不应小于200mm。

12. 下列各项中，关于钢筋安装的基本规定正确的说法是（　）。

A. 钢筋绑扎用的22号钢丝只用于绑扎直径14mm以下的钢筋

B. 基础底板采用双层钢筋网时，在上层钢筋网下面每隔1.5m放置一个钢筋撑脚

C. 基础钢筋绑扎的施工工艺流程为：清理垫层、画线→摆放下层钢筋，并固定绑扎→摆放钢筋撑脚（双层钢筋时）→绑扎柱墙预留钢筋→绑扎上层钢筋

D. 控制混凝土保护层用的水泥砂浆垫块或塑料卡的厚度，应等于保护层厚度

【答案】D

【解析】钢筋绑扎用的钢丝，可采用20～22号钢丝，其中22号钢丝只用于绑扎直径12mm以下的钢筋。控制混凝土保护层用的水泥砂浆垫块或塑料卡的厚度，水泥砂浆垫块的厚度，应等于保护层厚度。基础钢筋绑扎的施工工艺流程为：清理垫层、画线→摆放下层钢筋，并固定绑扎→摆放钢筋撑脚（双层钢筋时）→绑扎上层钢筋→绑扎柱墙预留钢筋。基础底板采用双层钢筋网时，在上层钢筋网下面应设置钢筋撑脚或混凝土撑脚。钢筋撑脚每隔1m放置一个。

13. 关于混凝土拌合料运输过程说法不正确的是（　　）。

A. 搅拌车在行走过程中可转可不转

B. 运到浇筑地点时应具有设计配合比所规定的坍落度

C. 应在混凝土初凝前浇入模板并捣实完毕

D. 保持其均匀性，不离析、不漏浆

【答案】A

【解析】混凝土拌合料自商品混凝土厂装车后，应及时运至浇筑地点。混凝土拌合料运输过程中一般要求：保持其均匀性，不离析、不漏浆；运到浇筑地点时应具有设计配合比所规定的坍落度；应在混凝土初凝前浇入模板并捣实完毕；保证混凝土能浇筑连续进行。

14. 浇筑竖向结构混凝土前，应先在底部浇筑一层水泥砂浆，对砂浆的要求是（　　）。

A. 与混凝土内砂浆成分相同且强度高一级

B. 与混凝土内砂浆成分不同且强度高一级

C. 与混凝土内砂浆成分不同

D. 与混凝土内砂浆成分相同

【答案】D

【解析】混凝土浇筑的基本要求：1）混凝土应分层浇筑，分层捣实，但两层混凝土浇捣时间间隔不超过规范规定；2）浇筑应连续作业，在竖向结构中如浇筑高度超过3m时，应采用溜槽或串筒下料；3）在浇筑竖向结构混凝土前，应先在浇筑处底部填入一层50～100mm与混凝土内砂浆成分相同的水泥浆或水泥砂浆（接浆处理）；4）浇筑过程应经常观察模板及其支架、钢筋、埋设件和预留孔洞的情况，当发现有变形或位移时，应立即快速处理。

15. 施工缝一般应留在构件（　　）部位。

A. 受压最小　　B. 受剪最小　　C. 受弯最小　　D. 受扭最小

【答案】B

【解析】留置施工缝的位置应事先确定，施工缝应留在结构受剪力较小且便于施工的部位。

16. 混凝土浇水养护的时间：对采用硅酸盐水泥、普通硅酸盐水泥或矿渣硅酸盐水泥拌制的混凝土，不得少于（　　）。

A. 7d　　B. 10d　　C. 5d　　D. 14d

【答案】A

【解析】养护时间取决于水泥品种，硅酸盐水泥、普通硅酸盐水泥和矿渣硅酸盐水泥拌制的混凝土，不得少于7d；火山灰质硅酸盐水泥和粉煤灰硅酸盐水泥拌制的混凝土不少于14d；有抗渗要求的混凝土不少于14d。

17. 普通螺栓强度等级为“4.8S”时，下列说法不正确的有（　　）。

A. “S”表示级

B. “4”表示栓杆抗拉强度为400MPa

C. “4”表示栓杆屈服强度为400MPa

D. “0.8”表示屈强比

18. 下列属于工具式模板的有（　　）。

A. 组合式模板　　　　B. 飞模

C. 压型钢板模板　　　　D. 正活动角模模板

【答案】A

【解析】常用的工具式模板有大模板、滑动模板、爬升模板、飞模等。

19. 钢结构吊装时先将钢构件吊离地面（　　）cm左右，使钢构件中心对准安装位置中心。

A. 20　　B. 30　　C. 40　　D. 50

【答案】D

【解析】起吊事先将钢构件吊离地面50cm左右，使钢构件中心对准安装位置中心，然后徐徐升钩，将钢构件吊至需连接位置即刹车对准预留螺栓孔，并将螺栓穿入孔内，初拧作临近固定，同时进行垂直度校正和最后固定，经校正后，并终拧螺栓作最后固定。

20. 下列关于钢结构安装施工要点的说法中，正确的是（　　）。

A. 钢构件拼装前应检查清除飞边、毛刺、焊接飞溅物，摩擦面应保持干燥、整洁，采取相应防护措施后，可在雨中作业

B. 螺栓应能自由穿入孔内，不能自由穿入时，可采用气割扩孔

C. 起吊事先将钢构件吊离地面50cm左右，使钢构件中心对准安装位置中心

D. 高强度螺栓可兼作安装螺栓

【答案】C

【解析】起吊事先将钢构件吊离地面50cm左右，使钢构件中心对准安装位置中心，然后徐徐升钩，将钢构件吊至需连接位置即刹车对准预留螺栓孔，并将螺栓穿入孔内，初拧作临近固定，同时进行垂直度校正和最后固定，经校正后，并终拧螺栓作最后固定。钢构件拼装前应检查清除飞边、毛刺、焊接飞溅物，摩擦面应保持干燥、整洁，不得在雨中作业。螺栓应能自由穿入孔内，不得强行敲打，并不得气割扩孔。高强度螺栓不得兼作安装螺栓。

21. 下列关于防水砂浆防水层施工的说法中，正确的是（　　）。

A. 砂浆防水工程是利用一定配合比的水泥浆和水泥砂浆（称防水砂浆）分层分次施工，相互交替抹压密实的封闭防水整体

B. 防水砂浆防水层的背水面基层的防水层采用五层做法，迎水面基层的防水层采用四层做法

C. 防水层每层应连续施工，素灰层与砂浆层可不在同一天施工完毕

D. 揉浆是使水泥砂浆素灰相互渗透结合牢固，既保护素灰层又起到防水作用，当揉

浆难时，允许加水稀释

【答案】 A

【解析】 砂浆防水工程是利用一定配合比的水泥浆和水泥砂浆（称防水砂浆）分层分次施工，相互交替抹压密实，充分切断各层次毛细孔网，形成一多层防渗的封闭防水整体。防水砂浆防水层的背水面基层的防水层采用四层做法（“二素二浆”），迎水面基层的防水层采用五层做法（“三素二浆”）。防水层每层应连续施工，素灰层与砂浆层应在同一天施工完毕。揉浆是使水泥砂浆素灰相互渗透结合牢固，既保护素灰层又起到防水作用，揉浆时严禁加水，以免引起防水层开裂、起粉、起砂。

22. 下列关于掺防水剂水泥砂浆防水施工的说法中，错误的是（　　）。

A. 防水砂浆中常用的防水剂有氯化物金属盐类防水剂和金属皂类防水剂

B. 当施工采用抹压法时，先在基层涂刷一层 1∶0.4 的水泥浆，随后分层铺抹防水砂浆，每层厚度为 10～15mm，总厚度不小于 30mm

C. 氯化铁防水砂浆施工时，底层防水砂浆抹完 12h 后，抹压面层防水砂浆，其厚 13mm 分两遍抹压

D. 防水层施工时的环境温度为 5～35℃

【答案】 B

【解析】 掺防水剂的水泥砂浆又称防水砂浆，是在水泥砂浆中掺入占水泥重量的 3%～5%各种防水剂配制而成，常用的防水剂有氯化物金属盐类防水剂和金属皂类防水剂。防水层施工时的环境温度为 5～35℃。当施工采用抹压法时，先在基层涂刷一层 1∶0.4 的水泥浆，随后分层铺抹防水砂浆，每层厚度为 5～10mm，总厚度不小于 20mm。氯化铁防水砂浆施工时，底层防水砂浆抹完 12h 后，抹压面层防水砂浆，其厚 13mm 分两遍抹压。

23. 下列关于涂料防水施工工艺的说法中，错误的是（　　）。

A. 防水涂料防水层属于柔性防水层

B. 一般采用外防外涂和外防内涂施工方法

C. 其施工工艺流程为：找平层施工→保护层施工→防水层施工→质量检查

D. 找平层有水泥砂浆找平层、沥青砂浆找平层、细石混凝土找平层三种

【答案】 C

【解析】 防水涂料防水层属于柔性防水层。涂料防水层是用防水涂料涂刷于结构表面所形成的表面防水层。一般采用外防外涂和外防内涂施工方法。施工工艺流程为：找平层施工→防水层施工→保护层施工→质量检查。找平层有水泥砂浆找平层、沥青砂浆找平层、细石混凝土找平层三种。

24. 流平性差的涂料，为便于抹压，加快施工进度，可以采用分条间隔施工的方法，条带宽（　　）mm。

A. 600～8000　　B. 700～900　　C. 800～1000　　D. 900～1200

【答案】 C

【解析】 流平性差的涂料，为便于抹压，加快施工进度，可以采用分条间隔施工的方法，条带宽 800～1000mm。

25. 下列关于卷材防水施工的说法中，错误的是（　　）。

A. 铺设防水卷材前应涂刷基层处理剂，基层处理剂应采用与卷材性能配套（相容）

的材料，或采用同类涂料的底子油

B. 铺贴高分子防水卷材时，切忌拉伸过紧，以免使卷材长期处在受拉应力状态，易加速卷材老化

C. 地面防水层应做在面层以下，四周卷起，高出地面不小于 100mm

D. 卷材搭接接缝口应采用宽度不小于 20mm 的密封材料封严，以确保防水层的整体防水性能

【答案】D

【解析】铺设防水卷材前应涂刷基层处理剂，基层处理剂应采用与卷材性能配套（相容）的材料，或采用同类涂料的底子油。铺贴高分子防水卷材时，切忌拉伸过紧，以免使卷材长期处在受拉应力状态，易加速卷材老化。地面防水层应做在面层以下，四周卷起，高出地面不小于 100mm。施工工艺流程为：找平层施工→防水层施工→保护层施工→质量检查。卷材搭接接缝口应采用宽度不小于 10mm 的密封材料封严，以确保防水层的整体防水性能。卫生间防水层宜从地面向上一直做到楼板底。

三、多选题

1. 下列关于土方回填压实的基本规定的各项中，正确的是（　　）。

A. 碎石类土、砂土和爆破石渣（粒径不大于每层铺土后 2/3）可作各层填料

B. 人工填土每层虚铺厚度，用人工木夯夯实时不大于 25cm，用打夯机械夯实时不大于 30cm

C. 铺土应分层进行，每次铺土厚度不大于 30～50cm（视所用压实机械的要求而定）

D. 当填方基底为耕植土或松土时，应将基底充分夯实和碾压密实

E. 机械填土时填土程序一般尽量采取横向或纵向分层卸土，以利行驶时初步压实

【答案】CDE

【解析】碎石类土、砂土和爆破石渣（粒径不大于每层铺土后 2/3），可作为表层下的填料。淤泥和淤泥质土，一般不能用作填料。当填方基底为耕植土或松土时，应将基底充分夯实和碾压密实。铺土应分层进行，每次铺土厚度不大于 30～50cm（视所用压实机械的要求而定）。人工填土每层虚铺厚度，用人工木夯夯实时不大于 20cm，用打夯机械夯实时不大于 25cm。机械填土时填土程序一般尽量采取横向或纵向分层卸土，以利行驶时初步压实。

2. 以下关于砖砌体的施工工艺的基本规定中，正确的是（　　）。

A. 皮数杆一般立于房屋的四大角、内外墙交接处、楼梯间以及洞口多的洞口。一般可每隔 5～10m 立一根

B. 一般在房屋外纵墙方向摆顺砖，在山墙方向摆丁砖，摆砖由一个大角摆到另一个大角，砖与砖留 10mm 缝隙

C. 盘角时主要大角不宜超过 5 皮砖，且应随起随盘，做到“三皮一吊，五皮一靠”

D. 各层标高除立皮数杆控制外，还可弹出室内水平线进行控制

E. 加浆勾缝系指再砌筑几皮砖以后，先在灰缝处划出 2cm 深的灰槽

【答案】BCD

【解析】一般在房屋外纵墙方向摆顺砖，在山墙方向摆丁砖，摆砖由一个大角摆到另

一个大角，砖与砖留 10mm 缝隙。皮数杆一般立于房屋的四大角、内外墙交接处、楼梯间以及洞口多的洞口。一般可每隔 10～15m 立一根。盘角时主要大角不宜超过 5 皮砖，且应随起随盘，做到“三皮一吊，五皮一靠”。加浆勾缝系指再砌筑几皮砖以后，先在灰缝处划出 1cm 深的灰槽。各层标高除立皮数杆控制外，还可弹出室内水平线进行控制。

3. 下列关于毛石砌体和砌块砌体施工工艺的基本规定中错误的是（　　）。

A. 毛石墙砌筑时，墙角部分纵横宽度至少 0.8m

B. 对于中间毛石砌筑的料石挡土墙，丁砌料石应深入中间毛石部分的长度不应小于 200mm

C. 毛石墙必须设置拉结石，拉结石应均匀分布，相互错开，一般每 0.5m^2 墙面至少设置一块，且同皮内的中距不大于 2m

D. 砌块砌体施工工艺流程为：基层处理→测量墙中线→弹墙边线→砌底部实心砖→立皮数杆→拉准线、铺灰、依准线砌筑→埋墙拉筋→梁下、墙顶斜砖砌筑

E. 砌块砌体的埋墙拉筋应与钢筋混凝土柱（墙）的连接，采取在混凝土柱（墙）上打入 2ϕ6@1000 的膨胀螺栓

【答案】CE

【解析】毛石墙砌筑时，墙角部分纵横宽度至少 0.8m。毛石墙必须设置拉结石，拉结石应均匀分布，相互错开，一般每 0.7m^2 墙面至少设置一块，且同皮内的中距不大于 2m。对于中间毛石砌筑的料石挡土墙，丁砌料石应深入中间毛石部分的长度不应小于 200mm。砌块砌体施工工艺流程为：基层处理→测量墙中线→弹墙边线→砌底部实心砖→立皮数杆→拉准线、铺灰、依准线砌筑→埋墙拉筋→梁下、墙顶斜砖砌筑。砌块砌体的埋墙拉筋应与钢筋混凝土柱（墙）的连接，采取在混凝土柱（墙）上打入 2ϕ6@500 的膨胀螺栓。

4. 以下关于工具式模板描述正确的有（　　）。

A. 工具式模板，是针对工程结构构件特点，研制开发的专用型模板，它是通用性强、拆装方便、周转使用次数多的一种新型模板

B. 爬升模板是综合大模板与滑动模板工艺和特点的一种模板工艺，具有大模板和滑动模板共同的优点

C. 压型钢板模板具有加工容易，重量轻，安装速度快，操作简便等优点

D. 爬模适用于现浇钢筋混凝土竖向（或倾斜）结构的模板工艺

E. 飞模是一种大型工具式模板，当与楼板的现浇混凝土叠合后，又是构成楼板的受力结构部分，与楼板组合成组合板

【答案】BD

【解析】组合式模板在现代模板技术中具有通用性强、拆装方便、周转使用次数多的一种新型模板。爬升模板是综合大模板与滑动模板工艺和特点的一种模板工艺，具有大模板和滑动模板共同的优点。压型钢板模板是永久性模板的一种。爬模适用于现浇钢筋混凝土竖向（或倾斜）结构的模板工艺。预应力混凝土薄板模板当与楼板的现浇混凝土叠合后，又是构成楼板的受力结构部分，与楼板组合成组合板。

5. 关于混凝土浇筑的说法中正确的是（　　）。

A. 混凝土的浇筑工作应连续进行

B. 混凝土应分层浇筑，分层捣实，但两层混凝土浇捣时间间隔不超过规范规定

C. 在竖向结构中如浇筑高度超过 2m 时，应采用溜槽或串筒下料

D. 浇筑竖向结构混凝土前，应先在底部填筑一层 20～50mm 厚、与混凝土内砂浆成分相同的水泥砂浆，然后再浇筑混凝土

E. 浇筑过程应经常观察模板及其支架、钢筋、埋设件和预留孔洞的情况，当发现有变形或位移时，应立即快速处理

【答案】ABE

【解析】混凝土浇筑的基本要求：1）混凝土应分层浇筑，分层捣实，但两层混凝土浇捣时间间隔不超过规范规定；2）浇筑应连续作业，在竖向结构中如浇筑高度超过 3m 时，应采用溜槽或串筒下料；3）在浇筑竖向结构混凝土前，应先在浇筑处底部填入一层 50～100mm 与混凝土内砂浆成分相同的水泥浆或水泥砂浆（接浆处理）；4）浇筑过程应经常观察模板及其支架、钢筋、埋设件和预留孔洞的情况，当发现有变形或位移时，应立即快速处理。

6. 用于振捣密实混凝土拌合物的机械，按其作业方式可分为（　　）。

A. 插入式振动器　　B. 表面振动器

C. 振动台　　D. 独立式振动器

E. 附着式振动器

【答案】ABCE

【解析】用于振捣密实混凝土拌合物的机械，按其作业方式可分为：插入式振动器、表面振动器、附着式振动器和振动台。

7. 下列关于钢结构安装施工要点的说法中，错误的是（　　）。

A. 起吊事先将钢构件吊离地面 30cm 左右，使钢构件中心对准安装位置中心

B. 高强度螺栓上、下接触面处加有 1/15 以上斜度时应采用垫圈垫平

C. 施焊前，焊工应检查焊接件的接头质量和焊接区域的坡口、间隙、钝边等的处理情况

D. 厚度大于 12～20mm 的板材，单面焊后，背面清根，再进行焊接

E. 焊道两端加引弧板和熄弧板，引弧和熄弧焊缝长度应大于或等于 150mm

【答案】ABE

【解析】起吊事先将钢构件吊离地面 50cm 左右，使钢构件中心对准安装位置中心，然后徐徐升钩，将钢构件吊至需连接位置即刹车对准预留螺栓孔，并将螺栓穿入孔内，初拧作临近固定，同时进行垂直度校正和最后固定，经校正后，并终拧螺栓作最后固定。高强度螺栓上、下接触面处加有 1/20 以上斜度时应采用垫圈垫平。施焊前，焊工应检查焊接件的接头质量和焊接区域的坡口、间隙、钝边等的处理情况。厚度大于 12～20mm 的板材，单面焊后，背面清根，再进行焊接。焊道两端加引弧板和熄弧板，引弧和熄弧焊缝长度应大于或等于 80mm。

8. 下列关于防水混凝土施工工艺的说法中，错误的是（　　）。

A. 水泥选用强度等级不低于 32.5 级

B. 在保证能振捣密实的前提下水灰比尽可能小，一般不大于 0.6，坍落度不大于 50mm

C. 为了有效起到保护钢筋和阻止钢筋的引水作用，迎水面防水混凝土的钢筋保护层厚度不得小于 35mm

D. 在浇筑过程中，应严格分层连续浇筑，每层厚度不宜超过 300～400mm，机械振捣密实

E. 墙体一般允许留水平施工缝和垂直施工缝

【答案】ACE

【解析】水泥选用强度等级不低于 42.5 级。在保证能振捣密实的前提下水灰比尽可能小，一般不大于 0.6，坍落度不大于 50mm，水泥用量为 320kg/m^3～400kg/m^3，砂率取 35%～40%。为了有效起到保护钢筋和阻止钢筋的引水作用，迎水面防水混凝土的钢筋保护层厚度不得小于 50mm。在浇筑过程中，应严格分层连续浇筑，每层厚度不宜超过 300～400mm，机械振捣密实。墙体一般只允许留水平施工缝，其位置一般宜留在高出底板上表面不小于 500mm 的墙身上，如必须留设垂直施工缝，则应留在结构的变形缝处。

第五章　施工项目管理

一、判断题

1. 施工项目管理是指建筑企业运用系统的观点、理论和方法对施工项目进行的决策、计划、组织、控制、协调等全过程的全面管理。

【答案】正确

【解析】施工项目管理是指建筑企业运用系统的观点、理论和方法对施工项目进行的决策、计划、组织、控制、协调等全过程的全面管理。

2. 施工项目管理的对象是施工项目。

【答案】正确

【解析】施工项目管理的主体是建筑企业，管理的对象是施工项目。

3. 施工项目管理组织机构形式中工作队式项目组织适用于大型项目、工期要求紧，要求多工种，多部门密切配合的项目。

【答案】正确

【解析】施工项目管理组织机构形式中工作队式项目组织适用于大型项目、工期要求紧，要求多工种，多部门密切配合的项目。

4. 某施工项目为8000m^2的公共建筑工程施工，按照要求，须实行施工项目管理。

【答案】错误

【解析】当施工项目的规模达到以下要求时才实行施工项目管理：1万m^2以上的公共建筑、工业建筑、住宅建设小区及其他工程项目投资在500万元以上的，均实行项目管理。

5. 在现代施工企业的项目管理中，施工项目经理是施工项目的最高责任人和组织者，是决定施工项目盈亏的关键性角色。

【答案】正确

【解析】在现代施工企业的项目管理中，施工项目经理是施工项目的最高责任人和组织者，是决定施工项目盈亏的关键性角色。

6. 安全管理的对象是生产中一切人、物、环境、管理状态，安全管理是一种动态管理。

【答案】正确

【解析】安全管理的对象是生产中一切人、物、环境、管理状态，安全管理是一种动态管理。

7. 施工现场包括红线以内占用的建筑用地和施工用地以及临时施工用地。

【答案】错误

【解析】施工现场既包括红线以内占用的建筑用地和施工用地，又包括红线以外现场附近经批准占用的临时施工用地。

二、单选题

1. 下列选项中关于施工项目管理的特点说法错误的是（　　）。

A. 对象是施工项目　　　　B. 主体是建设单位
C. 内容是按阶段变化的　　　　D. 要求强化组织协调工作

【答案】B

【解析】施工项目管理的特点：施工项目管理的主体是建筑企业；施工项目管理的对象是施工项目；施工项目管理的内容是按阶段变化的；施工项目管理要求强化组织协调工作。

2. 施工项目管理实施规划由（　　）在开工前组织编制。

A. 企业管理层　　　　B. 项目技术负责人
C. 企业项目管理部　　　　D. 项目经理

【答案】D

【解析】在开工前，由项目经理组织编制施工项目管理实施规划，对施工项目管理从开工到交工验收进行全面的指导下规划。

3. 以下不属于施工项目管理内容的是（　　）。

A. 建立施工项目管理组织　　　　B. 编制施工项目管理规划
C. 施工项目的目标控制　　　　D. 建筑物的结构设计

【答案】D

【解析】施工项目管理包括以下八方面内容：建立施工项目管理组织、编制施工项目管理规划、施工项目的目标控制、施工项目的生产要素管理、施工项目的合同管理、施工项目的信息管理、施工现场的管理、组织协调等。

4. 以下关于施工项目管理组织形式的表述，错误的是（　　）。

A. 施工项目管理组织的形式是指在施工项目管理组织中处理管理层次、管理跨度、部门设置和上下级关系的组织结构的类型

B. 施工项目主要的管理组织形式有工作队式、部门控制式、矩阵式、事业部式等

C. 工作队式项目组织是指主要由企业中有关部门抽出管理力量组成施工项目经理部的方式

D. 在施工项目实施过程中，应进行组织协调、沟通和处理好内部及外部的各种关系，排除各种干扰和障碍

【答案】D

【解析】施工项目管理中的组织协调，在施工项目实施过程中，应进行组织协调、沟通和处理好内部及外部的各种关系，排除各种干扰和障碍。施工项目管理组织的形式是指在施工项目管理组织中处理管理层次、管理跨度、部门设置和上下级关系的组织结构的类型。主要的管理组织形式有工作队式、部门控制式、矩阵式、事业部式等。工作队式项目组织是指主要由企业中有关部门抽出管理力量组成施工项目经理部的方式，企业职能部门处于服务地位。

5. 下列性质中，不属于项目经理部的性质的是（　　）。

A. 法律强制性　　B. 相对独立性　　C. 综合性　　D. 临时性

【答案】A

【解析】项目经理部的性质可以归纳为相对独立性、综合性、临时性三个方面。

6. 下列选项中，不属于建立施工项目经理部的基本原则的是（　　）。

A. 根据所设计的项目组织形式设置

B. 适应现场施工的需要

C. 满足建设单位关于施工项目目标控制的要求

D. 根据施工工程任务需要调整

【答案】C

【解析】建立施工项目经理部的基本原则：根据所设计的项目组织形式设置；根据施工项目的规模、复杂程度和专业特点设置；根据施工工程任务需要调整；适应现场施工的需要。

7. 以下关于施工项目经理部综合性的描述，错误的是（　　）。

A. 施工项目经理部是企业所属的经济组织，主要职责是管理施工项目的各种经济活动

B. 施工项目经理部的管理职能是综合的，包括计划、组织、控制、协调、指挥等多方面

C. 施工项目经理部的管理业务是综合的，从横向看包括人、财、物、生产和经营活动，从纵向看包括施工项目寿命周期的主要过程

D. 施工项目经理部受企业多个职能部门的领导

【答案】D

【解析】施工项目经理部的综合性主要表现在以下几方面：施工项目经理部是企业所属的经济组织，主要职责是管理施工项目的各种经济活动；施工项目经理部的管理职能是综合的，包括计划、组织、控制、协调、指挥等多方面；施工项目经理部的管理业务是综合的，从横向看包括人、财、物、生产和经营活动，从纵向看包括施工项目寿命周期的主要过程。

8. 施工项目目标控制包括：施工项目进度控制、施工项目质量控制、（　　）、施工项目安全控制四个方面。

A. 施工项目管理控制　　B. 施工项目成本控制

C. 施工项目人力控制　　D. 施工项目物资控制

【答案】B

【解析】施工项目目标控制包括：施工项目进度控制、施工项目质量控制、施工项目成本控制、施工项目安全控制四个方面。

9. 以下关于施工项目目标控制的表述，错误的是（　）。

A. 施工项目目标控制问题的要素包括施工项目、控制目标、控制主体、实施计划、实施信息、偏差数据、纠偏措施、纠偏行为

B. 施工项目控制的目的是排除干扰、实现合同目标

C. 施工项目目标控制是实现施工目标的手段

D. 施工项目目标控制包括进度控制、质量控制和成本控制三个方面

【答案】D

【解析】施工项目目标控制问题的要素包括施工项目、控制目标、控制主体、实施计划、实施信息、偏差数据、纠偏措施、纠偏行为。施工项目控制的目的是排除干扰、实现合同目标。因此，可以说施工项目目标控制是实现施工目标的手段。见教材第五章第三节P102。施工项目目标控制包括：施工项目进度控制、施工项目质量控制、施工项目成本控

制、施工项目安全控制四个方面。

10. 为了取得施工成本管理的理想效果，必须从多方面采取有效措施实施管理，这些措施不包括（　　）。

A. 组织措施　　B. 技术措施　　C. 经济措施　　D. 管理措施

【答案】D

【解析】施工项目成本控制的措施包括组织措施、技术措施、经济措施。

11. 下列各项措施中，不属于施工项目质量控制的措施的是（　　）。

A. 提高管理、施工及操作人员自身素质

B. 提高施工的质量管理水平

C. 尽可能采用先进的施工技术、方法和新材料、新工艺、新技术，保证进度目标实现

D. 加强施工项目的过程控制

【答案】C

【解析】施工项目质量控制的措施：1）提高管理、施工及操作人员自身素质；2）建立完善的质量保证体系；3）加强原材料质量控制；4）提高施工的质量管理水平；5）确保施工工序的质量；6）加强施工项目的过程控制。

12. 施工项目过程控制中，加强专项检查，包括自检、（　　）、互检。

A. 专检　　B. 全检　　C. 交接检　　D. 质检

【答案】A

【解析】加强专项检查，包括自检、专检、互检活动，及时解决问题。

13. 以下不属于施工项目质量控制措施的是（　　）。

A. 组织措施、技术措施、合同措施、经济措施、信息管理措施等

B. 提高管理、施工及操作人员自身素质

C. 建立完善的质量保证体系

D. 加强原材料质量控制

【答案】A

【解析】施工项目质量控制的措施：1）提高管理、施工及操作人员自身素质；2）建立完善的质量保证体系；3）加强原材料质量控制；4）提高施工的质量管理水平；5）确保施工工序的质量；6）加强施工项目的过程控制。

14. 施工项目成本控制的措施是（　　）。

A. 组织措施、技术措施、经济措施

B. 控制人工费用、控制材料费、控制机械费用、控制间接费及其他直接费

C. 组织措施、制度措施、管理措施

D. 管理措施、技术措施、人力措施

【答案】A

【解析】施工项目成本控制的措施包括组织措施、技术措施、经济措施。

15. 以下不属于施工项目现场管理内容的是（　　）。

A. 规划及报批施工用地　　B. 设计施工现场平面图

C. 建立施工现场管理组织　　D. 为项目经理决策提供信息依据

【答案】D

【解析】施工项目现场管理的内容：1）规划及报批施工用地；2）设计施工现场平面图；3）建立施工现场管理组织；4）建立文明施工现场；5）及时清场转移。

三、多选题

1. 施工项目管理周期包括（　　）竣工验收、保修等。

A. 建设设想　B. 工程投标　C. 签订施工合同　D. 施工准备

E. 施工

【答案】BCDE

【解析】施工项目管理周期包括工程投标、签订施工合同、施工准备、施工竣工验收、保修等。

2. 施工项目管理具有（　　）特点。

A. 施工项目管理的主体是建筑企业　B. 施工项目管理的主体是建设单位

C. 施工项目管理的对象是施工项目　D. 施工项目管理的内容是按阶段变化的

E. 施工项目管理要求强化组织协调工作

【答案】ACDE

【解析】施工项目管理的特点：施工项目管理的主体是建筑企业；施工项目管理的对象是施工项目；施工项目管理的内容是按阶段变化的；施工项目管理要求强化组织协调工作。

3. 施工项目生产活动具有（　　）。

A. 独特性　B. 流动性　C. 施工的特殊性　D. 工期长

E. 施工条件复杂

【答案】ABD

【解析】施工项目生产活动具有独特性（单件性）、流动性、露天作业、工期长、需要资源多，且施工活动涉及的经济关系、技术关系、法律关系、行政关系和人际关系复杂等特点。

4. 下列各项中，不属于施工项目管理的内容的是（　　）。

A. 建立施工项目管理组织　B. 编制《施工项目管理目标责任书》

C. 施工项目的生产要素管理　D. 施工项目的施工情况的评估

E. 施工项目的信息管理

【答案】BD

【解析】施工项目管理包括以下八方面内容：建立施工项目管理组织、编制施工项目管理规划、施工项目的目标控制、施工项目的生产要素管理、施工项目的合同管理、施工项目的信息管理、施工现场的管理、组织协调等。

5. 下列各部门中，不属于项目经理部可设置的是（　　）。

A. 经营核算部门　B. 物资设备供应部门

C. 设备检查检测部门　D. 测试计量部门

E. 企业工程管理部门

【答案】CE

【解析】一般项目经理部可设置经营核算部门、技术管理部门、物资设备供应部门、质量安全监控管理部门、测试计量部门等5个部门。

6. 下列选项中，属于项目部设置的最基本的岗位的是（　　）。

A. 施工员　B. 安全员　C. 机械员　D. 劳务员

E. 测量员

【答案】ABE

【解析】项目部设置最基本的六大岗位：施工员、质量员、安全员、资料员、造价员、测量员，其他还有材料员、标准员、机械员、劳务员等。

7. 项目规模达到以下标准时，才实行施工项目管理（　　）。

A. 1万m^2以上的公共建筑　B. 2万m^2以上的工业建筑

C. 项目投资在500万元以上　D. 项目投资在5000万元以上

E. 1万m^2以上的工业建筑

【答案】ACDE

【解析】当施工项目的规模达到以下要求时才实行施工项目管理：1万m^2以上的公共建筑、工业建筑、住宅建设小区及其他工程项目投资在500万元以上的，均实行项目管理。

8. 施工项目进度控制的主要措施有（　　）。

A. 组织措施　B. 技术措施　C. 合同措施　D. 成本措施

E. 管理措施

【答案】ABC

【解析】施工项目进度控制的措施主要有组织措施、技术措施、合同措施、经济措施和信息管理措施等。

9. 以下不属于施工项目安全组织措施的是（　　）。

A. 建立施工项目安全组织系统

B. 建立与项目安全组织系统相配套的各专业、各部门、各生产岗位的安全责任系统

C. 建立项目经理的安全生产职责及项目班子成员的安全生产职责

D. 提高管理、施工及操作人员自身素质

E. 技术措施、合同措施、经济措施、信息管理措施等

【答案】DE

【解析】施工项目安全组织措施：建立施工项目安全组织系统；建立与项目安全组织系统相配套的各专业、各部门、各生产岗位的安全责任系统；建立项目经理的安全生产职责及项目班子成员的安全生产职责；作业人员安全纪律。

10. 以下属于施工项目资源管理的内容的是（　　）。

A. 劳动力　B. 材料　C. 技术　D. 机械设备

E. 施工现场

【答案】ABCD

【解析】施工项目资源管理的内容：劳动力、材料、机械设备、技术、资金。

11. 以下各项中属于施工现场管理的内容的是（　　）。

A. 落实资源进度计划　B. 设计施工现场平面图

C. 建立文明施工现场　　　　　　　　　D. 施工资源进度计划的动态调整
E. 及时清场转移

【答案】BCE

【解析】施工项目现场管理的内容：1）规划及报批施工用地；2）设计施工现场平面图；3）建立施工现场管理组织；4）建立文明施工现场；5）及时清场转移。

第六章　建筑力学的基本知识

一、判断题

1. 力的作用会改变物体的运动状态，同时，使物体发生变形，产生外效应。

【答案】 错误

【解析】 力是物体间相互的机械作用，这种作用会改变物体的运动状态，产生外效应，同时物体发生变形，产生内效应。

2. 改变力的方向，力的作用效果不会改变。

【答案】 错误

【解析】 力对物体作用效果取决于力的三要素：力的大小、方向、作用点。改变力的方向，当然会改变力的作用效果。

3. 力总是成对出现的，有作用力必定有反作用力，且总是同时产生又同时消失的。

【答案】 正确

【解析】 作用与反作用公理表明力总是成对出现的，有作用力必定有反作用力，且总是同时产生又同时消失的。

4. 在刚体的原力系上加上或去掉一个平衡力系，不会改变刚体的运动状态。

【答案】 正确

【解析】 平衡力系对刚体的作用效果为零，在刚体的原力系上加上或去掉一个平衡力系，不会改变刚体的运动状态。

5. 力的可传性原理既适用于物体的外效应，也适用于物体的内效应。

【答案】 错误

【解析】 力的可传性原理：作用于刚体上的力可沿其作用线移动到刚体内任意一点，而不改变原力对刚体的作用效果，但是力的可传性原理既适用于物体的外效应，不适用于物体的内效应。

6. 两个共点力可以合成一个合力，一个力也可以分解为两个分力，结果都是唯一的。

【答案】 错误

【解析】 由力的平行四边形法则可知：两个共点力可以合成一个合力，结果是唯一的；一个力也可以分解为两个分力，却有无数的答案。因为以一个力的线段为对角线，可以做出无数个平行四边形。

7. 链杆只能限制物体沿链杆轴向的运动，而不能限制其他方向的运动。

【答案】 正确

【解析】 链杆只能限制物体沿链杆轴向的运动，而不能限制其他方向的运动。

8. 可动铰支座对构件的支座反力通过铰链中心，可以限制构件沿垂直于支承面方向和沿支承面方向的移动。

【答案】 错误

【解析】 可动铰支座对构件的支座反力通过铰链中心，且垂直于支承面，指向未定。

只能限制垂直于支承面方向，不能沿支承面方向的移动。

9. 平面汇交力系平衡的几何条件是力系中所有各力在两个坐标轴上投影的代数和分别等于零。

【答案】错误

【解析】平面汇交力系平衡的几何条件是该力系合力等于零，解析条件是力系中所有各力在两个坐标轴上投影的代数和分别等于零。

10. 按照不同的合成顺序，力可以合成得到形状不同的力多边形，因此应选择合成的最小的边作为合力大小。

【答案】错误

【解析】应用力的多边形法则求合力时，按照不同的合成顺序，力可以合成得到形状不同的力多边形，但力多边形的闭合边不变，即合力不变。

11. 当力与坐标轴平行时，力在该轴的投影的绝对值等于该力的大小。

【答案】正确

【解析】利用解析法时，当力与坐标轴平行时，力在该轴的投影的绝对值等于该力的大小，力的投影只有大小和正负是标量。

12. 矩心到力的作用点的距离称为力臂。

【答案】错误

【解析】矩心到力的作用线的垂直距离称为力臂。

13. 力偶是由大小相等、方向相反、作用线平行且不共线的两个力组成的力系。

【答案】正确

【解析】力偶是由大小相等、方向相反、作用线平行且不共线的两个力组成的力系。

14. 力偶在任一轴上的投影恒为零，可以用一个合力来代替。

【答案】错误

【解析】力偶中的两个力大小相等、方向相反、作用线平行且不共线，不能合成为一个力，也不能用一个力来代替，也不能和一个力平衡，力偶只能和力偶平衡。

15. 力偶可在其作用面内任意移动，但不能转动。

【答案】错误

【解析】力偶可在其作用面内既可以任意移动，也可以转动，即力偶对物体的转动效应与它在平面内的位置无关。

16. 在建筑力学中主要研究等直杆。

【答案】正确

【解析】杆件按照轴线情况分为直杆和曲杆，按照横截面分为等截面杆和变截面杆。在建筑力学中，主要研究等直杆。

17. 刚度是指结构或构件抵抗破坏的能力。

【答案】错误

【解析】刚度是指结构或构件抵抗变形的能力，强度是指结构或构件抵抗破坏的能力。

18. 杆件的纵向变形是一绝对量，不能反映杆件的变形程度。

【答案】正确

【解析】杆件的纵向变形是一绝对量，不能反映杆件的变形程度。

19. 胡克定律表明，杆件的纵向变形与轴力及杆长成正比，与横截面面积成反比。

【答案】错误

【解析】胡克定律表明当杆件应力不超过某一限度时，杆件的纵向变形与轴力及杆长成正比，与横截面面积成反比。

20. 弹性变形是指材料在外力作用下产生变形，外力去除后保持变形后形状和大小的变形的性质称为弹性。

【答案】错误

【解析】弹性变形是指材料在外力作用下产生变形，外力去除后能恢复原来形状和大小的性质称为弹性。

21. 当杆件应力不超过某一限度时，其纵向变形与轴力及杆长成正比，与横截面面积成反比。

【答案】正确

【解析】当杆件应力不超过某一限度时，其纵向变形与轴力及杆长成正比，与横截面面积成反比。

22. 通常规定，轴力拉为正，压为负。

【答案】正确

【解析】通常规定，轴力拉为正，压为负。

23. 实际剪切变形中，剪切面上的切应力就是均匀分布的。

【答案】错误

【解析】实际剪切变形中，假设剪切面上的切应力就是均匀分布的。

24. 在低碳钢拉伸试验中屈服阶段内的最高点对应的应力值称为屈服强度。

【答案】错误

【解析】在低碳钢拉伸试验中屈服阶段内的最低点对应的应力值称为屈服强度。

二、单选题

1. 下列说法错误的是（　　）。

A. 力可以改变物体的运动状态，产生外效应

B. 在静力学中所研究的物体都看作是刚体

C. 力不能脱离物体而存在

D. 物体间必须接触才能产生力

【答案】D

【解析】力是物体间相互的机械作用，力不可能脱离物体而存在，有受力体时必定有施力体，物体间相互接触，可产生推、拉、挤、压等作用，物体间不接触时，也能产生力，如万有引力。

2. 下列属于二力杆的力学特性的是（　　）。

A. 在两点受力，且此二力共线　　B. 多点共线受力且处于平衡

C. 两点受力且处于平衡　　D. 多点受力且处于平衡

【答案】C

【解析】若一根不计自重的直杆只在两点受力作用而处于平衡，则此二力必共线，这

种杆称为二力杆。

3. 下列说法错误的是（　　）。

A. 沿同一直线，以同样大小的力拉车，对车产生的运动效果一样

B. 在刚体的原力系上加上或去掉一个平衡力系，不会改变刚体的运动状态

C. 力的可传性原理只适合研究物体的外效应

D. 对于所有物体，力的三要素可改为：力的大小、方向和作用线

【答案】D

【解析】力的可传性原理：作用于刚体上的力可沿其作用线移动到刚体内任意一点，而不改变原力对刚体的作用效果，因此，沿同一直线，以同样大小的力拉车，对车产生的运动效果一样。加减平衡力系公理是在刚体的原力系上加上或去掉一个平衡力系，不会改变刚体的运动状态。但是力的可传性原理适用于物体的外效应，不适用于物体的内效应。因此，只有对于刚体，力的三要素可改为力的大小、方向和作用线。

4. 合力的大小和方向与分力绘制的顺序的关系是（　　）。

A. 大小与顺序有关，方向与顺序无关　　B. 大小与顺序无关，方向与顺序有关

C. 大小和方向都与顺序有关　　D. 大小和方向都与顺序无关

【答案】D

【解析】用力的平行四边形法则画图，合力的大小和方向与分力绘制的顺序无关。

5. 光滑接触面约束对物体的约束反力的方向是（　　）。

A. 通过接触点，沿接触面的公法线方向

B. 通过接触点，沿接触面公法线且指向物体

C. 通过接触点，沿接触面且沿背离物体的方向

D. 通过接触点，且沿接触面公切线方向

【答案】B

【解析】光滑接触面约束只能阻碍物体沿接触表面公法线并指向物体的运动，不能限制沿接触面公切线方向的运动。

6. 下列说法正确的是（　　）。

A. 柔体约束的反力方向为通过接触点，沿柔体中心线且指向物体

B. 光滑接触面约束反力的方向通过接触点，沿接触面且沿背离物体的方向

C. 圆柱铰链的约束反力是垂直于轴线并通过销钉中心，方向未定

D. 链杆约束的反力是沿链杆的中心线，垂直于接触面

【答案】C

【解析】柔体约束的反力方向为通过接触点，沿柔体中心线且背离物体。光滑接触面约束只能阻碍物体沿接触表面公法线并指向物体的运动。圆柱铰链的约束反力是垂直于轴线并通过销钉中心，方向未定。链杆约束的反力是沿链杆的中心线，而指向未定。

7. 可以限制构件垂直于销钉平面内任意方向的移动，而不能限制构件绕销钉的转动的支座是：（　　）。

A. 可动铰支座　　B. 固定铰支座　　C. 固定端支座　　D. 滑动铰支座

【答案】B

【解析】可以限制于销钉平面内任意方向的移动，而不能限制构件绕销钉的转动的支

座是固定铰支座。

8. 既限制构件的移动，也限制构件的转动的支座是（　　）。

A. 可动铰支座　　B. 固定铰支座　　C. 固定端支座　　D. 滑动铰支座

【答案】 C

【解析】 既限制构件的移动，也限制构件的转动的支座是固定端支座。

9. 该力系合力等于零是平面汇交力系平衡的（　　）条件。

A. 充分条件　　B. 必要条件

C. 充分必要条件　　D. 既不充分也不必要条件

【答案】 C

【解析】 平面汇交力系平衡的充分必要条件是力系合力等于零。

10. 下列哪一项是正确的（　　）。

A. 当力与坐标轴垂直时，力在该轴上的投影等于力的大小

B. 当力与坐标轴垂直时，力在该轴上的投影为零

C. 当力与坐标轴平行时，力在该轴上的投影为零

D. 当力与坐标轴平行时，力在该轴的投影等于该力的大小

【答案】 B

【解析】 利用解析法时，当力与坐标轴垂直时，力在该轴上的投影为零，当力与坐标轴平行时，力在该轴的投影的绝对值等于该力的大小。

11. 平面汇交力系中的力对平面任一点的力矩，等于（　　）。

A. 力与该力到矩心的距离的乘积

B. 力与矩心到该力作用线的垂直距离的乘积

C. 该力与其他力的合力对此点产生的力矩

D. 该力的各个分力对此点的力矩大小之和

【答案】 B

【解析】 力矩是力与矩心到该力作用线的垂直距离的乘积，是代数量。合力矩定理规定合力对平面内任一点的力矩，等于力系中各分力对同一点的力矩的代数和。

12. 下列关于力偶的说法正确的是（　　）。

A. 力偶在任一轴上的投影恒为零，可以用一个合力来代替

B. 力偶可以和一个力平衡

C. 力偶不会使物体移动，只能转动

D. 力偶矩与矩心位置有关

【答案】 C

【解析】 力偶中的两个力大小相等、方向相反、作用线平行且不共线，不能合成为一个力，也不能用一个力来代替，也不能和一个力平衡，力偶只能和力偶平衡。力偶和力对物体作用效果不同，力偶不会使物体移动，只能转动，力偶对其作用平面内任一点之矩恒等于力偶矩，而与矩心位置无关。

13. （　　）是结构或构件抵抗破坏的能力。

A. 强度　　B. 刚度　　C. 稳定性　　D. 挠度

【答案】 A

【解析】强度是指结构或构件抵抗破坏的能力，刚度是指结构或构件抵抗变形的能力，稳定性是指构件保持平衡状态稳定性的能力。

14. 下列关于应力与应变的关系，哪一项是正确的（　　）。

A. 杆件的纵向变形总是与轴力及杆长成正比，与横截面面积成反比

B. 由胡克定律可知，在弹性范围内，应力与应变成反比

C. 实际剪切变形中，假设剪切面上的切应力是均匀分布的

D. I_P 指极惯性矩，W_P 称为截面对圆心的抗扭截面系数

【答案】D

【解析】在弹性范围内杆件的纵向变形总是与轴力及杆长成正比，与横截面面积成反比。由胡克定律可知，在弹性范围内，应力与应变成正比。I_P 指极惯性矩，W_P 称为截面对圆心的抗扭截面系数。

15. 纵向线应变的表达式为 $\varepsilon=\frac{\Delta l}{l}$，在这个公式中，表述正确的是（　　）。

A. l 表示杆件变形前长度　　B. l 表示杆件变形后长度

C. ε 的单位和应力的单位一致　　D. ε 的单位是 m 或 mm

【答案】A

【解析】纵向线应变的表达式为 $\varepsilon=\frac{\Delta l}{l}$，$l$ 表示杆件变形前长度，ε 表示单位长度的纵向变形，是一个无量纲的量。

16. 下列哪一项反映材料抵抗弹性变形的能力。（　　）

A. 强度　　B. 刚度　　C. 弹性模量　　D. 剪切模量

【答案】C

【解析】材料的弹性模量反映了材料抵抗弹性变形的能力，其单位与应力相同。

17. 材料必须具有较高的（　　），才能满足高层建筑及大跨度结构工程的要求。

A. 内应力值　　B. 强度值　　C. 应变值　　D. 比强度值

【答案】D

【解析】材料必须具有较高的比强度值，才能满足高层建筑及大跨度结构工程的要求。

18. （　　）是结构或构件抵抗破坏的能力。

A. 刚度　　B. 强度　　C. 稳定性　　D. 挠度

【答案】B

【解析】强度是指结构或构件抵抗破坏的能力，刚度是指结构或构件抵抗变形的能力，稳定性是指构件保持平衡状态稳定性的能力。

19. 抗拉（压）刚度可以表示为：（　　）。

A. E　　B. EA　　C. G　　D. GA

【答案】B

【解析】比例系数 E 表示材料的弹性模量，EA 称为杆件的抗拉刚度，反映了杆件抵抗拉（压）变形的能力。

20. 圆形截面的抗弯截面系数 W_z 等于：（　　）。

A. $\frac{\pi D^4}{64}$　　B. $\frac{\pi D^3}{32}$　　C. $\frac{\pi D^4}{64}(1-\alpha^4)$　　D. $\frac{\pi D^3}{32}(1-\alpha^4)$

【答案】B

【解析】圆形截面的抗弯截面系数 W_z 等于$\frac{\pi D^3}{32}$。

21. 当两轴具有相同的承载能力时，空心轴和实心轴的重量（　　）。

A. 一样重　　B. 空心轴重　　C. 实心轴重　　D. 条件不足无法比较

【答案】C

【解析】当具有相同的承载力时，空心轴比实心轴的重量轻。

22. 梁的最大正应力位于危险截面的（　　）。

A. 中心　　B. 上下翼缘　　C. 左右翼缘　　D. 四个角部

【答案】B

【解析】梁的最大正应力位于危险截面的上下翼缘。

23. 下列说法错误的是（　　）。

A. 梁的抗弯界面系数与横截面的形状和尺寸有关

B. 危险截面为弯矩最大值所在截面

C. 挠度是指横截面形心的竖向线位移

D. 梁的变形可采用叠加法

【答案】B

【解析】梁内最大正应力所在的截面，称为危险截面，对于中性轴对称的梁，危险截面为弯矩最大值所在截面。

24. 在低碳钢拉伸试验中强化阶段的最高点对应的应力称为（　　）。

A. 屈服强度　　B. 强度极限　　C. 比例极限　　D. 破坏强度

【答案】B

【解析】在低碳钢拉伸试验中强化阶段的最高点对应的应力称为强度极限。

25. 在低碳钢拉伸试验中比例极限对应的阶段是（　　）。

A. 弹性阶段　　B. 屈服阶段　　C. 强化阶段　　D. 颈缩阶段

【答案】A

【解析】在低碳钢拉伸试验中比例极限对应的阶段是弹性阶段。

26. 关于材料的弯曲试验，下列哪种说法是正确的（　　）。

A. 材料的弯曲试验是测定材料承受竖向荷载时的力学特性的试验。

B. 弯曲试验的对象是高塑性材料。

C. 对脆性材料做拉伸试验，其变形量很小。

D. 弯曲试验用挠度来表示塑性材料的塑性。

【答案】C

【解析】材料的弯曲试验是测定材料承受弯曲荷载时的力学特性的试验。弯曲试验的对象是脆性和低塑性材料，弯曲试验用挠度来表示脆性材料的塑性大小。

27. 以下说法正确的是（　　）。

A. 材料的宏观构造虽然不同，但其强度差别却不大

B. 砖、砂浆是均质材料，其抗压、抗拉、抗折强度均较低

C. 水泥混凝土是均质材料，其抗压强度较高，而抗拉、抗折强度却很低

D. 水泥混凝土是非均质材料，其抗压强度较高，而抗拉、抗折强度却很低

【答案】 D

【解析】 材料的宏观构造不同，其强度差别可能很大。水泥混凝土、砂浆、砖、石材等非均质材料的抗压强度较高，而抗拉、抗折强度却很低。

三、多选题

1. 力对物体的作用效果取决于力的三要素，即（　　）。

A. 力的大小　　B. 力的方向　　C. 力的单位　　D. 力的作用点

E. 力的相互作用

【答案】 ABD

【解析】 力是物体间相互的机械作用，力对物体的作用效果取决于力的三要素，即力的大小、力的方向和力的作用点。

2. 物体间相互作用的关系是（　　）。

A. 大小相等　　B. 方向相反　　C. 沿同一条直线　　D. 作用于同一物体

E. 作用于两个物体

【答案】 ABCE

【解析】 作用与反作用公理的内容：两物体间的作用力与反作用力，总是大小相等、方向相反，沿同一直线，并分别作用在这两个物体上。

3. 刚体平衡的充分与必要条件是（　　）。

A. 大小相等　　B. 方向相同　　C. 方向相反　　D. 作用在同一直线

E. 互相垂直

【答案】 ACD

【解析】 刚体平衡的充分与必要条件是大小相等、方向相反、作用在同一直线。

4. 一个力 F 沿直角坐标轴方向分解，得出分力 F_X，F_Y，假设 F 与 X 轴之间的夹角为 α，则下列公式正确的是（　　）。

A. $F_X=F\sin\alpha$　　B. $F_X=F\cos\alpha$　　C. $F_Y=F\sin\alpha$　　D. $F_Y=F\cos\alpha$

E. 以上都不对

【答案】 BC

【解析】 一个力 F 沿直角坐标轴方向分解，得出分力 F_X，F_Y，假设 F 与 X 轴之间的夹角为 α，则 $F_X=F\cos\alpha$、$F_Y=F\sin\alpha$。

5. 刚体受到三个力的作用，这三个力作用线汇交于一点的条件有（　　）。

A. 三个力在一个平面　　B. 三个力平行

C. 刚体在三个力作用下平衡　　D. 三个力不平行

E. 三个力可以不共面，只要平衡即可

【答案】 ACD

【解析】 三力平衡汇交定理：一刚体受共面且不平行的三个力作用而平衡时，这三个力的作用线必汇交于一点。

6. 约束反力的确定与约束类型及主动力有关，常见的约束有：（　　）。

A. 柔体约束　　B. 光滑接触面约束

C. 圆柱铰链约束　　D. 链杆约束

E. 固定端约束

【答案】ABCD

【解析】约束反力的确定与约束类型及主动力有关，常见的约束有柔体约束、光滑接触面约束、圆柱铰链约束、链杆约束。

7. 研究平面汇交力系的方法有：（　　）。

A. 平行四边形法则　　B. 三角形法

C. 几何法　　D. 解析法

E. 二力平衡法

【答案】ABCD

【解析】平面汇交力系的方法有几何法和解析法，其中几何法包括平行四边形法则和三角形法。

8. 下列哪项是正确的（　　）。

A. 在平面问题中，力矩为代数量

B. 只有当力和力臂都为零时，力矩等于零

C. 当力沿其作用线移动时，不会改变力对某点的矩

D. 力矩就是力偶，两者是一个意思

E. 集中力偶对剪力图有影响

【答案】AC

【解析】在平面问题中，力矩为代数量。当力沿其作用线移动时，不会改变力对某点的矩。当力或力臂为零时，力矩等于零。力矩和力偶不是一个意思。

9. 下列哪项是不正确的（　　）。

A. 力偶在任一轴上的投影恒为零

B. 力偶的合力可以用一个力来代替

C. 力偶可在其作用面内任意移动，但不能转动

D. 只要两个力偶转向和作用平面相同，力偶矩大小相同，它们就是等效的

E. 力偶系中所有各力偶矩的代数和等于零

【答案】BC

【解析】力偶的合力可以用一个力偶来代替，力偶可在其作用面内既可以任意移动，也可以转动，即力偶对物体的转动效应与它在平面内的位置无关。

10. 当力偶的两个力大小和作用线不变，而只是同时改变指向，则下列正确的是：（　　）。

A. 力偶的转向不变　　B. 力偶的转向相反

C. 力偶矩不变　　D. 力偶矩变号

E. 该力偶不再对物体产生转动效应

【答案】BD

【解析】当力偶的两个力大小和作用线不变，而只是同时改变指向，力偶的转向相反，由于力偶是力与力偶臂的乘积，力的方向改变，力偶矩变号。

11. 杆件变形的基本形式有（　　）。

A. 轴向拉伸或轴向压缩　　B. 剪切

C. 扭转　　　　　　　　D. 弯扭

E. 平面弯曲

【答案】ABCE

【解析】杆件在不同形式的外力作用下，将产生不同形式的变形，基本形式有：轴向拉伸与轴向压缩、剪切、扭转、平面弯曲。

12. 结构和构件的承载能力包括：（　　）。

A. 强度　　B. 刚度　　C. 挠度　　D. 稳定性

E. 屈曲

【答案】ABD

【解析】结构和构件的承载能力包括强度、刚度和稳定性。

13. 根据强度条件，可以解决工程实际中关于构件强度的问题，分别为（　　）。

A. 强度校核　　B. 设计截面　　C. 刚度校核　　D. 确定许可荷载

E. 稳定性校核

【答案】ABD

【解析】根据强度条件，可以解决工程世界中关于构件强度的三类问题：强度校核、设计截面、确定许可荷载。

14. 下列能够表示抗弯截面系数 W_z 的是：（　　）。

A. $\frac{\pi D^4}{64}$　　B. $\frac{\pi D^3}{3}$　　C. $\frac{\pi D^4}{64}(1-\alpha^4)$　　D. $\frac{\pi D^3}{32}(1-\alpha^4)$

E. $\frac{\pi D^3}{32}$

【答案】BD

【解析】圆形截面的抗弯截面系数 W_z 等于$\frac{\pi D^3}{32}$，圆环截面的抗弯截面系数 W_z 等于$\frac{\pi D^3}{32}(1-\alpha^4)$。

15. 低碳钢的拉伸试验分为四个阶段，分别为（　　）。

A. 弹性阶段　　B. 屈服阶段　　C. 强化阶段　　D. 颈缩阶段

E. 破坏阶段

【答案】ABCD

【解析】低碳钢的拉伸试验分为四个阶段，分别为弹性阶段、屈服阶段、强化阶段、颈缩阶段。

16. 塑性材料与脆性材料在力学性能上的主要区别：（　　）。

A. 塑性材料有屈服现象，而脆性材料没有

B. 两者都有屈服现象，只是脆性材料的屈服不明显

C. 塑性材料的延伸率和截面收缩率都比脆性材料大

D. 脆性材料的压缩强度极限远远大于拉伸

E. 塑性材料的拉伸强度极限远远大于压缩

【答案】ACD

【解析】塑性材料与脆性材料在力学性能上的主要区别为塑性材料有屈服现象，而脆

性材料没有；塑性材料的延伸率和截面收缩率都比脆性材料大；脆性材料的压缩强度极限远远大于拉伸。

17. 以下说法正确的有（ ）。

A. 结构类材料既要抵抗材料本身的自重，还要承受上部结构材料的荷载，因此对其有较高的强度要求，材料的抗变形能力可依据构造要求选择使用

B. 土木工程中常用的致密材料有钢材、沥青、石膏、玻璃等

C. 填充墙材料要承受自重荷载要求，对材料强度要求较高但对材料抗变形能力要求较低

D. 填充墙材料的抗变形能力要满足结构设计要求

E. 功能类材料结构形式差异巨大，其强度和变形等力学性质也各不相同

【答案】DE

【解析】结构类材料既要抵抗材料本身的自重，还要承受上部结构材料的荷载，因此对其有较高的强度要求，同时材料还要能适应结构变形的能力。致密结构是用裸眼难以分辨出材料内部结构的孔隙、界面及其他缺陷，土木工程中常用的致密材料有钢材、玻璃、沥青、密实塑料、花岗岩、瓷器。填充墙材料仅承受自重荷载要求，对材料强度要求较低，但材料的抗变形能力要满足结构设计要求。功能类材料结构形式差异巨大，其强度和变形等力学性质也各不相同。

第七章　工程预算的基本知识

一、判断题

1. 从投资者的角度而言，工程造价是指建设一项工程预期开支或实际开支的全部固定资产投资费用。

【答案】正确

【解析】从投资者的角度而言，工程造价是指建设一项工程预期开支或实际开支的全部固定资产投资费用。

2. 从市场交易的角度而言，工程造价是指建设一项工程预期开支或实际开支的全部固定资产投资费用。

【答案】错误

【解析】从市场交易的角度而言，工程造价是指为建成一项工程，预计或实际在土地市场、设备市场、技术劳务市场及工程承发包市场等交易活动中所形成的建筑安装工程价格和建设工程总价格。

3. 建设项目投资含固定资产投资和流动资产投资两部分。

【答案】正确

【解析】建设项目投资含固定资产投资和流动资产投资两部分。

4. 建设项目总投资中的固定资产投资与建设项目的工程造价在量上相等。

【答案】正确

【解析】建设项目总投资中的固定资产投资与建设项目的工程造价在量上相等。

5. 在生产性建设工程中，设备、工器具购置费用占工程造价的比重的增大，意味着生产技术的进步和资本有机构成的提高。

【答案】正确

【解析】在生产性建设工程中，设备、工器具购置费用站工程造价的比重越大，意味着生产技术的进步和投资有机成本的提高。

6. 工程定额反映了在一定社会生产力条件下，建筑行业生产与管理的社会平均水平或平均先进水平。

【答案】正确

【解析】建筑工程定额是工程造价的依据，它反映了社会生产力和产出的关系，反映了在一定社会生产力条件下，建筑行业生产与管理的社会平均水平或平均先进水平。

7. 劳动定额一般采用工作时间消耗量来计算人工工日消耗的数量，所以其主要表现形式是产量定额。

【答案】错误

【解析】劳动定额一般采用工作时间消耗量来计算人工工日消耗的数量，所以其主要表现形式是时间定额，但同时也表现为产量定额。

8. 机械台班定额是指生产单位和各产品所必须消耗的某种施工机械作业时间的数量

标准或在单位时间内某种施工机械完成所有产品的数量标准。

【答案】错误

【解析】机械台班定额是指在正常的施工、合理的劳动组合和合理使用施工机械的条件下，生产单位和各产品所必须消耗的某种施工机械作业时间的数量标准或在单位时间内某种施工机械完成合格产品的数量标准。

9. 预算定额是在概算定额的基础上综合扩大而成的。

【答案】错误

【解析】概算定额的项目划分粗细，与扩大初步设计的深度相适应，一般是在预算定额的基础上综合扩大而成的，每一综合分项概算定额都包含了数项预算定额。

10. 概算指标是概算定额的扩大与合并。

【答案】正确

【解析】概算指标的设定和初步设计的深度相适应，比概算定额更加综合扩大。概算指标是概算定额的扩大与合并，它是以每 $100m^2$ 建筑面积或 $1000m^3$ 建筑体积、建筑物以座为计量单位来编制的。

11. 地区统一定额只能在本地区范围内使用。

【答案】正确

【解析】由于各地区气候条件、经济技术条件、物质资源条件和交通运输条件等不同，使得各地区定额内容和水平有所不同因此地区统一定额只能在本地区范围内使用。

12. 分项工程的实际做法和工作内容必须与定额项目规定的达到 80%及以上相符时才能直接套用。

【答案】错误

【解析】当设计要求与预算定额项目的内容完全一致时，可直接套用定额的工料机消耗量，因此，分项工程的实际做法和工作内容必须与定额项目规定的达到完全相符时才能直接套用。

13. 国家融资项目投资的工程建设项目属于国有资金投资的建设工程项目，但不必须采用工程量清单计价。

【答案】错误

【解析】国有资金投机的建设工程项目包括国有资金投资项目和国家融资项目投资的工程建设项目，“计量规范”强制规定了使用国有资金投资的建设工程发包方，必须采用工程量清单计价。

14. “计量规范”以成品考虑的项目，如采用现场制作的，应包括制作的工作内容。

【答案】正确

【解析】“计量规范”规定了工作内容，其中以成品考虑的项目，如采用现场制作的，其工作内容还应包括制作的工作内容。

15. 暂列金额是招标人用于支付必然要发生但暂时不能确定价格的材料以及需另行发包的专业工程金额。

【答案】错误

【解析】暂列金额用于施工合同签订时尚未确定或者不可预见的所需材料、设备服务的采购。暂估价是招标人用于支付必然要发生但暂时不能确定价格的材料以及需另行发包的专业工程金额。

16.“计价规范”规定：工程量清单计价应包括招标文件规定，完成工程量清单所列项目的全部费用，包括分部分项工程费、措施项目费、材料设备购置费、专业工程暂估价、规费和税金。

【答案】错误

【解析】“计价规范”规定：工程量清单计价应包括招标文件规定，完成工程量清单所列项目的全部费用，包括分部分项工程费、措施项目费、其他项目费、规费和税金。

二、单选题

1. 建筑物的建筑面积应按自然层外墙结构外围水平面积之和计算。结构层高在（ ）及以上的，应计算全面积。

A. 2.0m　　B. 2.1m　　C. 2.2m　　D. 2.5m

【答案】C

【解析】建筑物的建筑面积应按自然层外墙结构外围水平面积之和计算。结构层高在2.2m及以上的，应计算全面积。

2. 计算建筑物的建筑面积时，结构层高在（ ）以下的，应计算1/2面积。

A. 0.6m　　B. 1.2m　　C. 2.1m　　D. 2.2m

【答案】D

【解析】建筑物的建筑面积应按自然层外墙结构外围水平面积之和计算。结构层高在2.2m以下的，应计算1/2面积。

3. 建筑物的门厅、大厅内设置的走廊应（ ）。

A. 按走廊结构底板外围面积计算建筑面积

B. 按走廊结构底板水平投影面积计算建筑面积

C. 不计算建筑面积

D. 按走廊栏杆维护设施计算建筑面积

【答案】B

【解析】建筑物的门厅、大厅内设置的走廊应按走廊结构底板水平投影面积计算建筑面积。

4. 建筑物间的架空走廊计算建筑面积时，无围护结构、有围护设施的，按（ ）。

A. 结构底板水平投影面积计算1/2面积

B. 结构底板水平投影面积计算全面积

C. 围护设施外围水平面积计算1/2面积

D. 围护设施外围水平面积计算全面积

【答案】A

【解析】建筑物间的架空走廊计算建筑面积时，无围护结构、有围护设施的，应按结构底板水平投影面积计算1/2面积。

5. 凸（飘）窗计算建筑面积时，窗台与室内楼地面高差在（ ）以下且结构净高在（ ）及以上时，应按其围护结构外围水平面积计算（ ）。

A. 0.45m，2.1m，1/2面积　　B. 0.6m，2.2m，1/2面积

C. 0.6m，2.1m，全面积　　D. 0.45m，2.2m，全面积

【答案】 A

【解析】 窗台与室内楼地面高差在0.45m以下且结构净高在2.1m及以上时，应按其围护结构外围水平面积计算1/2面积。

6. 下列哪一项不是工程量计算依据：（　　）。

A. 施工图纸及设计说明　　B. 会审记录

C. 工程施工合同　　D. 现场施工记录

【答案】 D

【解析】 工程量计算依据包括施工图纸及设计说明、会审记录、工程施工合同。

7. 下列哪一项不属于工程量计算的方法（　　）。

A. 按逆时针方向计算工程量

B. 按先横后竖、先上后下、先左后右顺序计算工程量。

C. 按轴线编号顺序计算工程量

D. 按结构构件编号顺序计算工程量

【答案】 A

【解析】 选项A中应该是按顺时针方向计算工程量。其他选项均属于工程量计算方法。

8. 下列哪一项不属于固定资产投资（　　）。

A. 经营项目铺底流动资金　　B. 建设工程费

C. 预备费　　D. 建设期贷款利息

【答案】 A

【解析】 经营项目铺底流动资金属于流动资产投资。

9. 下列哪一项属于流动资产投资（　　）。

A. 经营项目铺底流动资金　　B. 建设工程费

C. 预备费　　D. 建设期贷款利息

【答案】 A

【解析】 经营项目铺底流动资金属于流动资产投资。

10. 在生产性建设工程中，设备、工器具购置费用占工程造价的比重的增大，意味着生产技术的进步和投资有机成本构成的（　　）。

A. 降低　　B. 提高　　C. 不变　　D. 大幅度变化

【答案】 B

【解析】 在生产性建设工程中，设备、工器具购置费用站工程造价的比重越大，意味着生产技术的进步和投资有机成本的提高。

11.（　　）反映了在一定社会生产力条件下，建筑行业生产与管理的社会平均水平或平均先进水平。

A. 定额　　B. 工程定额　　C. 劳动定额　　D. 材料消耗定额

【答案】 B

【解析】 建筑工程定额是工程造价的依据，它反映了社会生产力和产出的关系，反映了在一定社会生产力条件下，建筑行业生产与管理的社会平均水平或平均先进水平。

12. 下列哪一项不属于按定额反映的生产要素分类的方式（　　）。

A. 劳动定额　　B. 材料消耗定额　　C. 施工定额　　D. 机械台班定额

【答案】C

【解析】建筑工程定额根据内容、用途和使用范围不同，可以分为不同种类，按定额反映的生产要素分类分为劳动定额、材料消耗定额、机械台班定额。

13. 下列哪一项不属于按定额的编制程序和用途分类的方式（　　）。

A. 施工定额　　B. 材料消耗定额　　C. 预算定额　　D. 投资估算指标

【答案】B

【解析】建筑工程按定额的编制程序和用途分类为施工定额、预算定额、概算定额、概算指标、投资估算指标。

14. 企业定额是指由施工企业根据自身具体情况，参照（　　）定额的水平制定的。

A. 企业　　B. 国家　　C. 部门　　D. 国家、部门或地区

【答案】D

【解析】企业定额是指由施工企业根据自身具体情况，参照国家、部门或地区定额的水平制定的，代表企业技术水平和管理优势的定额。

15. 在现行定额不能满足需要的情况下，出现了定额缺项，此时可编制（　　）。

A. 预算定额　　B. 概算定额　　C. 补充定额　　D. 消耗量定额

【答案】C

【解析】补充定额是指在现行定额不能满足需要的情况下，为了补充缺项所编制的定额，在指定的范围内，可作为以后修改定额的依据。

16. 需要对不同砂浆、混凝土强度等级进行换算时，需要根据（　　）进行材料费的调整。

A. 人工费　　B. 机械费　　C. 材料用量　　D. 强度等级

【答案】D

【解析】需要对不同砂浆、混凝土强度等级进行换算时，人工费、机械费、材料用量不变，指根据材料不同强度等级进行材料费的调整。

17. 分部分项工程量清单的项目编码按《计价规范》规定，采用（　　）编码，其中第5、6位为顺序码。

A. 四级分部工程　　B. 五级分部工程　　C. 四级专业工程　　D. 五级附录分类

【答案】B

【解析】分部分项工程量清点的项目编码按《计价规范》规定，采用五级编码，其中第1、2位为专业工程代码，第3、4位为附录分类顺序码，第5、6位为分部工程顺序码。

18. 下列哪一项工程不属于措施项目（　　）。

A. 脚手架工程　　B. 安全文明施工

C. 模板工程　　D. 强钢筋混凝土工程

【答案】D

【解析】措施项目是指发生在工程施工准备和施工过程中的技术、生活、安全、环境保护等方面的项目。

19. 总承包服务费属于下列哪一项清单的内容（　　）。

A. 分部分项工程量清单表　　B. 措施项目清单

C. 其他项目清单　　　　　　　　　D. 规费、税金项目清单表

【答案】C

【解析】其他项目清单包括暂列金额、暂估价、计日工及总承包服务费。

20. 依据《房屋建筑与装饰工程工程量计算规范》GB 50854—2013 计算规则，挖一般土方按（　　）尺寸以体积计算。

A. 土方方案　　B. 设计图示　　C. 实际开挖　　D. 基础底面面积

【答案】B

【解析】一般土方按设计图示尺寸以体积计算。

21. 依据《房屋建筑与装饰工程工程量计算规范》GB 50854—2013 计算规则，以下关于现浇混凝土梁说法正确的是（　　）。

A. 矩形梁、异形梁、弧形拱形梁工程量按设计图示尺寸以体积计算

B. 基础梁工程量并入基础体积计算

C. 梁与柱连接时，梁长算至柱中心

D. 主梁与次梁连接时，主梁算至次梁侧面

【答案】A

【解析】基础梁、矩形梁、异形梁、圈梁、过量、弧形拱形梁工程量均按设计图示尺寸以体积计算。梁与柱连接时，梁长算至柱侧面。主梁与次梁连接时，次梁算至主梁侧面。

22. 依据《房屋建筑与装饰工程工程量计算规范》GB 50854—2013 计算规则，以下关于支撑钢筋（铁马）的说法正确的是（　　）。

A. 按现场实际使用的重量（吨）计算

B. 按施工方案中的工程量计算

C. 设计未明确数量，以经验数据计算

D. 其工程量可为暂估量，结算时按现场签证数量计算

【答案】D

【解析】支撑钢筋（铁马）按钢筋长度乘以单位理论质量（吨）计算。如设计未明确数量，其工程量可为暂估量，结算时按现场签证数量计算。

23. 依据《房屋建筑与装饰工程工程量计算规范》GB 50854—2013 计算规则，以下关于脚手架工程量计算正确的是（　　）。

A. 外脚手架、里脚手架按综合脚手架工程量按建筑面积计算

B. 挑脚手架工程量按搭设的水平投影面积计算

C. 悬空脚手架工程量按所服务的对象的垂直投影面积计算

D. 外装饰吊篮工程量按所服务对象的垂直投影面积计算

【答案】C

【解析】综合脚手架工程量按建筑面积计算。外脚手架、里脚手架工程量均按所服务的对象的垂直投影面积计算。悬空脚手架工程量按搭设的水平投影面积计算。挑脚手架工程量按搭设长度乘以搭设层数以延长米计算。满堂脚手架工程量按所搭设的水平投影面积计算。整体提升架工程量按所服务的对象的垂直投影面积计算。外装饰篮工程量按所服务对象的垂直投影面积计算。

24. 以下不属于分部分项工程量清单项目综合单价的计算步骤的是（　　）。

A. 确定清单项目组价内容　　　　　　　　B. 计算清单项目工程量

C. 计算相应定额项目的工程量　　　　　　D. 确定个清单项目的综合单价

【答案】B

【解析】分部分项工程量清单项目综合单价的计算步骤有：确定清单项目组价内容，计算相应定额项目的工程量，确定各清单项目的综合单价。

25. “计价规范”规定：工程量清单计价应包括清单所列项目的全部费用，包括：（　　）。

A. 直接费　　　　　　　　　　　　　　B. 设备及工器具购置费

C. 其他项目费　　　　　　　　　　　　D. 工程保险费

三、多选题

1. 以下说法正确的有（　　）。

A. 有顶盖的车棚、站台、加油站，按其顶盖水平投影面积的 1/2 计算建筑面积

B. 建筑物的外墙保温层，按其保温材料的水平截面积计入自然层建筑面积计算

C. 建筑物幕墙，应按幕墙外边线计算建筑面积

D. 对于高低联跨的建筑物，当高低跨内部连通时，其变形缝建筑面积应计算在高跨面积内

E. 在主体结构外的阳台，按其结构底板水平投影面积计算 1/2 面积

【答案】BE

【解析】有顶盖无围护结构的车棚、货棚、站台、加油站、收费站等，按其顶盖水平投影面积的 1/2 计算建筑面积。建筑物的外墙保温层，按其保温材料的水平截面积计入自然层建筑面积计算。建筑物幕墙作为围护结构时，应按幕墙外边线计算建筑面积。对于高低联跨的建筑物，当高低跨内部连通时，其变形缝建筑面积应计算在低跨面积内。在主体结构外的阳台，按其结构底板水平投影面积计算 1/2 面积。

2. 下列不计算建筑面积的有（　　）。

A. 建筑物内的操作平台、上料平台　　　　B. 挑出宽度在 2.1m 以下的无柱雨篷

C. 室外专用消防钢楼梯　　　　　　　　　D. 观光电梯和室外爬梯

E. 与建筑物内不相连通的建筑部件

【答案】ABCE

【解析】建筑物内的操作平台、上料平台、安装箱和罐体的平台不计算建筑面积。挑出宽度在 2.1m 以下的无柱雨篷、室外专用消防钢楼梯、室外爬梯、与建筑物内不相连通的建筑部件不计算建筑面积。无围护结构的观光电梯不计算建筑面积。

3. 工程造价的特点有（　　）和兼容性。

A. 大额性　　　　B. 个别性　　　　C. 动态性　　　　D. 层次性

E. 流动性

【答案】ABCD

【解析】工程造价的特点有大额性、个别性、动态性、层次性和兼容性。

4. 建筑安装工程费用包括：（　　）。

A. 设备及工、器具购置费　　　　　　　　B. 规费

C. 人工费　　　　　　　　　　　　　　　D. 利润

E. 税金

【答案】BCDE

【解析】工器具购置费属于建设工程费，但不属于建筑安装工程费。

5. 建筑工程定额包括许多种类，按定额反映的生产要素分类有：（　　）。

A. 劳动定额　　B. 材料消耗定额　　C. 施工定额　　D. 机械台班定额

E. 预算定额

【答案】ABD

【解析】建筑工程定额根据内容、用途和使用范围不同，可以分为不同种类，按定额反映的生产要素分类分为劳动定额、材料消耗定额、机械台班定额。

6. 建筑工程按定额的编制程序和用途分类为施工定额及（　　）。

A. 材料消耗定额　　B. 概算定额　　C. 预算定额　　D. 投资估算指标

E. 概算指标

【答案】BCDE

【解析】建筑工程按定额的编制程序和用途分类为施工定额、预算定额、概算定额、概算指标、投资估算指标。

7. 概算指标的内容包括三个基本部分，分为（　　）。

A. 项目　　B. 人工　　C. 材料　　D. 机械台班消耗量定额

E. 施工

【答案】BCD

【解析】概算指标的内容包括人工、材料、机械台班消耗量定额三个基本部分，是一种计价定额。

8. 按主编单位和管理权限分类，工程定额可分为全国统一定额及（　　）。

A. 行业统一定额　　B. 地区统一定额

C. 部门地区统一定额　　D. 补充定额

E. 企业定额

【答案】ABDE

【解析】按主编单位和管理权限分类，工程定额可分为全国统一定额、行业统一定额、地区统一定额、企业定额、补充定额。

9. 下列哪一项属于按定额的编制程序和用途分类的方式（　　）。

A. 施工定额　　B. 材料消耗定额　　C. 预算定额　　D. 投资估算指标

E. 概算指标

【答案】ACDE

【解析】建筑工程按定额的编制程序和用途分类为施工定额、预算定额、概算定额、概算指标、投资估算指标。

10. 招标工程量清单的组成内容主要包括（　　）。

A. 分部分项工程量清单表　　B. 措施项目清单

C. 单位工程量清单　　D. 规费、税金项目清单表

E. 补充工程量清单、项目及计算规则表

【答案】ABDE

【解析】工程量清单包括说明和清单表两部分，其中清单部分包括分部分项工程量清单表、措施项目清单、规费、补充工程量清单。

11. 某钢筋混凝土满堂基础下设置C15素混凝土垫层100m^3。经查相应垫层消耗量定额中10m^3现浇碎石混凝土C15消耗量为10.10m^3，草袋消耗量22m^2，以下计算正确的有（　　）。

A. 该垫层的草袋定额消耗量为220.0m^2

B. 该垫层的草袋定额消耗量为222.2m^2

C. 该垫层的C15混凝土消耗量为10.01m^3

D. 该垫层的C15混凝土消耗量为101.0m^3

E. 该垫层的草袋定额消耗量可周转使用

【答案】AD

【解析】垫层消耗量定额中1m^3混凝土草袋消耗量为22/10=2.2m^2，所以100m^3垫层中的草袋定额消耗量为100×22/10=220m^2。垫层消耗量定额中1m^3混凝土的混凝土消耗量为10.1/10=1.01m^2，所以100m^3垫层中的混凝土定额消耗量为100×10.1/10=101.0m^2。定额材料消耗量为完成对应项目所需的材料量。

12. 以下说法正确的有（　　）。

A. 工程量清单计价过程中，总价措施费应包括除规费、税金外的全部费用

B. 招标控制价中，单项措施费中材料费可按70%计算

C. 投标报价时，暂估价中的材料单价按造价信息中的材料单价计算

D. 投标报价时，计日工中的材料单价及数量由投标人自主确定

E. 招标控制价中，规费中的材料费按30%计算

【答案】AB

【解析】投标报价时，暂估价中的材料单价按招标工程量清单中列出的单价计入综合单价。投标报价时，计日工中的材料单价由投标人自主确定，数量按清单中列出的项目和估算出的数量。

13. 综合单价是指完成一个规定清单项目所需的费用，包括（　　）。

A. 人工费　　B. 材料费　　C. 机械购置费　　D. 业务管理费

E. 一定范围内的风险费用

【答案】ABE

【解析】综合单价是指完成一个规定清单项目所需的人工费、材料费、施工机械使用费和企业管理费、利润以及一定范围内的风险费用。

14. 投标报价时，属于不可竞争费用的有（　　）。

A. 材料费　　B. 规费

C. 安全文明施工费　　D. 利润

E. 税金

【答案】BCE

【解析】规费和税金是指政府和有关部门规定的施工企业必须缴纳的费用的总和，属不可竞争费用。安全文明施工费按国家或省级、行业建设主管部门的规定计价，不得作为竞争性费用。

15. 以下关于措施费的说法，其中正确的有（　　）。

A. 措施项目费包括总价措施费和单价措施项目费

B. 脚手架工程、垂直运输费、二次搬运费属于单价措施费

C. 安全文明施工费按定额计费，利润可调整

D. 垂直运输费通常以“项”为单位计价

E. 钢筋混凝土模板及支架工程适宜采用分部分项工程量清单方式计价

【答案】AE

【解析】措施项目费包括总价措施和单价措施，模板及支架工程、脚手架工程及垂直运输费等属于单价措施项目，适宜采用分部分项工程量清单方式以综合单价计价。安全文明施工、夜间施工、二次搬运、冬雨期施工等通常以“项”为单位的方式计价，其中安全文明施工费按国家或省级、行业建设主管部门的规定计价，不得作为竞争性费用。

第八章　物资管理的基本知识

一、判断题

1. 物资管理必然涉及物资的“供”与“销”。“供”是指对企业所需的生产资料的询价比价，“销”则指如何提高企业生产出来的生产资料产品销量。

【答案】错误

【解析】物资管理必然涉及物资的“供”与“销”。“供”是指企业所需的生产资料由谁供应，“销”则指如何提高企业生产出来的生产资料产品由谁销售。

2. 一般工程，建筑材料费占到工程成本的60％～70％左右，对建筑工程材料的合理管理对项目工程成本控制有举足轻重的作用。

【答案】正确

【解析】一般工程，建筑材料费占到工程成本的60％～70％，对建筑工程材料的合理管理对项目工程成本控制有举足轻重的作用。

3. 材料计划按用途分为：基础用料计划、主体用料计划、装饰用料计划、安装用料计划等。

【答案】错误

【解析】材料计划按使用部位分为：基础用料计划、主体用料计划、装饰用料计划、安装用料计划等。

4. 验收入库是把好入库材料质量的第一关，是划分材料采购环节与材料保管环节责任的分界线。

【答案】正确

【解析】验收入库是把好入库材料质量的第一关，是划分材料采购环节与材料保管环节责任的分界线。

5. 现场材料管理的任务有：全面规划、按计划进场、严格验收、合理存放、妥善保管、控制领发、监督使用、准确核算、材料利用。

【答案】错误

【解析】现场材料管理的任务有：全面规划、按计划进场、严格验收、合理存放、妥善保管、控制领发、监督使用、准确核算。

6. 钢材进场时，必须进行资料验收、数量验收、外观检查。

【答案】错误

【解析】钢材进场时，必须进行资料验收、数量验收、质量验收。

7. 进行材料核算时，货币核算一般称为业务核算，是以所核算材料的实物计量单位为表现形式的核算方法，反映施工单位经营中的实物量节超效果。

【答案】错误

【解析】进行材料核算时，实物核算一般称为业务核算，是以所核算材料的实物计量单位为表现形式的核算方法，反映施工单位经营中的实物量节超效果。

8. 水泥可露天存放，要做到防雨、防潮；钢筋必须入库入棚保管。

【答案】错误

【解析】水泥必须入库保管，特殊情况露天存放时，要选择地势较高，便于排水的地方，并要做到防雨、防潮。钢筋若条件有限，只能露天存放时，应做好上盖下垫，保持场地干燥。

9. 预拌商品混凝土的数量验收时，材料员应严格按照预拌商品混凝土合格证对随车发货单进行签证和抽查。

【答案】错误

【解析】预拌商品混凝土的数量验收时，材料员应严格按照供货合同对随车发货单进行签证和抽查。

10. 固定资产机具是指使用年限1年以上，单价在规定限额（一般为5000元）以上的工具。

【答案】错误

【解析】固定资产机具是指使用年限1年以上，单价在规定限额（一般为1000元）以上的工具。

11. 挖掘机械包括：单斗挖掘机、多斗挖掘机、特殊用途挖掘机、挖掘装载机、掘进机等。

【答案】正确

【解析】挖掘机械包括：单斗挖掘机、多斗挖掘机、特殊用途挖掘机、挖掘装载机、掘进机等。

12. 一般机械的走合工作，由供方派修理工配合主管司机进行，特种和大型机械，由公司业务主管部门组织实施。

【答案】错误

【解析】挖掘一般机械的走合工作，由使用单位派修理工配合主管司机进行，特种和大型机械，由公司业务主管部门组织实施。

13. 机具定包管理是“生产机具定额管理、包干使用”的简称。

【答案】正确

【解析】机具定包管理是“生产机具定额管理、包干使用”的简称。

14. 劳动保护用品的发放管理上采用的一次列销主要是指措施性用品：如安全帽、安全带等个人劳动保护用品。

【答案】错误

【解析】劳动保护用品的发放管理上采用的一次列销主要是指单位价值很低、易耗的手套、肥皂、口罩等劳动保护用品。

二、单选题

1. 下列物资供销中可签订长期供货合同，直达供应的有（　　）。

A. 专用物资　　B. 精度要求高的物资

C. 用户分散的物资　　D. 对一些批量较大的物资

【答案】D

【解析】 对一些批量较大、变化较大的物资，签订长期供货合同，直达供应。

2. 建筑企业材料管理实行分层管理，一般包括管理层材料管理和（　　）。

A. 劳务层材料管理　　B. 施工层材料管理

C. 材料供应商管理　　D. 项目部材料管理

【答案】 A

【解析】 建筑企业材料管理实行分层管理，一般包括管理层材料管理和劳务层材料管理。

3. 材料计划的编制依据不包括（　　）。

A. 工程施工图纸　　B. 工程合同

C. 合格供应商名册　　D. 工程预算文件

【答案】 C

【解析】 材料计划的编制依据包括：工程施工图纸、工程预算文件、工程合同、项目投标书中的《材料汇总表》、施工组织设计、用款计划、当期物资市场采购价格等。

4. 材料供应方式的选择上，生产规模大、材料需用同一种数量也大的，适宜（　　）。

A. 分阶段供应　　B. 直达供应　　C. 中转供应　　D. 联合供应

【答案】 B

【解析】 材料供应方式的选择上，生产规模大、材料需用同一种数量也大的，适宜直达供应。

5. 材料管理是通过材料采购、运输、储备和（　　）四个环节来实现，以满足使用的需要。

A. 核算　　B. 供应　　C. 使用　　D. 检验

【答案】 B

【解析】 材料管理是通过材料采购、运输、储备和供应四个环节来实现，以满足使用的需要。

6. 下列不属于材料验收入库时材料数量的检验方式的是（　　）。

A. 过磅称重　　B. 量尺换算　　C. 查验资料　　D. 点包点件

【答案】 C

【解析】 材料验收入库时材料数量的检验应按合同要求，采用过磅称重、量尺换算、点包点件等检验方式。

7. 材料保养就是采用一定的措施或手段，改善所保管材料的性能或使受损坏的材料恢复期原有性能，常用的保养方法有（　　）。

A. 晾晒　　B. 覆盖　　C. 保湿　　D. 干燥

【答案】 D

【解析】 材料保养就是采用一定的措施或手段，改善所保管材料的性能或使受损坏的材料恢复期原有性能，常用的保养方法有除锈、涂油、密封、干燥等。

8. （　　）是计划、考核、衡量材料供应与使用是否取得经济效果的标准。

A. 领导评价　　B. 管理经验　　C. 材料消耗定额　　D. 投标文件

【答案】 C

【解析】 材料消耗定额是计划、考核、衡量材料供应与使用是否取得经济效果的标准。

9. 钢材收料后要及时填写收料单，同时做好台账登记。发料时应在领料单备注栏内注明（ ）和使用部位。

A. 炉（批）号 B. 钢筋材质 C. 钢筋等级 D. 复试单号

【答案】 A

【解析】 钢材收料后要及时填写收料单，同时做好台账登记。发料时应在领料单备注栏内注明炉（批）号和使用部位。

10. 商品混凝土质量检验分为出厂检验和交货检验。出厂检验的取样实验工作由（ ）承担，交货检验的取样实验工作由（ ）承担。

A. 供方，供方 B. 供方，需方 C. 需方，需方 D. 需方，供方

【答案】 B

【解析】 商品混凝土质量检验分为出厂检验和交货检验。出厂检验的取样实验工作由供方承担，交货检验的取样实验工作由需方承担。

11. 施工机具按使用范围分类可以分为（ ）。

A. 专用机具和通用机具 B. 消耗性机具和固定资产机具

C. 个人随手机具和班组共用机具 D. 电动机具和手动机具

【答案】 A

【解析】 施工机具按使用范围分类可以分为专用机具和通用机具。

12. 下列属于钢筋强化机械的是（ ）。

A. 钢筋冷拉机 B. 钢筋除锈机

C. 钢筋调直切断机 D. 钢筋弯曲机

【答案】 A

【解析】 钢筋强化机械有钢筋冷拉机、钢筋冷拔机、冷轧带肋成型机、钢筋切断机、钢筋轧扭机等。

13. 下列不属于机械设备交接班内容的是（ ）。

A. 本班完成任务情况 B. 生产要求及其他注意事项

C. 本班保养情况 D. 燃油、润滑油的价格情况

【答案】 D

【解析】 机械设备交接班内容有本班完成任务情况，生产要求及其他注意事项。本班机械运转情况，燃油、润滑油的消耗和准备情况。本班保养情况、存在问题及注意事项。

14. 机械设备事故的分类中，重大事故是指机械设备直接经济损失为（ ）以上，或因损坏造成的停工（ ）以上。

A. 20001 元，14 天 B. 50001 元，31 天

C. 100001 元，45 天 D. 200001 元，14 日历天

【答案】 B

【解析】 大事故是指机械设备直接经济损失为 50001 元以上，或因损坏造成的停工 31 天以上。

15. 机械设备的大修是指（ ）。

A. 大型设备在使用完毕后，更换已磨损的零部件，对有问题的总成部件进行解体检查

B. 整理设备电气控制部分，更换已损的线路

C. 以状态检查为基础，对设备磨损接近修理极限前的总成，有计划地进行恢复性的

修理

D. 大多数的总成部分即将到达极限磨损的程度，必须送生产厂家修理或委托有资格修理的单位进行修理

【答案】D

【解析】机械设备的大修是指：大多数的总成部分即将到达极限磨损的程度，必须送生产厂家修理或委托有资格修理的单位进行修理。

16. 测定各工种的日机具费用定额时，月工作日按（ ）计算。

A. 20.5 天　　B. 22 天　　C. 30 天　　D. 30.5 天

【答案】A

【解析】测定各工种的日机具费用定额时，月工作日按 20.5 天计算。

17. 以下关于按月或季结算班组定包机具费收支额的说法正确的是（ ）。

A. 定包机具费收支额中月度租赁费用已扣减

B. 定包机具费收支额中班组机具费结余已扣减

C. 租赁费若班组用现金支付的，该费用在定包机具费收支额中应予以扣减

D. 其他支出中不包括丢失损失费

【答案】A

【解析】月度定包机具费收支额＝该工种班组月度定包机具费收入－月度定包机具费支出－月度租赁费用－月度其他支出；其中，租赁费若班组用现金支付的，则此项不计。其他支出中包括因扣减的修理费和丢失损失费。

三、多选题

1. 企业的材料管理体制要适应社会的材料供应方式有（ ）。

A. 要考虑和适应指令性计划部分的材料分配方式和供销方式

B. 要适应地方生产货源供货情况

C. 要结合社会资源形势

D. 统一计划、统一订购、统一指挥的供应方式

E. 要适应流通领域的供应方式

【答案】ABC

【解析】材料管理体制受国家和地方材料分配方式与供应方式的制约。在一般情况下，须考虑以下几个方面：要考虑和适应指令性计划部分的材料分配方式和供销方式；要适应地方生产货源供货情况；要结合社会资源形势。

2. 材料管理涉及的八个业务包括（ ）。

A. 定额供料业务　　B. 采取节约措施和奖励办法

C. 材料统计分析　　D. 退材回收业务

E. 材料采购管理

【答案】CE

【解析】材料管理涉及的八个业务是指材料计划管理、材料采购管理、材料供应管理、材料运输管理、材料的储备管理、现场材料管理、材料核算管理和统计分析。

3. 材料供应管理中应遵守的原则有（ ）。

A. 直达供应和中转供应原则　　B. 有利于生产、方便施工的原则
C. 便于核算，综合平衡的原则　　D. 考虑生产的周期性原则
E. 合理组织资源，提高配套供应能力的原则

【答案】BE

【解析】材料供应应遵守有利于生产、方便施工的原则；统筹兼顾，综合平衡的原则；合理组织资源，提高配套供应能力的原则

4. 材料验收入库的程序包括（　　）。
A. 验收准备　　B. 核对资料　　C. 检验实物　　D. 材料复试
E. 处理验收中存在的问题

【答案】ABCE

【解析】材料验收入库的程序包括：验收准备、核对资料、检验实物、办理入库手续和处理验收中存在的问题等。

5. 下列关于材料的保管说法正确的是（　　）。
A. 材料的保管主要从材料保管场所、材料码放、材料保养三方面着手
B. 汽油、柴油、油漆必须是低温保管
C. 板状材料适宜水平码放，便于清点和发放
D. 大型型材、钢筋、木材等可以存放在料场
E. 固体材料燃烧应采用高压水灭火

【答案】DE

【解析】材料的保管主要从材料保管场所、材料码放、材料的安全消防三方面着手；汽油、柴油、煤油等燃料油必须低温保管；板状材料事情错头码放，便于清点和发放；大型型材、钢筋、木材等可以存放在料场；固体材料燃烧应采用高压水灭火。

6. 材料发放要及时、准确、节约、保证生产。其中对准确的描述正确的有（　　）。
A. 准确按发料单据进行备料　　B. 准确计量
C. 准确记账、登卡　　D. 准确掌握送料时间
E. 准确发放给最紧要的使用人

【答案】ABCD

【解析】材料发放要及时、准确、节约、保证生产。准确是指准确按发料单据的品种、规格、质量、数量进行备料、复查、点交；准确计量，以免发生差错；准确记账、登卡，才能使账物相符；准确掌握送料时间，防止与施工争地盘，减少二次转运，防止材料供应不及时而使施工中断。

7. 材料核算的工作性质划分为（　　）。
A. 供应过程核算　　B. 业务核算　　C. 会计核算　　D. 材料消耗核算
E. 统计核算

【答案】BCE

【解析】材料核算的工作性质划分为会计核算、统计核算、业务核算。

8. 下列属于现场材料管理的主要任务中“监督耗用”的有（　　）。
A. 监督合理使用　　B. 严格物资验收　　C. 监督办理签证　　D. 实施节约奖励
E. 执行技术措施

【答案】ADE

【解析】现场材料管理中的"监督耗用"主要包括：监督合理使用、组织修旧利废、实施节约奖励、执行技术措施、实行限额供料。

9. 钢筋节约措施主要有（　　）。

A. 集中断料　　B. 短料、旧料及时清理

C. 尽量利用角料　　D. 尽可能以大代小

E. 钢筋下料必须以优代劣

【答案】AC

【解析】钢筋节约措施有集中断料；充分利用旧料、断料；尽量利用短料边、角料、旧料；尽可能不以大代小、以优代劣。

10. 关于机械设备使用"三定"制度说法错误的有（　　）。

A. 凡需持证操作的设备必须执行定人、定机、定岗位

B. 大型多半多人作业的机械，由机长主管，其余为操作保管人

C. 一般机长由使用单位提出人选，报公司审批后正式任命

D. 机长调动需经工作批准

E. 中小型机械采用一机多人，挂牌以示管理范围

【答案】CDE

【解析】一般机长由项目经理部任命，重点设备的司机长由使用单位提出人选，报公司审批后正式任命，并报上一级主管部门备案；机长一经任命不能轻易调动，如需调动需经审批单位批准。中小型机械采用一人多机，要挂牌以示管理范围，无法固定人员的多用途及附属性机械应由班组长或指定具体负责人员进行管理。

11. 劳动保护用品的发放管理上采用的摊销形式有（　　）。

A. 全额摊销　　B. 分项摊销　　C. 分次摊销　　D. 报废摊销

E. 一次列销

【答案】ACE

【解析】劳动保护用品的发放管理上采用的摊销形式有全额摊销、分次摊销或一次列销等形式。

第九章　抽样统计分析的基本知识

一、判断题

1. 与全数检查相比，抽样检查的错判往往不可避免，因此供方和需方都要承担风险，因此应选择全数检查。

【答案】 错误

【解析】 鉴于单位产品质量的波动性和样本抽取的偶然性，抽样检查的错判往往不可避免，因此供方和需方都要承担风险，但与全数检查相比，其明显的优势是经济性。

2. “不合格”是对单位产品的判定。

【答案】 错误

【解析】 “不合格”是对质量特性的判定，“不合格品”是对单位产品的判定，单位产品的质量特性不符合规定，即为不合格。

3. 样本统计量是样本的函数，是一个随机变量。

【答案】 正确

【解析】 样本统计量是随机变量，随着抽到的样本单位不同其取值也会有变化，统计量是样本的函数，是一个随机变量。

4. 当样本数为偶数时，取居中两个数的平均值作为中位数。

【答案】 正确

【解析】 样本中位数是将样本数据按数值大小有序排列后，位置居中的数值，当样本数为偶数时，取居中两个数的平均值作为中位数。

5. 标准差小，说明分布集中程度低，离散程度小。

【答案】 错误

【解析】 标准差值小，说明分布集中程度高，离散程度小，均值对总体的代表性好。

6. 简单随机抽样是抽样中最基本也是最简单的组织形式。

【答案】 正确

【解析】 简单随机抽样法中，每一个单位产品被抽入样本的机会均等，完全不带主管限制条件，是抽样中最基本也是最简单的组织形式。

7. 分析用控制图主要是用来控制生产过程，是指经常保持在稳定状态下。

【答案】 错误

【解析】 控制图按用途可分为分析控制图和管理用控制图，分析用控制图主要是用来调查分析生产过程是否处于控制状态。管理用控制图主要是用来控制生产过程，是指经常保持在稳定状态下。

8. 相关图是用来显示质量特性和影响因素之间关系的一种图形。

【答案】 错误

【解析】 相关图在质量控制中它是用来显示两种质量数据之间关系的一种图形。有多属相关系：一是质量特性和影响因素之间的关系；二是质量特性与质量特性之间的关系；

三是影响因素和影响因素之间的关系。

9. 因果分析图的绘制是从“结果”开始绘制。

【答案】正确

【解析】因果分析图的绘制步骤与图中箭头方向相反，是从“结果”开始将原因逐层分解的。

10. 排列图法中包含若干个矩形和一条曲线，左边的纵坐标表示累计频率，右边的纵坐标表示频数。

【答案】错误

【解析】排列图法中包含两条纵坐标、一条横坐标、若干个矩形和一条曲线，左边的纵坐标表示累计频数，右边的纵坐标表示累计频率。

二、单选题

1. 组成总体的基本元素称为（　　）。

A. 样本　　B. 个体　　C. 单位产品　　D. 子样

【答案】B

【解析】在数理统计学中，总体是所研究对象的全体，个体是组成总体的基本元素，样本是从总体中随机抽取出来，被抽中的个体称为样品。

2. 下列哪项不是常用的数据特征值（　　）。

A. 算术平均值　　B. 中位数　　C. 样品　　D. 变异系数

【答案】C

【解析】常用的数据特征值有算术平均数、中位数、极差、标准偏差、变异系数等。

3. 能够显示出所有个体共性和数据一般水平的统计指标是（　　）。

A. 算术平均值　　B. 中位数　　C. 标准偏差　　D. 变异系数

【答案】A

【解析】算术平均值消除了个体之间个别偶然的差异，能够显示出所有个体共性和数据一般水平的统计指标，是数据分布的中心。

4. 能够用数据变动的幅度来反映其分散状况的特征值是（　　）。

A. 算术平均值　　B. 极差　　C. 标准偏差　　D. 变异系数

【答案】B

【解析】极差是数据中最大值与最小值之差，能够用数据变动的幅度来反映其分散状况的特征值。

5. 适用于均值有较大差异的总体之间离散程度的比较的特征值是（　　）。

A. 算术平均值　　B. 极差　　C. 标准偏差　　D. 变异系数

【答案】D

【解析】变异系数是用标准差除以算术平均数得到的相对数，由于消除数据平均水平不同的影响，它适用于均只有较大差异的总体之间离散程度的比较，应用更广泛。

6. 当样品总体很大时，可以采用整群抽样和分层抽样相结合，这种方法又称为(　　)。

A. 整群抽样　　B. 分层抽样　　C. 系统抽样　　D. 多阶段抽样

【答案】D

【解析】当总体很大，很难一次抽样完成预定的目标，多阶段抽样是将各种单阶段该方法结合使用。

7. 如果一个总体是由质量明显差异的几个部分组成，则宜采用（　　）。

A. 整群抽样　　B. 分层随机抽样　　C. 系统抽样　　D. 简单随机抽样

【答案】B

【解析】分层抽样是将质量明显差异的几个部分分成若干层，使层内质量均匀，而层间差异较为明显。

8. 直方图法将收集到的质量数进行分组整理，绘制成频数分布直方图，又称为：（　　）。

A. 分层法　　B. 质量分布图法　　C. 频数分布图法　　D. 排列图法

【答案】B

【解析】直方图法将收集到的质量数进行分组整理，绘制成频数分布直方图，用以描述质量分布状态的一种分析方法，又称为质量分布图法。

9. 对于左缓坡型直方图，其可能的原因是：（　　）。

A. 分组组数不当

B. 原材料发生变化，或者临时他人顶班作业

C. 操作中对上限控制太严

D. 数据收集不正常

【答案】C

【解析】左缓坡型主要是由于操作中对上限控制太严造成的。

10. 由于分组组数不当或者组距确定不当会出现的直方图为（　　）。

A. 折齿型　　B. 左缓坡型　　C. 孤岛型　　D. 双峰型

【答案】A

【解析】折齿型是由于分组组数不当或者组距确定不当会出现的直方图，左缓坡型主要是由于操作中对上限控制太严造成的，孤岛型是由于原材料发生变化，或者临时他人顶班作业产生的，双峰型是由于两种不同方法或两台设备或两组工人进行生产，然后把数据混在一起生产的。

11. 由于原材料发生变化，或者临时他人顶班作业造成的直方图为（　　）。

A. 折齿型　　B. 左缓坡型　　C. 孤岛型　　D. 双峰型

【答案】C

【解析】折齿型是由于分组组数不当或者组距确定不当会出现的直方图，左缓坡型主要是由于操作中对上限控制太严造成的，孤岛型是由于原材料发生变化，或者临时他人顶班作业产生的，双峰型是由于两种不同方法或两台设备或两组工人进行生产，然后把数据混在一起生产的。

12. 考虑经济的原则，用来确定控制界限的方法为（　　）。

A. 二倍标准差法　　B. 三倍标准差法　　C. 四倍标准差法　　D. 1.5倍标准差法

【答案】B

【解析】根据数理统计的原理，考虑经济原则，通常采用“三倍标准差法”来确定控制界限。

13. 常用的统计方法中，用来分析判断生产过程是否处于稳定状态的有效工具的是(　　)。

A. 统计调查表法　B. 直方图法　C. 控制图法　D. 相关图法

【答案】C

【解析】统计调查表法是利用专门设计的统计表对数据进行收集、整理和粗略分析质量状态的一种方法。直方图法是用以描述质量分布状态的一种分析方法。控制图法是分析判断生产过程是否处于稳定状态的有效工具，相关图法是用来显示两种质量数据统计之间关系的一种图形。

14. 在数理统计分析法中，用来显示在质量控制中两种质量数据之间关系的方法是：(　　)。

A. 统计调查表法　B. 直方图法　C. 控制图法　D. 相关图法

【答案】D

【解析】统计调查表法是利用专门设计的统计表对数据进行收集、整理和粗略分析质量状态的一种方法。直方图法是用以描述质量分布状态的一种分析方法。控制图法是分析判断生产过程是否处于稳定状态的有效工具，相关图法是用来显示两种质量数据统计之间关系的一种图形。

15. 当控制图满足哪项条件时，可判断为稳定状态（　　）。

A. 点子几乎全部落在控制界限之内

B. 所有的点子排列没有缺陷

C. 点子几乎全部落在控制界限之内且所有的点子排列没有缺陷

D. 点子几乎全部落在控制界限之内且控制界内的点子排列没有缺陷

【答案】D

【解析】当控制图同时满足以下两个条件：一是点子几乎全部落在控制界限之内；二是控制界内的点子排列没有缺陷，我们就可以认为生产过程基本上处于稳定状态，如果点子的分布不满足其中任何一条，都应判断生产过程为异常。

16. 下列哪一项可以判断生产过程处于稳定状态（　　）。

A. 连续 25 点以上处于控制界限内，点子排列出现“链”

B. 连续 35 点中有 2 点超出控制界限，点子无缺陷

C. 连续 100 点中 2 点超出控制界限，点子没有出现异常

D. 连续 25 点以上处于控制界限内，点子连续出现中心线一侧的现象

【答案】C

【解析】点子几乎全部落在控制界限内，应符合下述三个要求：连续 25 点以上处于控制界限内；连续 35 点中有仅有 1 点超出控制界限；连续 100 点中不多于 2 点超出控制界限。点子排列没有缺陷是指电子的排列是随机的，没有出现异常现象。异常现象包括“链”、“多次同侧”“周期性变动”等情况。

17. 相关图中点的散布形成向上分散的直线带，但 X、Y 的关系不是很明确，属于下列哪种关系（　　）。

A. 正相关　B. 弱正相关　C. 非线性相关　D. 弱负相关

【答案】B

【解析】弱正相关中，散布点形成向上较为分散的直线带，随 X 值的增加，Y 值也有增加趋势，但 X、Y 的关系不是很明确，说明需要进一步考虑寻找其他更重要的因素。

18. 排列图法按累计频率分为三个区，其中表示此因素为一般要素的是（　　）。

A. 累计频率在70%　　B. 累计频率在75%

C. 累计频率在85%　　D. 累计频率在95%

【答案】C

【解析】排列图法按累计频率可以划分为三个区，累计频率在0～80%称为A区，其所包含的质量因素是主要因素或关键项目；累计频率在80%～90%，称为B区，其包含的因素为一般因素；累计频率在90%～100%称为C区，其包含的为次要因素，不作为解决的重点。

三、多选题

1. 下列哪些可以作为常用的数据特征值（　　）。

A. 中位数　　B. 算术平均值　　C. 变异系数　　D. 总体样本

E. 极差

【答案】ABCE

【解析】常用的数据特征值有算术平均数、中位数、极差、标准偏差、变异系数等。

2. 材料数据抽样的基本方法有（　　）。

A. 简单随机抽样　　B. 分层随机抽样　　C. 系统随机抽样　　D. 整群抽样

E. 多阶段抽样

【答案】ABCDE

【解析】材料数据抽样的基本方法包括：简单随机抽样、分层随机抽样、系统随机抽样、整群抽样、多阶段抽样。

3. 数理统计方法常用的统计分析方法有（　　）。

A. 统计调查表法　　B. 分层法　　C. 数值分析法　　D. 直方图法

E. 控制图法

【答案】ABDE

【解析】数理统计方法控制质量的步骤，常用的统计分析方法：统计调查表法、分层法、直方图法、控制图法、相关图、因果分析图法、排列图法等。

4. 确定组限时，对恰恰处于组限上的数据，其解决方法为（　　）。

A. 规定上下组限不计在该组内

B. 剔除处于组限上的数据

C. 规定处于上一个组限

D. 将组限值较原始数据精度提高半个最小测量单位

E. 将组限值较原始数据精度提高一个最小测量单位

【答案】AD

【解析】确定组限时，对恰恰处于组限上的数据，其解决方法有二：一是规定上下组限不计在该组内；二是将组限值较原始数据精度提高半个最小测量单位。

5. 下列哪项可以判断生产过程处于异常状态（　　）。

A. 连续25点以上处于控制界限内，点子排列出现“链”

B. 连续35点中有1点超出控制界限，点子连续无异常

C. 连续100点中3点超出控制界限，点子连续上升

D. 连续35点以上处于控制界限内，点子连续出现中心线一侧的现象

E. 连续100点中2点超出控制界限，有连续的两点接近控制界限

【答案】ACDE

【解析】点子几乎全部落在控制界限内，应符合下述三个要求：连续25点以上处于控制界限内；连续35点中有仅有1点超出控制界限；连续100点中不多于2点超出控制界限。点子排列没有缺陷是指电子的排列是随机的，没有出现异常现象。异常现象包括"链"、"多次同侧""周期性变动"等情况。

6. 点子排列出现异常现象，下列属于点子排列有缺陷的是（　　）。

A. 多次同侧　　B. 点子连续上升或下降

C. 点子全部落在控制界限内　　D. 周期性变动

E. 点子在中心线一侧多次出现

【答案】ABDE

【解析】点子排列的异常现象包括"链"、"多次同侧""周期性变动""趋势或倾向"等情况。"链"是指点子连续出现在中心线一侧的现象；"多次同侧"是指点子在中心线一侧多次出现的现象，或称偏离。"趋势或倾向"是指点子连续上升或连续下降的现象。"周期性变动"是点子的排列显示周期性变化。

7. 相关图可以反映质量数据之间的相关关系，下列属于其所能反映的关系有（　　）。

A. 质量特性与影响因素　　B. 质量特性与质量特性

C. 质量特性与样本数量　　D. 影响因素与影响因素

E. 影响因素和质量因素

【答案】ABDE

【解析】相关图在质量控制中它是用来显示两种质量数据之间关系的一种图形。有多属相关系：一是质量特性和影响因素之间的关系；二是质量特性与质量特性之间的关系；三是影响因素和影响因素之间的关系。

8. 相关图中点的散布形成分散的直线带，但X、Y的关系不是很明确，属于下列哪种关系（　　）。

A. 正相关　　B. 弱正相关　　C. 非线性相关　　D. 弱负相关

【答案】BD

【解析】弱正相关中，散布点形成向上较为分散的直线带，随X值的增加，Y值也有增加趋势，但X、Y的关系不是很明确，弱负相关中，散布点形成由左至右向下分布分布的较分散的直线带，说明X、Y的相关性比较弱，需要进一步考虑寻找其他更重要的因素。

9. 排列图法按累计频率可以划分为三个区，下列属于B区的是（　　）。

A. 累计频率为70%　　B. 累计频率在0～80%

C. 累计频率在85%　　D. 累计频率在80%～90%

E. 累计频率在95%

【答案】CD

【解析】排列图法按累计频率可以划分为三个区，累计频率在0～80%称为A区，其所包含的质量因素是主要因素或关键项目；累计频率在80%～90%称为B区，其包含的因素为一般因素；累计频率在90%～100%称为C区，其包含的为次要因素，不作为解决的重点。

材料员通用与基础知识试卷

一、判断题（共20题，每题1分）

1. 建设行政法规是指由国务院制定，经国务院常务委员会审议通过，由国务院总理以中华人民共和国国务院令的形式发布的属于国务院建设行政主管部门业务范围的各项规定。

【答案】（　　）

2.《建筑法》的立法目的在于加强对建筑活动的监督管理，维护建筑市场秩序，保证建筑工程的质量和安全，促进建筑业健康发展。

【答案】（　　）

3. 通用水泥包括硅酸盐水泥、普通硅酸盐水泥、矿渣硅酸盐水泥、火山灰质硅酸盐水泥、粉煤灰硅酸盐水泥、复合硅酸盐水泥。

【答案】（　　）

4. 生产经营单位临时聘用的钢结构焊接工人不属于生产经营单位的从业人员，所以不享有相应的从业人员应享有的权利。

【答案】（　　）

5. 需要绘制详图或局部平面放大图的位置一般包括内外墙节点、楼梯、电梯、厨房、卫生间、门窗、室内外装饰等。

【答案】（　　）

6. 坚石和特坚石的现场鉴别方法都可以是用爆破方法。

【答案】（　　）

7. 皮数杆一般立于房屋的四大角、内外墙交接处、楼梯间以及洞口多的洞口。一般可每隔5～10m立一根。

【答案】（　　）

8. 项目管理是指项目管理者为达到项目的目标，运用系统理论和方法对项目进行的策划、组织、控制、协调等活动过程的总称。

【答案】（　　）

9. 某施工项目为8000m^2的公共建筑工程施工，按照要求，须实行施工项目管理。

【答案】（　　）

10. 项目经理部是工程的主管部门，主要负责工程项目在保修期间问题的处理，包括因质量问题造成的返修、工程剩余价款的结算以及回收等。

【答案】（　　）

11. 力的作用会改变物体的运动状态，同时，使物体发生变形，产生外效应。

【答案】（　　）

12. 胡克定律表明，杆件的纵向变形与轴力及杆长成正比，与横截面面积成反比。

【答案】（　　）

13. 当杆件应力不超过某一限度时，其纵向变形与轴力及杆长成正比，与横截面面积成反比。

【答案】（　）

14. 从市场交易的角度而言，工程造价是指建设一项工程预期开支或实际开支的全部固定资产投资费用。

【答案】（　）

15. 预算定额是在概算定额的基础上综合扩大而成的。

【答案】（　）

16. 物资管理必然涉及物资的“供”与“销”。“供”是指对企业所需的生产资料的询价比价，“销”则指如何提高企业生产出来的生产资料产品销量。

【答案】（　）

17. 进行材料核算时，货币核算一般称为业务核算，是以所核算材料的实物计量单位为表现形式的核算方法，反映施工单位经营中的实物量节超效果。

【答案】（　）

18. 挖掘机械包括：单斗挖掘机、多斗挖掘机、特殊用途挖掘机、挖掘装载机、掘进机等。

【答案】（　）

19. 标准差小，说明分布集中程度低，离散程度小。

【答案】（　）

20. 因果分析图的绘制是从“结果”开始绘制。

【答案】（　）

二、单选题（共 40 题，每题 1 分）

21. 建设法规是指国家立法机关或其授权的行政机关制定的旨在调整国家及其有关机构、企事业单位、（　）之间，在建设活动中或建设行政管理活动中发生的各种社会关系的法律、法规的统称。

A. 社区　　B. 市民

C. 社会团体、公民　　D. 地方社团

22. 下列各选项中，不属于《建筑法》规定约束的是（　）。

A. 建筑工程发包与承包　　B. 建筑工程涉及的土地征用

C. 建筑安全生产管理　　D. 建筑工程质量管理

23. 下列关于沥青材料分类和应用的说法中错误的是（　）。

A. 焦油沥青可分为煤沥青和页岩沥青

B. 沥青是憎水材料，有良好的防水性

C. 具有很强的抗腐蚀性，能抵抗强烈的酸、碱、盐类等侵蚀性液体和气体的侵蚀

D. 有良好的塑性，能适应基材的变形

24. 属于水硬性胶凝材料的是（　）。

A. 石灰　　B. 石膏　　C. 水泥　　D. 水玻璃

25. 下列关于建筑工程常用的特性水泥的特性及应用的表述中，不正确的是（　）。

A. 白水泥和彩色水泥主要用于建筑物内外的装饰

B. 膨胀水泥主要用于收缩补偿混凝土工程，防渗混凝土，防渗砂浆，结构的加固，构件接缝、接头的灌浆，固定设备的机座及地脚螺栓等

C. 快硬水泥易受潮变质，故储运时需特别注意防潮，并应及时使用，不宜久存，出厂超过 3 个月，应重新检验，合格后方可使用

D. 快硬硅酸盐水泥可用于紧急抢修工程、低温施工工程等，可配制成早强、高等级混凝土

26. 保水性是指（　　）。

A. 混凝土拌合物在施工过程中具有一定的保持内部水分而抵抗泌水的能力

B. 混凝土组成材料间具有一定的黏聚力，在施工过程中混凝土能保持整体均匀的性能

C. 混凝土拌合物在自重或机械振动时能够产生流动的性质

D. 混凝土满足施工工艺要求的综合性质

27. 混凝土抗冻等级用 F 表示，如 F100 表示混凝土在强度损失不超过 25%，质量损失不超过 5%时，（　　）。

A. 所能承受的最大冻融循环次数为 10 次

B. 所能抵抗的液体压力 10MPa

C. 所能抵抗的液体压力 1MPa

D. 所能承受的最大冻融循环次数为 100 次

28. 下列选项中，不属于常用的有机隔热材料的是（　　）。

A. 泡沫塑料　　B. 隔热薄膜　　C. 胶粉聚苯颗粒　　D. 泡沫玻璃

29. 按照内容和作用不同，下列不属于房屋建筑施工图的是（　　）。

A. 建筑施工图　　B. 结构施工图　　C. 设备施工图　　D. 系统施工图

30. 下图所示材料图例表示（　　）。

A. 钢筋混凝土　　B. 混凝土　　C. 毛石　　D. 灰土

31. 下图所示门窗图例中，（　　）表示双扇门。

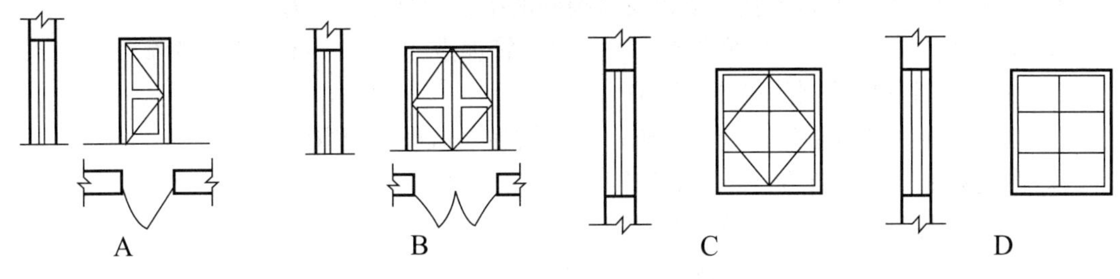

32. 下列关于基坑（槽）开挖施工工艺的说法中，正确的是（　　）。

A. 采用机械开挖基坑时，为避免破坏基底土，应在标高以上预留 15～50cm 的土层由人工挖掘修整

B. 在基坑（槽）四侧或两侧挖好临时排水沟和集水井，或采用井点降水，将水位降低至坑、槽底以下 500mm，以利于土方开挖

C. 雨期施工时，基坑（槽）需全段开挖，尽快完成

D. 当基坑挖好后不能立即进行下道工序时，应预留 30cm 的土不挖，待下道工序开始再挖至设计标高

33. 下列关于钢结构安装施工要点的说法中，正确的是（　　）。

A. 钢构件拼装前应检查清除飞边、毛刺、焊接飞溅物，摩擦面应保持干燥、整洁，采取相应防护措施后，可在雨中作业

B. 螺栓应能自由穿入孔内，不能自由穿入时，可采用气割扩孔

C. 起吊事先将钢构件吊离地面 50cm 左右，使钢构件中心对准安装位置中心

D. 高强度螺栓可兼作安装螺栓

34. 下列关于卷材防水施工的说法中，错误的是（　　）。

A. 铺设防水卷材前应涂刷基层处理剂，基层处理剂应采用与卷材性能配套（相容）的材料，或采用同类涂料的底子油

B. 地面防水层应做在面层以下，四周卷起，高出地面不小于 100mm

C. 施工工艺流程为：找平层施工→防水层施工→保护层施工→质量检查

D. 卫生间防水层宜从地面向上卷起 1800mm

35. 以下不属于施工项目管理内容的是（　　）。

A. 建立施工项目管理组织

B. 编制施工项目管理规划

C. 施工项目的目标控制

D. 建筑物的结构设计

36. 下列选项中，不属于施工项目管理组织的主要形式的是（　　）。

A. 工作队式　　B. 线性结构式　　C. 矩阵式　　D. 事业部式

37. 下列选项中，不属于建立施工项目经理部的基本原则的是（　　）。

A. 根据所设计的项目组织形式设置

B. 适应现场施工的需要

C. 满足建设单位关于施工项目目标控制的要求

D. 根据施工工程任务需要调整

38. 下列措施中，不属于施工项目安全控制的措施的是（　　）。

A. 组织措施　　B. 技术措施　　C. 管理措施　　D. 经济措施

39. 施工项目进度控制的措施主要有（　　）。

A. 组织措施、技术措施、合同措施、经济措施、信息管理措施等

B. 管理措施、技术措施、经济措施等

C. 行政措施、技术措施、经济措施等

D. 政策措施、技术措施、经济措施等

40. 以下不属于施工项目现场管理内容的是（　　）。

A. 规划及报批施工用地　　B. 设计施工现场平面图

C. 建立施工现场管理组织　　D. 为项目经理决策提供信息依据

41. 下列说法错误的是（　　）。

A. 沿同一直线，以同样大小的力拉车，对车产生的运动效果一样

B. 在刚体的原力系上加上或去掉一个平衡力系，不会改变刚体的运动状态

C. 力的可传性原理只适合研究物体的外效应

D. 对于所有物体，力的三要素可改为：力的大小、方向和作用线

42. 光滑接触面约束对物体的约束反力的方向是（　　）。

A. 通过接触点，沿接触面的公法线方向

B. 通过接触点，沿接触面公法线且指向物体

C. 通过接触点，沿接触面且沿背离物体的方向

D. 通过接触点，且沿接触面公切线方向

43. 下列哪一项反映材料抵抗弹性变形的能力：（　　）。

A. 强度　　B. 刚度　　C. 弹性模量　　D. 剪切模量

44. 圆形截面的抗弯截面系数 W_z 等于：（　　）。

A. $\frac{\pi D^4}{64}$　　B. $\frac{\pi D^3}{32}$　　C. $\frac{\pi D^4}{64}(1-\alpha^4)$　　D. $\frac{\pi D^3}{32}(1-\alpha^4)$

45. 下列说法错误的是（　　）。

A. 梁的抗弯界面系数与横截面的形状和尺寸有关

B. 危险截面为弯矩最大值所在截面

C. 挠度是指横截面形心的竖向线位移

D. 梁的变形可采用叠加法

46. 关于材料的弯曲试验，下列哪种说法是正确的（　　）。

A. 材料的弯曲试验是测定材料承受竖向荷载时的力学特性的试验

B. 弯曲试验的对象是高塑性材料

C. 对脆性材料做拉伸试验，其变形量很小

D. 弯曲试验用挠度来表示塑性材料的塑性

47. 建筑物的建筑面积应按自然层外墙结构外围水平面积之和计算，结构层高在（　　）及以上的，应计算全面积。

A. 2.0m　　B. 2.1m　　C. 2.2m　　D. 2.5m

48. 在生产性建设工程中，设备、工器具购置费用占工程造价的比重的增大，意味着生产技术的进步和投资本有机构成的（　　）。

A. 降低　　B. 提高　　C. 不变　　D. 大幅度变化

49. 需要对不同砂浆、混凝土强度等级进行换算时，需要根据（　　）进行材料费的调整。

A. 人工费　　B. 机械费　　C. 材料用量　　D. 强度等级

50. 总承包服务费属于下列哪一项清单的内容（　　）。

A. 分部分项工程量清单表　　B. 措施项目清单

C. 其他项目清单　　D. 规费、税金项目清单表

51. 依据《房屋建筑与装饰工程工程量计算规范》GB 50854—2013 计算规则，以下关于支撑钢筋（铁马）的说法正确的是（　　）。

A. 按现场实际使用的重量（吨）计算

B. 按施工方案中的工程量计算

C. 设计未明确数量，以经验数据计算

D. 其工程量可为暂估量，结算时按现场签证数量计算

52. 建筑企业材料管理实行分层管理，一般包括管理层材料管理和（　　）。

A. 劳务层材料管理　　B. 施工层材料管理

C. 材料供应商管理　　D. 项目部材料管理

53. 材料计划的编制依据不包括（　　）。

A. 工程施工图纸　　B. 工程合同

C. 合格供应商名册　　D. 工程预算文件

54. 材料供应方式的选择上，生产规模大、材料需用同一种数量也大的，适宜（　　）。

A. 分阶段供应　　B. 直达供应　　C. 中转供应　　D. 联合供应

55. 施工机具按使用范围分类可以分为（　　）。

A. 专用机具和通用机具　　B. 消耗性机具和固定资产机具

C. 个人随手机具和班组共用机具　　D. 电动机具和手动机具

56. 测定各工种的日机具费用定额时，月工作日按（　　）计算。

A. 20.5 天　　B. 22 天　　C. 30 天　　D. 30.5 天

57. 组成总体的基本元素称为（　　）。

A. 样本　　B. 个体　　C. 单位产品　　D. 子样

58. 适用于均值有较大差异的总体之间离散程度的比较的特征值是（　　）。

A. 算术平均值　　B. 极差　　C. 标准偏差　　D. 变异系数

59. 由于原材料发生变化，或者临时他人顶班作业造成的直方图为（　　）。

A. 折齿型　　B. 左缓坡型　　C. 孤岛型　　D. 双峰型

60. 在数理统计分析法中，用来显示在质量控制中两种质量数据之间关系的方法是（　　）。

A. 统计调查表法　　B. 直方图法　　C. 控制图法　　D. 相关图法

三、多选题（共 20 题，每题 2 分，选错项不得分，选不全得 1 分）

61. 以下法规属于建设法律的是（　　）。

A.《中华人民共和国建筑法》　　B.《中华人民共和国招标投标法》

C.《中华人民共和国城乡规划法》　　D.《建设工程质量管理条例》

E.《建设工程安全生产管理条例》

62. 下列表述，属于轻混凝土的主要特性的是（　　）。

A. 表观密度小　　B. 耐火性能良好　　C. 保温性能良好　　D. 耐久性能良好

E. 力学性能良好

63. 下列关于砂浆的表述正确的是（　　）。

A. 砂浆的和易性包括流动性和保水性两个方面

B. 砂浆的流动性过小，不仅铺砌困难，而且硬化后强度降低；流动性过大，砂浆太稠，难于铺平

C. 砂浆的保水性用保水率（%）表示

D. 砂浆的强度是以 3 个 70.7mm×70.7mm×70.7mm 的立方体试块，在标准条件下

养护 28d 后，用标准方法测得的抗压强度（MPa）算术平均值来评定的

E. 砂浆的强度等级分为 M5、M7.5、M10、M15、M20、M25、M30 七个等级

64. 抗拉性能是建筑钢材最重要的技术性质。其技术指标为由拉力试验测定的（　　）。

A. 屈服强度　　B. 抗拉强度　　C. 伸长率　　D. 冲击韧性

E. 硬度

65. 下列关于钢板的表述正确的是（　　）。

A. 钢板是用碳素结构钢和低合金高强度结构钢经热轧或冷轧生产的扁平钢材

B. 钢板是用碳素结构钢经热轧生产的扁平钢材

C. 厚度大于 4mm 的钢板为厚板

D. 厚度小于或等于 4mm 的钢板为薄板

E. 钢板分为压型钢板、花纹钢板、彩色涂层钢板

66. 下列关于石油沥青的技术性质的说法中，正确的是（　　）。

A. 石油沥青的黏滞性一般采用针入度来表示

B. 延度是将沥青试样制成 8 字形标准试件，在规定温度的水中，以 5cm/min 的速度拉伸至试件断裂时的伸长值，以 cm 为单位

C. 沥青的延度决定于其组分及所处的温度

D. 沥青脆性指标是在特定条件下，涂于金属片上的沥青试样薄膜，因被冷却和弯曲而出现裂纹时的温度，以“℃”表示

E. 通常用软化点来表示石油沥青的温度稳定性，软化点越高越好

67. 下列关于钢筋混凝土结构用钢材的相关说法中，不正确的是（　　）。

A. 根据表面特征不同，热轧钢筋分为光圆钢筋和带肋钢筋两大类

B. 热轧光圆钢筋的塑性及焊接性能很好，但强度较低，故广泛用于钢筋混凝土结构的构造筋

C. 钢丝按外形分为光圆钢丝、螺旋肋钢丝、刻痕钢丝三种

D. 预应力钢绞线主要用于桥梁、吊车梁、大跨度屋架和管桩等预应力钢筋混凝土构件中

E. 预应力钢丝主要用于大跨度、大负荷的桥梁、电杆、轨枕、屋架、大跨度吊车梁等结构

68. 下列有关建筑平面图的图示内容的表述中，不正确的是（　　）。

A. 定位轴线的编号宜标注在图样的下方与右侧，横向编号应用阿拉伯数字，从左至右顺序编写，竖向编号应用大写拉丁字母，从上至下顺序编写

B. 对于隐蔽的或者在剖切面以上部位的内容，应以虚线表示

C. 建筑平面图上的外部尺寸在水平方向和竖直方向各标注三道尺寸

D. 在平面图上所标注的标高均应为绝对标高

E. 屋面平面图一般内容有：女儿墙、檐沟、屋面坡度、分水线与落水口、变形缝、楼梯间、水箱间、天窗、上人孔、消防梯以及其他构筑物、索引符号等

69. 下列关于毛石砌体和砌块砌体施工工艺的基本规定中错误的是（　　）。

A. 毛石墙砌筑时，墙角部分纵横宽度至少 0.8m

B. 对于中间毛石砌筑的料石挡土墙，丁砌料石应深入中间毛石部分的长度不应小于

200mm

C. 毛石墙必须设置拉结石，拉结石应均匀分布，相互错开，一般每 0.5m² 墙面至少设置一块，且同皮内的中距不大于 2m

D. 砌块砌体施工工艺流程为：基层处理→测量墙中线→弹墙边线→砌底部实心砖→立皮数杆→拉准线、铺灰、依准线砌筑→埋墙拉筋→梁下、墙顶斜砖砌筑

E. 砌块砌体的埋墙拉筋应与钢筋混凝土柱（墙）的连接，采取在混凝土柱（墙）上打入 2ϕ6@1000 的膨胀螺栓

70. 用于振捣密实混凝土拌合物的机械，按其作业方式可分为（　　）。

A. 插入式振动器　B. 表面振动器　C. 振动台　D. 独立式振动器

E. 附着式振动器

71. 建筑产品具有以下特点（　　）。

A. 多样性　B. 固定性　C. 施工的复杂性　D. 体积庞大

E. 流动性

72. 一个力 F 沿直角坐标轴方向分解，得出分力 F_X、F_Y，假设 F 与 X 轴之间的夹角为 α，则下列公式正确的是（　　）。

A. $F_X = F\sin\alpha$　B. $F_X = F\cos\alpha$　C. $F_Y = F\sin\alpha$　D. $F_Y = F\cos\alpha$

E. 以上都不对

73. 约束反力的确定与约束类型及主动力有关，常见的约束有（　　）。

A. 柔体约束　B. 光滑接触面约束

C. 圆柱铰链约束　D. 链杆约束

E. 固定端约束

74. 以下说法正确的有（　　）。

A. 有顶盖的车棚、站台、加油站，按其顶盖水平投影面积的 1/2 计算建筑面积

B. 建筑物的外墙保温层，按其保温材料的水平截面积计入自然层建筑面积计算

C. 建筑物幕墙，应按幕墙外边线计算建筑面积

D. 对于高低联跨的建筑物，当高低跨内部连通时，其变形缝建筑面积应计算在高跨面积内

E. 在主体结构外的阳台，按其结构底板水平投影面积计算 1/2 面积

75. 工程造价的特点有（　　）和兼容性。

A. 大额性　B. 个别性　C. 动态性　D. 层次性

E. 流动性

76. 招标工程量清单的组成内容主要包括（　　）。

A. 分部分项工程量清单表　B. 措施项目清单

C. 单位工程量清单　D. 规费、税金项目清单表

E. 补充工程量清单、项目及计算规则表

77. 材料验收入库的程序包括（　　）。

A. 验收准备　B. 核对资料　C. 检验实物　D. 材料复试

E. 处理验收中存在的问题

78. 材料核算的工作性质划分为（　　）。

A. 供应过程核算 B. 业务核算 C. 会计核算 D. 材料消耗核算

E. 统计核算

79. 确定组限时，对恰恰处于组限上的数据，其解决方法为（ ）。

A. 规定上下组限不计在该组内

B. 剔除处于组限上的数据

C. 规定处于上一个组限

D. 将组限值较原始数据精度提高半个最小测量单位

E. 将组限值较原始数据精度提高一个最小测量单位

80. 排列图法按累计频率可以划分为三个区，下列属于B区的是（ ）。

A. 累计频率为70％ B. 累计频率在0～80％

C. 累计频率在85％ D. 累计频率在80％～90％

E. 累计频率在95％

材料员通用与基础知识试卷答案与解析

一、判断题（共20题，每题1分）

1. 错误

【解析】建设行政法规是指由国务院制定，经国务院常务委员会审议通过，由国务院总理以中华人民共和国国务院令的形式发布的属于建设行政主管部门主管业务范围的各项法规。

2. 正确

【解析】《建筑法》的立法目的在于加强对建筑活动的监督管理，维护建筑市场秩序，保证建筑工程的质量和安全，促进建筑业健康发展。

3. 正确

【解析】通用水泥包括硅酸盐水泥、普通硅酸盐水泥、矿渣硅酸盐水泥、火山灰质硅酸盐水泥、粉煤灰硅酸盐水泥、复合硅酸盐水泥。

4. 错误

【解析】生产经营单位的从业人员，是指该单位从事生产经营活动各项工作的所有人员，包括管理人员、技术人员和各岗位的工人，也包括生产经营单位临时聘用的人员。

5. 正确

【解析】需要绘制详图或局部平面放大图的位置一般包括内外墙节点、楼梯、电梯、厨房、卫生间、门窗、室内外装饰等。

6. 正确

【解析】坚石和特坚石的现场鉴别方法都可以是用爆破方法。

7. 错误

【解析】皮数杆一般立于房屋的四大角、内外墙交接处、楼梯间以及洞口多的洞口。一般可每隔10～15m立一根。

8. 正确

【解析】项目管理是指项目管理者为达到项目的目标，运用系统理论和方法对项目进行的策划、组织、控制、协调等活动过程的总称。

9. 错误

【解析】当施工项目的规模达到以下要求时才实行施工项目管理：1万m^2以上的公共建筑、工业建筑、住宅建设小区及其他工程项目投资在500万元以上的，均实行项目管理。

10. 错误

【解析】企业工程管理部门是项目经理部解体善后工作的主管部门，主要负责项目经理部解体后工程项目在保修期间问题的处理，包括因质量问题造成的返（维）修、工程剩余价款的结算以及回收等。

11. 错误

【解析】力是物体间相互的机械作用，这种作用会改变物体的运动状态，产生外效应，同时物体发生变形，产生内效应。

12. 错误

【解析】胡克定律表明当杆件应力不超过某一限度时，杆件的纵向变形与轴力及杆长成正比，与横截面面积成反比。

13. 正确。

【解析】当杆件应力不超过某一限度时，其纵向变形与轴力及杆长成正比，与横截面面积成反比。

14. 错误

【解析】从市场交易的角度而言，工程造价是指为建成一项工程，预计或实际在土地市场、设备市场、技术劳务市场及工程承发包市场等交易活动中所形成的建筑安装工程价格和建设工程总价格。

15. 错误

【解析】概算定额的项目划分粗细，与扩大初步设计的深度相适应，一般是在预算定额的基础上综合扩大而成的，每一综合分项概算定额都包含了数项预算定额。

16. 错误

【解析】物资管理必然涉及物资的"供"与"销"。"供"是指企业所需的生产资料由谁供应，"销"则指如何提高企业生产出来的生产资料产品又谁销售。

17. 错误

【解析】进行材料核算时，实物核算一般称为业务核算，是以所核算材料的实物计量单位为表现形式的核算方法，反映施工单位经营中的实物量节超效果。

18. 正确

【解析】挖掘机械包括：单斗挖掘机、多斗挖掘机、特殊用途挖掘机、挖掘装载机、掘进机等。

19. 错误

【解析】标准差值小，说明分布集中程度高，离散程度小，均值对总体的代表性好。

20. 正确

【解析】因果分析图的绘制步骤与图中箭头方向相反，是从"结果"开始将原因逐层分解的。

二、单选题（共40题，每题1分）

21. C

【解析】建设法规是指国家立法机关或其授权的行政机关制定的旨在调整国家及其有关机构、企事业单位、社会团体、公民之间，在建设活动中或建设行政管理活动中发生的各种社会关系的法律、法规的统称。

22. B

【解析】《建筑法》共8章85条，分别从建筑许可、建筑工程发包与承包、建筑工程监理、建筑安全生产管理、建筑工程质量管理等方面作出了规定。

23. C

【解析】按照硬化条件的不同，无机胶凝材料分为气硬性胶凝材料和水硬性胶凝材料，前者如石灰、石膏、水玻璃等，后者如水泥。

24. C

【解析】焦油沥青可分为煤沥青和页岩沥青。沥青是憎水材料，有良好的防水性；具有较强的抗腐蚀性，能抵抗一般的酸、碱、盐类等侵蚀性液体和气体的侵蚀；有良好的塑性，能适应基材的变形。

25. C

【解析】快硬硅酸盐水泥可用于紧急抢修工程、低温施工工程等，可配制成早强、高等级混凝土。快硬水泥易受潮变质，故储运时须特别注意防潮，并应及时使用，不宜久存，出厂超过 1 个月，应重新检验，合格后方可使用。白水泥和彩色水泥主要用于建筑物内外的装饰。膨胀水泥主要用于收缩补偿混凝土工程，防渗混凝土，防渗砂浆，结构的加固，构件接缝、接头的灌浆，固定设备的机座及地脚螺栓等。

26. A

【解析】保水性是指混凝土拌合物在施工过程中具有一定的保持内部水分而抵抗泌水的能力。

27. D

【解析】抗冻等级是 28d 龄期的混凝土标准试件，在浸水饱和状态下，进行冻融循环试验，以抗压强度损失不超过 25%，同时质量损失不超过 5%时，所能承受的最大冻融循环次数来确定。当工程所处环境存在侵蚀介质时，对混凝土必须提出耐蚀性要求。

28. D

【解析】有机隔热材料主要包括以下几种：泡沫塑料、蜂窝材料、隔热薄膜和胶粉聚苯颗粒。

29. D

【解析】按照内容和作用不同，房屋建筑施工图分为建筑施工图、结构施工图和设备施工图。通常，一套完整的施工图还包括图纸目录、设计总说明（即首页）。

30. C

【解析】图示材料图例表示毛石。

31. B

【解析】常见门、窗图例见教材。

32. B

【解析】在基坑（槽）四侧或两侧挖好临时排水沟和集水井，或采用井点降水，将水位降低至坑、槽底以下 500mm，以利于土方开挖。雨期施工时，基坑（槽）应分段开挖。当基坑挖好后不能立即进行下道工序时，应预留 15～30cm 的土不挖，待下道工序开始再挖至设计标高。采用机械开挖基坑时，为避免破坏基底土，应在标高以上预留 15～30cm 的土层由人工挖掘修整。

33. C

【解析】起吊事先将钢构件吊离地面 50cm 左右，使钢构件中心对准安装位置中心，然后徐徐升钩，将钢构件吊至需连接位置即刹车对准预留螺栓孔，并将螺栓穿入孔内，初拧作临近固定，同时进行垂直度校正和最后固定，经校正后，并终拧螺栓作最后固定。钢构件拼装前应检查清除飞边、毛刺、焊接飞溅物，摩擦面应保持干燥、整洁，不得在雨中作业。螺栓应能自由穿入孔内，不得强行敲打，并不得气割扩孔。高强度螺栓不得兼作安装螺栓。

34. D

【解析】铺设防水卷材前应涂刷基层处理剂，基层处理剂应采用与卷材性能配套（相容）的材料，或采用同类涂料的底子油。地面防水层应做在面层以下，四周卷起，高出地面不小于100mm。施工工艺流程为：找平层施工→防水层施工→保护层施工→质量检查。卫生间防水层宜从地面向上一直做到楼板底。

35. D

【解析】施工项目管理包括以下八方面内容：建立施工项目管理组织、编制施工项目管理规划、施工项目的目标控制、施工项目的生产要素管理、施工项目的合同管理、施工项目的信息管理、施工现场的管理、组织协调等。

36. B

【解析】施工项目管理组织的形式是指在施工项目管理组织中处理管理层次、管理跨度、部门设置和上下级关系的组织结构的类型。主要的管理组织形式有工作队式、部门控制式、矩阵式、事业部式等。

37. C

【解析】建立施工项目经理部的基本原则：根据所设计的项目组织形式设置；根据施工项目的规模、复杂程度和专业特点设置；根据施工工程任务需要调整；适应现场施工的需要。

38. C

【解析】施工项目安全控制的措施：安全制度措施、安全组织措施、安全技术措施。

39. A

【解析】施工项目进度控制的措施主要有组织措施、技术措施、合同措施、经济措施和信息管理措施等。

40. D

【解析】施工项目现场管理的内容：1）规划及报批施工用地；2）设计施工现场平面图；3）建立施工现场管理组织；4）建立文明施工现场；5）及时清场转移。

41. D

【解析】力的可传性原理：作用于刚体上的力可沿其作用线移动到刚体内任意一点，而不改变原力对刚体的作用效果，因此，沿同一直线，以同样大小的力拉车，对车产生的运动效果一样。加减平衡力系公理是在刚体的原力系上加上或去掉一个平衡力系，不会改变刚体的运动状态。但是力的可传性原理既适用于物体的外效应，不适用于物体的内效应。因此，只有对于刚体，力的三要素可改为力的大小、方向和作用线。

42. B

【解析】光滑接触面约束只能阻碍物体沿接触表面公法线并指向物体的运动，不能限制沿接触面公切线方向的运动。

43. C

【解析】材料的弹性模量反映了材料抵抗弹性变形的能力，其单位与应力相同。

44. B

【解析】圆形截面的抗弯截面系数 W_z 等于$\frac{\pi D^3}{32}$。

45. B

【解析】梁内最大正应力所在的截面，称为危险截面，对于中性轴对称的梁，危险截面为弯矩最大值所在截面。

46. C

【解析】材料的弯曲试验是测定材料承受弯曲荷载时的力学特性的试验。弯曲试验的对象是脆性和低塑性材料，弯曲试验用挠度来表示脆性材料的塑性大小。

47. C

【解析】建筑物的建筑面积应按自然层外墙结构外围水平面积之和计算。结构层高在2.2m 及以上的，应计算全面积。

48. B

【解析】在生产性建设工程中，设备、工器具购置费用站工程造价的比重越大，意味着生产技术的进步和投资有机成本的提高。

49. D

【解析】需要对不同砂浆、混凝土强度等级进行换算时，人工费、机械费、材料用量不变，指根据材料不同强度等级进行材料费的调整。

50. C

【解析】其他项目清单包括暂列金额、暂估价、计日工及总承包服务费。

51. D

【解析】支撑钢筋（铁马）按钢筋长度乘以单位理论质量（吨）计算。如设计未明确数量，其工程量可为暂估量，结算时按现场签证数量计算。

52. A

【解析】建筑企业材料管理实行分层管理，一般包括管理层材料管理和劳务层材料管理。

53. C

【解析】材料计划的编制依据包括：工程施工图纸、工程预算文件、工程合同、项目投标书中的《材料汇总表》、施工组织设计、用款计划、当期物资市场采购价格等。

54. B

【解析】材料供应方式的选择上，生产规模大、材料需用同一种数量也大的，适宜直达供应。

55. A

【解析】施工机具按使用范围分类可以分为专用机具和通用机具。

56. A

【解析】测定各工种的日机具费用定额时，月工作日按 20.5 天计算。

57. B

【解析】在数理统计学中，总体是所研究对象的全体，个体是组成总体的基本元素，样本是从总体中随机抽取出来，被抽中的个体称为样品。

58. D

【解析】变异系数是用标准差除以算术平均数得到的相对数，由于消除数据平均水平不同的影响，它适用于均只有较大差异的总体之间离散程度的比较，应用更广泛。

59. C

【解析】折齿型是由于分组组数不当或者组距确定不当会出现的直方图，左缓坡型主要是由于操作中对上限控制太严造成的，孤岛型是由于原材料发生变化，或者临时他人顶班作业产生的，双峰型是由于两种不同方法或两台设备或两组工人进行生产，然后把数据混在一起生产的。

60. D

【解析】统计调查表法是利用专门设计的统计表对数据进行收集、整理和粗略分析质量状态的一种方法。直方图法是用以描述质量分布状态的一种分析方法。控制图法是分析判断生产过程是否处于稳定状态的有效工具，相关图法是用来显示两种质量数据统计之间关系的一种图形。

三、多选题（共20题，每题2分，选错项不得分，选不全得1分）

61. ABC

【解析】建设法律是指由全国人民代表大会及其常务委员会制定通过，由国家主席以主席令的形式发布的属于国务院建设行政主管部门业务范围的各项法律，如《中华人民共和国建筑法》、《中华人民共和国招标投标法》、《中华人民共和国城乡规划法》等。建设行政法规的名称常以“条例”、“办法”、“规定”、“规章”等名称出现，如《建设工程质量管理条例》、《建设工程安全生产管理条例》等。

62. ABCE

【解析】轻混凝土的主要特性为：表观密度小；保温性能良好；耐火性能良好；力学性能良好；易于加工。

63. ACDE

【解析】砂浆的和易性包括流动性和保水性两个方面。砂浆的流动性过大，不仅铺砌困难，而且硬化后强度降低；流动性过小，砂浆太稠，难于铺平。砂浆的保水性用保水率（%）表示。砂浆的强度是以3个70.7mm×70.7mm×70.7mm的立方体试块，在标准条件下养护28d后，用标准方法测得的抗压强度（MPa）算术平均值来评定的。砂浆的强度等级分为M5、M7.5、M10、M15、M20、M25、M30七个等级。

64. ABC

【解析】抗拉性能是建筑钢材最重要的技术性质。其技术指标为由拉力试验测定的屈服强度、抗拉强度、伸长率。

65. ACD

【解析】钢板是用碳素结构钢和低合金高强度结构钢经热轧或冷轧生产的扁平钢材。厚度大于4mm的钢板为厚板；厚度小于或等于4mm的钢板为薄板。

66. ABD

【解析】石油沥青的黏滞性一般采用针入度来表示。沥青的延度决定于沥青的胶体结构、组分和试验温度。延度是将沥青试样制成8字形标准试件，在规定温度的水中，以5cm/min的速度拉伸至试件断裂试试的伸长值，以cm为单位。沥青脆性指标是在特定条件下，涂于金属片上的沥青试样薄膜，因被冷却和弯曲而出现裂纹时的温度，以“℃”表示。通常用软化点来表示石油沥青的温度稳定性。沥青的软化点不能太低，否则夏季易融化发软；但也不能太高，否则不易施工，冬季易发生脆裂现象。

67. DE

【解析】根据表面特征不同，热轧钢筋分为光圆钢筋和带肋钢筋两大类。热轧光圆钢筋的塑性及焊接性能很好，但强度较低，故广泛用于钢筋混凝土结构的构造筋。钢丝按外形分为光圆钢丝、螺旋肋钢丝、刻痕钢丝三种。预应力钢丝主要用于桥梁、吊车梁、大跨度屋架和管桩等预应力钢筋混凝土构件中。预应力钢丝和钢绞线具有强度高、柔度好、质量稳定，与混凝土粘结力强，易于锚固，成盘供应不需接头等诸多优点。主要用于大跨度、大负荷的桥梁、电杆、轨枕、屋架、大跨度吊车梁等结构的预应力筋。

68. AD

【解析】定位轴线的编号宜标注在图样的下方与左侧，横向编号应用阿拉伯数字，从左至右顺序编写，竖向编号应用大写拉丁字母，从下至上顺序编写。建筑平面图中的尺寸有外部尺寸和内部尺寸两种。外部尺寸包括总尺寸、轴线尺寸和细部尺寸三类。在平面图上所标注的标高均应为相对标高。底层室内地面的标高一般用±0.000表示。对于隐蔽的或者在剖切面以上部位的内容，应以虚线表示。屋面平面图一般内容有：女儿墙、檐沟、屋面坡度、分水线与落水口、变形缝、楼梯间、水箱间、天窗、上人孔、消防梯以及其他构筑物、索引符号等。

69. CE

【解析】毛石墙砌筑时，墙角部分纵横宽度至少0.8m。毛石墙必须设置拉结石，拉结石应均匀分布，相互错开，一般每$0.7m^2$墙面至少设置一块，且同皮内的中距不大于2m。对于中间毛石砌筑的料石挡土墙，丁砌料石应深入中间毛石部分的长度不应小于200mm。砌块砌体施工工艺流程为：基层处理→测量墙中线→弹墙边线→砌底部实心砖→立皮数杆→拉准线、铺灰、依准线砌筑→埋墙拉筋→梁下、墙顶斜砖砌筑。砌块砌体的埋墙拉筋应与钢筋混凝土柱（墙）的连接，采取在混凝土柱（墙）上打入2ϕ6@500的膨胀螺栓。

70. ABCE

【解析】用于振捣密实混凝土拌合物的机械，按其作业方式可分为：插入式振动器、表面振动器、附着式振动器和振动台。

71. ABD

【解析】施工项目具有以下特征：施工项目是建设项目或其中的单项工程、单位工程的施工活动过程；建筑企业是施工项目的管理主体；施工项目的任务范围是由施工合同界定的；建筑产品具有多样性、固定性、体积庞大的特点。

72. BC

【解析】一个力F沿直角坐标轴方向分解，得出分力F_X、F_Y，假设F与X轴之间的夹角为α，则$F_X=F\cos\alpha$、$F_Y=F\sin\alpha$。

73. ABCD

【解析】约束反力的确定与约束类型及主动力有关，常见的约束有柔体约束、光滑接触面约束、圆柱铰链约束、链杆约束。

74. BE

【解析】有顶盖无围护结构的车棚、货棚、站台、加油站、收费站等，按其顶盖水平投影面积的1/2计算建筑面积。建筑物的外墙保温层，按其保温材料的水平截面积计入自然层建筑面积计算。建筑物幕墙作为围护结构时，应按幕墙外边线计算建筑面积。对于高低联跨的建筑物，当高低跨内部连通时，其变形缝建筑面积应计算在低跨面积内。在主体结构外的阳台，按其结构底板水平投影面积计算1/2面积。

75. ABCD

【解析】工程造价的特点有大额性、个别性、动态性、层次性和兼容性。

76. ABDE

【解析】工程量清单包括说明和清单表两部分，其中清单部分包括分部分项工程量清单表、措施项目清单、规费、补充工程量清单。

77. ABCE

【解析】材料验收入库的程序包括：验收准备、核对资料、检验实物、办理入库手续和处理验收中存在的问题等。

78. BCE

【解析】材料核算的工作性质划分为会计核算、统计核算、业务核算。

79. AD

【解析】确定组限时，对恰恰处于组限上的数据，其解决方法有二：一是规定上下组限不计在该组内，二是将组限值较原始数据精度提高半个最小测量单位。

80. CD

【解析】排列图法按累计频率可以划分为三个区，累计频率在0～80%称为A区，其所包含的质量因素是主要因素或关键项目；累计频率在80%～90%称为B区，其包含的因素为一般因素；累计频率在90%～100%称为C区，其包含的为次要因素，不作为解决的重点。

下篇　岗位知识与专业技能

第一章　材料管理相关的法规和标准

一、判断题

1. 建筑材料、建筑构配件和设备检验不合格的不得使用。

【答案】正确

【解析】建筑法规定建筑材料、建筑构配件和设备检验不合格的不得使用。

2. 工程监理单位与建筑材料供应单位有隶属关系或者其他利害关系的，只能承担该项建设工程的部分监理业务。

【答案】错误

【解析】工程监理单位与建筑材料供应单位有隶属关系或者其他利害关系的，不得承担该项建设工程的监理业务。

3. 工程监理单位违反强制性标准规定，将不合格的建设工程以及建筑材料、建筑构配件和设备按照合格签字的，责令改正，处50万元以上100万元以下的罚款。

【答案】正确

【解析】工程监理单位违反强制性标准规定，将不合格的建设工程以及建筑材料、建筑构配件和设备按照合格签字的，责令改正，处50万元以上100万元以下的罚款，降低资质等级或者吊销资质证书。

二、单选题

1. 发包单位（　　）指定承包单位购入用于工程的建筑材料、建筑构配件和设备或者指定生产厂、供应商。

A. 可以　　B. 不得

C. 与施工方洽商后可以　　D. 与承包方洽商后可以

【答案】B

【解析】发包单位不得指定承包单位购入用于工程的建筑材料、建筑构配件和设备或者指定生产厂、供应商。

2. 建设单位明示或暗示施工单位使用不合格的建筑材料、建筑构配件和设备的，应责令改正，并处以（　　）罚款。

A. 10万～20万元　　B. 20万～50万元

C. 50万～80万元　　D. 80万～100万元

【答案】B

【解析】建设单位明示或暗示施工单位使用不合格的建筑材料、建筑构配件和设备的，应责令改正，并处以20万元以上50万元以下的罚款。

3.（　　）必须按照工程设计要求、施工技术标准和合同的约定，对建筑材料、建筑构配件和设备进行检验，不合格的不得使用。

A. 建筑施工企业　B. 建设单位　C. 监理工程师　D. 设计单位

【答案】 A

【解析】 建筑施工企业必须按照工程设计要求、施工技术标准和合同的约定，对建筑材料、建筑构配件和设备进行检验，不合格的不得使用。

4. 下列哪项不属于国家标准代号的组成部分（　　）。

A. 标准名称　　B. 标准发布机构的组织代号

C. 标准颁布时间　　D. 标准组织代号

【答案】 D

【解析】 国家标准代号的组成部分为标准名称、标准发布机构的组织代号、标准颁布时间和标准发布机构颁布的标准号。

三、多选题

1. 在国内从事（　　）等工程建设活动，必须执行工程建设强制性标准。

A. 新建　B. 扩建　C. 改建　D. 复建

E. 拆除

【答案】 ABC

【解析】 在国内从事新建、扩建、改建等工程建设活动，必须执行工程建设强制性标准。

2. 强制性标准监督检查的内容包括（　　）。

A. 有关工程技术人员是否熟悉、掌握强制性标准

B. 工程项目的规划、勘察、设计等是否符合强制性标准

C. 工程项目的安全、质量是否符合强制性标准的规定

D. 工程采用的材料、设备是否符合强制性标准的规定

E. 工程中采用的国际标准和国外标准

【答案】 ABCD

【解析】 强制性标准监督检查的内容包括有关工程技术人员是否熟悉、掌握强制性标准；工程项目的规划、勘察、设计等是否符合强制性标准；工程项目的安全、质量是否符合强制性标准的规定；工程采用的材料、设备是否符合强制性标准的规定。

3. 国家标准代号由以下哪几部分组成（　　）。

A. 标准名称　　B. 标准发布机构的组织代号

C. 标准发布机构的颁布时间　　D. 标准组织代号

E. 标准发布机构颁布的标准号

【答案】 ABCE

【解析】 国家标准代号的组成部分为标准名称、标准发布机构的组织代号、标准颁布时间和标准发布机构颁布的标准号。

四、案例题

1. 某施工企业组织相关现场管理人员进行建设项目材料管理相关法规和强制性标准

的学习，对以下问题加深了理解并统一了认识。

（1）单选题

① 某工程按合同约定其外幕墙用单反玻璃由承包单位采购，为保证达到设计单位要求的质量标准，发包单位（　　）采购品牌生产厂的产品。

A. 可以指定　　B. 不得指定　　C. 经协商可以指定　D. 可自行指定

【答案】A

② 工程设计单位（　　）产品的生产厂家或供应商。

A. 可以指定　　B. 可以建议

C. 经协商可以指定　　D. 仅建设单位同意才可确定

【答案】C

③（　　）应当依法对建设项目的重要设备、材料的采购进行招标。

A. 建设单位　　B. 设计单位　　C. 施工单位　　D. 监理单位

【答案】C

④ 国家工程建设标准强制性条文由国务院建设行政主管部门会同（　　）确定。

A. 国务院有关行政主管部门　　B. 地方行政主管部门

C. 建设行业　　D. 建设行业协会

【答案】A

⑤ 工程建设中采用国际标准或者国外标准，现行强制性标准未作规定的，建设单位应当向国务院建设行政主管部门或者国务院有关行政主管部门（　　）。

A. 报批　　B. 核准　　C. 备案　　D. 审核

【答案】C

（2）多选题

① 根据产品质量法，产品或者其包装上的标识必须真实，并符合下列（　　）要求。

A. 有产品质量检验合格证明

B. 有中文标明的产品名称、生产厂厂名和厂址

C. 标明生产厂的互联网网址

D. 标明生产日期

E. 生产者可出售国家明令淘汰前生产的产品

【答案】AB

②《实施工程建设强制性标准监管规定》要求强制性标准监督检查的内容包括（　　）。

A. 有关工程技术人员是否熟悉、掌握强制性标准

B. 工程项目的规划、勘察、设计、施工、验收等是否符合强制性标准的规定

C. 工程项目的安全、质量是否符合强制性标准的规定

D. 是否建立了强制性标准自我检查机构

E. 工程项目的安全、质量是否符合强制性标准的规定

【答案】ABCE

第二章　市场的调查与分析

一、判断题

1. 建筑活动是指各类房屋建筑及其附属设施的建造。

【答案】错误

【解析】建筑活动是指各类房屋建筑及其附属设施的建造和与其配套的线路、管道、设备的安装活动。

2. 承包商资质评定的基本建筑活动是指各类房屋建筑及其附属设施的建造。条件为注册资本、专业技术人员的人数和水平、技术装备和工程业绩四项内容。

【答案】正确

【解析】承包商资质评定的基本条件为注册资本、专业技术人员的人数和水平、技术装备和工程业绩四项内容。

3. 建设工程交易中心是经政府主管部门批准，为建设工程交易提供服务的无形建筑市场。

【答案】错误

【解析】建设工程交易中心是经政府主管部门批准，为建设工程交易提供服务的有形建筑市场。

4. 业主只有在其从事工程项目的建设全过程中才成为建筑市场的主体，但承包商在其整个经营期间都是建筑市场的主体。

【答案】正确

【解析】业主只有在其从事工程项目的建设全过程中才成为建筑市场的主体，但承包商在其整个经营期间都是建筑市场的主体。

5. 建筑市场的主体是指业主。

【答案】错误

【解析】建筑市场的主体指参与建筑市场交易活动的主要各方，即业主、承包商和工程咨询服务机构、物资供应机构和银行等。

6. 承包商在其整个经营期间都是建筑市场的主体，因此，一般只对承包商进行从业资格管理。

【答案】正确

【解析】承包商在其整个经营期间都是建筑市场的主体，因此，一般只对承包商进行从业资格管理。

7. 材料、设备采购市场调查的核心，是改进保管，降低消耗。

【答案】错误

【解析】材料、设备采购市场调查的核心，是市场供应状况的调查分析。

8. 良好的市场分析机制包括以下两个方面，建立重要的物资来源的价格目录，对市场情况进行分析研究作出预测。

【答案】错误

【解析】良好的市场分析机制包括以下三个方面，建立重要的物资来源，建立同一类物资的价格目录，对市场情况进行分析研究作出预测。

9. 市场分析中搜集资料的过程就是调查过程。按照分析预测目的，主要搜集的资料是市场现象的发展过程资料。

【答案】错误

【解析】市场分析中搜集资料的过程就是调查过程。按照分析预测目的，主要搜集的资料是市场现象的发展过程资料和影响市场现象发展的各因素资料。

二、单选题

1. 建筑市场的构成主要包括主体、客体和（　　）。

A. 承包商　　B. 咨询服务机构

C. 中介服务组织　　D. 建设工程交易中心

【答案】D

【解析】建筑市场的构成主要包括主体、客体和建设工程交易中心。

2. 具有相应的专业服务能力，对工程建设进行估算测量、咨询代理、建设等高智能服务，并取得服务费用的机构被称为（　　）。

A. 业主　　B. 承包商

C. 中介服务组织　　D. 建设工程交易中心

【答案】C

【解析】中介服务组织指具有相应的专业服务能力，对工程建设进行估算测量、咨询代理、建设等高智能服务，并取得服务费用的机构。

3. 建筑市场的客体指建筑市场的交易对象，分为有形产品和无形产品，下列（　　）属于无形产品。

A. 建筑材料　　B. 监理　　C. 建筑劳务　　D. 建筑机械

【答案】B

【解析】建筑市场的客体分为有形产品和无形产品，建筑工程、建筑材料、建筑劳务等属于有形产品，各种咨询、监理等智力型服务属于无形产品。

4. （　　）是经过政府主管部门批准，为建设工程交易提供服务的有形建筑市场。

A. 国内建筑市场　　B. 建筑工程交易机构

C. 中介服务组织　　D. 建设工程交易中心

【答案】D

【解析】建设工程交易中心是经过政府主管部门批准，为建设工程交易提供服务的有形建筑市场。

5. 材料、设备采购市场调查的核心，是（　　）。

A. 改进保管，降低消耗　　B. 市场供应状况的调查分析

C. 监督材料节约使用　　D. 增加储备量

【答案】B

【解析】材料、设备采购市场调查的核心，是市场供应状况的调查分析。

6. 对于施工企业来说，材料、设备采购市场调查的核心，是市场供应状况的（　　）。

A. 调查与分析　　B. 价格　　C. 供应商　　D. 供应量

【答案】A

【解析】对于施工企业来说，材料、设备采购市场调查的核心，是市场供应状况的调查与分析。

7. 下列哪一项不能体现建筑市场的特点（　　）。

A. 建筑产品交易分三次进行

B. 建筑产品价格是在招投标竞争中形成的

C. 建筑产品质量受技术水平的制约

D. 建筑市场受经济形势与经济政策影响大

【答案】C

【解析】建筑市场的特点主要体现在以下三方面：建筑产品交易分三次进行；建筑产品价格是在招投标竞争中形成的；建筑市场受经济形势与经济政策影响大。

8. 政府部门对建筑市场进行管理的方式不包括（　　）。

A. 制定建筑法律法规　　B. 安全和质量管理

C. 监督材料价格　　D. 发展国际合作

【答案】C

【解析】政府部门通过以下四方面对建筑市场进行管理：制定建筑法律法规和标准；安全和质量管理；对业主、承包商、勘察设计和咨询监理等机构进行资质管理；发展国际合作和开拓国际市场等。

9. 我国建筑、设备安装施工企业（承包商）的资质等级可分（　　）级。

A. 三　　B. 四　　C. 五　　D. 六

【答案】A

【解析】我国建筑、设备安装施工企业（承包商）的资质等级可分三级。

10. 我国市政工程建设施工企业（承包商）的资质等级可分（　　）级。

A. 三　　B. 四　　C. 五　　D. 六

【答案】A

【解析】我国市政工程建设施工企业（承包商）的资质等级可分三级。

11. 我国施工企业可分为五类，下列（　　）不包括在内。

A. 建筑　　B. 设备安装　　C. 机械施工　　D. 装饰装修

【答案】D

【解析】我国施工企业分为建筑、设备安装、机械施工、市政工程建设施工和建筑装饰施工五类。

12. 下列选项中，不属于以采购为核心的企业市场调查目的与主题的是（　　）。

A. 采购计划的需求确定　　B. 市场竞争状况

C. 规划企业采购与供应战略　　D. 确定仓储规模

【答案】D

【解析】施工企业市场调查目的与主题主要有采购计划的需求确定、市场竞争状况、潜在供应商开发、规划企业采购与供应战略。

13. 商品提供方对消费者或应用厂家进行的需求市场调查分析是（　　）。

A. 采购市场的调查分析　　B. 营销市场的调查分析

C. 建筑市场的调查分析　　D. 材料市场的调查分析

【答案】B

【解析】营销市场的调查分析是商品提供方对消费者或应用厂家进行的需求市场调查分析。

14. 下列选项中，不属于良好的市场分析机制应该包括的是（　　）。

A. 建立重要的物资来源的记录　　B. 建立同一类物资的价格目录

C. 建立可靠的市场信息记录　　D. 对市场情况进行分析研究

【答案】C

【解析】良好的市场分析机制应该包括：建立重要的物资来源的记录，建立同一类物资的价格目录，对市场情况进行分析研究。

15. 市场调查的方法大致分为文案调查、实地调查、问卷调查、（　　）等几类。

A. 电话调查　　B. 业务咨询　　C. 询问专家　　D. 实验调查

【答案】D

【解析】市场调查的方法大致分为文案调查、实地调查、问卷调查、实验调查等几类。

三、多选题

1. 一般说，市场是由市场主体、市场客体和（　　）构成的。

A. 市场规则　　B. 市场价格　　C. 市场机制　　D. 市场交易

E. 市场效益

【答案】ABC

【解析】市场是由市场主体、市场客体、市场规则、市场价格和市场机制构成的。

2. 根据市场交易场所的实体性，市场可分为（　　）。

A. 有形市场　　B. 无形市场　　C. 现货市场　　D. 期货市场

E. 建筑市场

【答案】AB

【解析】根据市场交易场所的实体性，市场可分为有形市场、无形市场。

3. 建筑产品交易一般分三次进行，分别为：（　　）。

A. 可行性报告阶段　　B. 勘察设计阶段

C. 物资采购阶段　　D. 施工阶段

E. 竣工验收阶段

【答案】ABD

【解析】建筑产品交易一般分三次进行，即可行性报告阶段、勘察设计阶段、施工阶段。

4. 建筑市场的构成主要包括（　　）。

A. 主体　　B. 客体

C. 建设工程交易中心　　D. 政府部门

E. 社会职能部门

【答案】ABC

【解析】建筑市场的构成主要包括主体、客体、建设工程交易中心。

5. 以下关于咨询、监理单位资质管理的相关叙述正确的是（　　）。

A. 建设工程咨询公司的业务范围不包括协助施工企业制订投标报价方案

B. 监理单位的资质分为甲级、乙级和丙级

C. 建设工程咨询公司的业务范围主要包括为建设单位服务和为施工企业服务两个方面

D. 乙级监理单位只能监理本地区、本部门二、三等的工程

E. 丙级监理单位只能监理本地区、本部门二、三等的工程

【答案】BCD

【解析】建设工程咨询公司的业务范围包括协助施工企业制订投标报价方案。乙级监理单位只能监理本地区、本部门二、三等的工程。

6. 建筑法规定，承包商资质评定的基本条件为（　　）。

A. 注册资本　　B. 专业技术人员的人数和水平

C. 办公场地　　D. 技术装备

E. 工程业绩

【答案】ABDE

【解析】建筑法规定，承包商资质评定的基本条件为注册资本、专业技术人员的人数和水平、办公场地、技术装备和工程业绩。

7. 政府部门通过哪些方面对建筑市场进行管理（　　）。

A. 制定建筑法律法规　　B. 安全和质量管理

C. 监督材料价格　　D. 资质管理

E. 发展国际合作

【答案】ABDE

【解析】政府部门通过以下四方面对建筑市场进行管理：制定建筑法律法规和标准；安全和质量管理；对业主、承包商、勘察设计和咨询监理等机构进行资质管理；发展国际合作和开拓国际市场等。

8. 下列属于建筑产品中有形的产品的是（　　）。

A. 建筑工程　　B. 建筑材料和设备

C. 建筑机械　　D. 监理

E. 建筑劳务

【答案】ABCE

【解析】建筑产品中有形的产品指建筑工程、建筑材料和设备、建筑机械、建筑劳务等。

9. 施工企业市场调查目的与主题主要有（　　）。

A. 采购计划的需求确定　　B. 市场竞争状况

C. 潜在供应商开发　　D. 确定仓储规模

E. 提高自身竞争力

【答案】ABC

【解析】施工企业市场调查目的与主题主要有采购计划的需求确定、市场竞争状况、

潜在供应商开发、规划企业采购与供应战略。

10. 市场的调查分析根据调查主、客体的不同可分为（　　）。

A. 营销市场的调查分析　　B. 采购市场的调查分析

C. 生产厂家和供应商的调查分析　　D. 需求市场调查分析

E. 消费者的调查分析

【答案】AB

【解析】市场的调查分析根据调查主、客体的不同可分为营销市场的调查分析和采购市场的调查分析。

11. 市场分析中搜集资料的过程就是调查过程。按照分析预测目的，主要搜集的资料是（　　）。

A. 市场现象产生原因资料　　B. 市场现象的发展过程资料

C. 市场现象产生影响的结果资料　　D. 市场现象关联性资料

E. 影响市场现象发展的各因素资料

【答案】BE

【解析】市场分析中搜集资料的过程就是调查过程。按照分析预测目的，主要搜集的资料是市场现象的发展过程资料和影响市场现象发展的各因素资料。

12. 良好的市场分析机制应该包括（　　）。

A. 建立重要的物资来源的记录　　B. 建立同一类物资的价格目录

C. 建立可靠的市场信息记录　　D. 建立良好的竞争价格目录

E. 对市场情况进行分析研究

【答案】ABE

【解析】良好的市场分析机制应该包括：建立重要的物资来源的记录，建立同一类物资的价格目录，对市场情况进行分析研究。

13. 调查分析采用综合数据分析时，主要指标包括（　　）。

A. 总量指标　　B. 平均指标　　C. 相对指标　　D. 强度指标

E. 离散度指标

【答案】ABCD

【解析】调查分析采用综合数据分析时，主要指标包括总量指标、平均指标、相对指标、强度指标。

四、案例题

1. 某外地B级施工单位，欲进入外省一中心城市拓展施工业务，在进入的可行性研究的过程中，对该市的建筑市场的风险与机遇进行了认真调查与分析，从而为是否进入的决策起到了决定性的作用。

（1）单选题

① 建筑产品的交易关系，不包括（　　）。

A. 供求关系　　B. 竞争关系　　C. 服务关系　　D. 准入关系

【答案】D

② 建筑市场的主体，不包括（　　）。

A. 业主　　B. 承包商
C. 工程咨询服务机构　　D. 建设工程交易中心

【答案】D

③ 以下各选项中属于建筑市场的客体的是（　　）。
A. 交易对象，即建筑产品　　B. 施工企业
C. 监管部门　　D. 材料供应商

【答案】A

④ 建筑施工企业的资质分为（　　）级。
A. 二　　B. 三　　C. 四　　D. 五

【答案】B

⑤ 我国《建筑法》规定，不包括在从事建筑工程单位资质管理范围的是（　　）。
A. 勘察设计单位　　B. 施工单位
C. 材料设备供应单位　　D. 工程咨询监理单位

【答案】C

⑥ 乙级监理单位只能监理本地区、本部门（　　）的工程。
A. 一、二等　　B. 二、三等　　C. 三、四等　　D. 所有

【答案】B

（2）多选题

① 政府在以下（　　）方面对建筑市场进行管理。
A. 制定建筑法律、法规、规范和标准
B. 安全和质量管理
C. 对业主、承包商、勘察设计和咨询监理等机构进行资质管理
D. 推进新型建筑材料和施工工艺的应用
E. 发展国际合作和开拓国际市场等

【答案】ABCE

② 通常，以采购为核心的企业市场调查目的与主题主要有（　　）。
A. 为编制和修订采购计划进行需求确定
B. 供应商之间的关系和市场竞争状况
C. 企业潜在市场和潜在供应商开发
D. 规划企业采购与供应战略
E. 国家对基本建设投资的前景预测

【答案】ABCD

第三章　招投标与合同

一、判断题

1. 施工单位最终向业主交付按投标设计文件规定的建筑产品。

【答案】错误

【解析】施工单位最终向业主交付按招标设计文件规定的建筑产品。

2. 建设项目按工程承包的范围可以分为项目总承包招标和专项工程承包招标。

【答案】正确

【解析】建设项目按工程承包的范围可以分为项目总承包招标和专项工程承包招标。

3. 专项工程承包招标指在工程承包招标中，对其中某个比较复杂或专业性强、施工和制作要求特殊的单位工程进行单独招标。

【答案】错误

【解析】专项工程承包招标指在工程承包招标中，对其中某个比较复杂或专业性强、施工和制作要求特殊的单项工程进行单独招标。

4. 申请投标单位按规定接受招标单位的资格预审查。一般选定参加投标的单位为4～10个。

【答案】正确

【解析】申请投标单位按规定接受招标单位的资格预审查。一般选定参加投标的单位为4～10个。

5. 建设项目招标主要有公开招标、邀请招标和协商议标三种方式。

【答案】正确

【解析】建设项目招标主要有公开招标、邀请招标和协商议标三种方式。

6. 招标单位向选定的投标单位发函通知，领取或购买招标文件。但是对于发给投标申请书而未被选定参加投标的单位，则无需通知。

【答案】错误

【解析】招标单位向选定的投标单位发函通知，领取或购买招标文件。对那些发给投标申请书而未被选定参加投标的单位，招标单位也应该及时通知。

7. 公开招标有助于开展竞争，打破垄断，但是招标费用的支出也较大。

【答案】正确

【解析】公开招标有助于开展竞争，打破垄断。但是招标单位审查投标者资格及其证书的工作量比较大，招标费用的支出也较大。

8. 邀请招标的优点是工作量小，组织工作较容易。

【答案】正确

【解析】邀请招标的优点是目标集中，招标的组织工作较容易，工作量比较小。

9. 对于涉及国家安全的工程应采取邀请招标。

【答案】错误

【解析】对于涉及国家安全的工程、军事保密的工程、紧急抢险救灾工程，或专业性、技术性要求较高的特殊工程，不适合采用公开招标和邀请招标的建设项，经招投标管理机构审查同意，可以进行协商议标。

10. 协商议标至少应该有 3 个投标单位。

【答案】错误

【解析】协商议标至少有 2 个投标单位。

11. 一般报价为工程成本 1.15 倍时，中标几率较高，利润也较好。

【答案】正确

【解析】一般报价为工程成本 1.15 倍时，中标几率较高，利润也较好。

12. 标底是建设项目的预期价格，通常由投标单位制定。

【答案】错误

【解析】标底是建设单位或其委托设计单位或建设监理单位。

13. 合同的担保是指法律规定或者由当事人双方协商约定的确保合同按约履行所采取的具有法律效力的一种保证措施。

【答案】正确

【解析】合同的担保是指法律规定或者由当事人双方协商约定的确保合同按约履行所采取的具有法律效力的一种保证措施。

14. 抵押是指债务人或者第三人将其动产移交债权人占有，将该动产作为债权的担保。

【答案】错误

【解析】抵押是指债务人或第三人不转移对抵押财产的占有，将该财产作为债权的担保。

15. 质押是指债务人或第三人不转移对抵押财产的占有，将该财产作为债权的担保。

【答案】错误

【解析】质押是指债务人或者第三人将其动产移交债权人占有，将该动产作为债权的担保。

16. 定金的具体数额由当事人约定，但不得超过主合同标的额的 20%。

【答案】正确

【解析】定金的具体数额由当事人约定，但不得超过主合同标的额的 20%。

17. 总承包人经发包人同意，可以将自己承包的部分工作交由第三人完成。

【答案】正确

【解析】总承包人或勘察、设计、施工承包人经发包人同意，可以将自己承包的部分工作交由第三人完成。

18. 承包人可以将其承包的全部建设工程转包给第三人，但不得将其承包的全部建设工程肢解以后以分包的名义分别转包给第三人。

【答案】错误

【解析】承包人不得将其承包的全部建设工程转包给第三人或将其承包的全部建设工程肢解以后以分包的名义分别转包给第三人。

19. 禁止承包人将工程分包给不具备相应资质条件的单位。

【答案】正确

【解析】禁止承包人将工程分包给不具备相应资质条件的单位。

20. 分包单位可以将自己承包的部分工作分包给第三人。

【答案】错误

【解析】禁止分包单位将其承包的工程再分包。

21. 如果当事人主观上没有过错，可以不承担违约责任。

【答案】错误

【解析】不管当事人主观上是否有过错，都要承担违约责任。

22. 只有发生不可抗力才能部分或者全部免除当事人的违约责任。

【答案】正确

【解析】只有发生不可抗力才能部分或者全部免除当事人的违约责任。

23. 承包人在材料设备到货前48小时通知工程师清点。

【答案】错误

【解析】承包人在材料设备到货前24小时通知工程师清点。

24.《建筑材料采购合同范本》中，货物验收选择卖方安装的，双方应在安装完毕后共同验收安装质量，经验收未达到约定安装标准的，卖方与买方重新议价达成一致后，卖方进行重新安装。

【答案】错误

【解析】货物验收选择卖方安装的，双方应在安装完毕后共同验收安装质量，经验收未达到约定安装标准的，卖方应无条件返工。

二、单选题

1. 下列选项中，不属于按建设项目建设程序分类的招标方式是（ ）。

A. 项目开发招标　　B. 项目总承包招标

C. 勘察设计招标　　D. 工程施工招标

【答案】B

【解析】按工程项目建设程序招标可分为建设项目开发招标、勘察设计招标和工程施工招标三类。

2. 下列不属于建设项目按行业类别进行分类的是（ ）。

A. 工程招标　　B. 勘察设计招标

C. 安装工程招标　　D. 工程施工招标

【答案】D

【解析】建设项目按行业类别可以分为工程招标、勘察设计招标、材料设备采购招标、安装工程招标、生产工艺技术转让招标、咨询服务招标等。

3. 申请投标单位按规定接受招标单位的资格预审查。一般选定参加投标的单位为（ ）个。

A. 2～4　　B. 3～5　　C. 4～6　　D. 4～10

【答案】D

【解析】申请投标单位按规定接受招标单位的资格预审查。一般选定参加投标的单位为4～10个。

4. 下列不属于建设项目招标方式的是（　　）。

A. 公开招标　　B. 邀请招标　　C. 协商议标　　D. 半公开招标

【答案】D

【解析】建设项目招标主要有公开招标、邀请招标和协商议标三种方式。

5. 邀请招标时，业主应向（　　）个以上承包商发出招标邀请书。

A. 2　　B. 3　　C. 4　　D. 5

【答案】B

【解析】邀请招标时，业主应向3个以上承包商发出招标邀请书。

6. 邀请招标时，业主选择投标单位的条件不包括（　　）。

A. 有过合作项目　　B. 企业信誉较好

C. 有足够的管理组织能力　　D. 财务状况良好

【答案】A

【解析】邀请招标时，业主选择投标单位的条件有：近期内承担过类似建设项目，工程经验比较丰富；企业的信誉较好；对本项目有足够的管理组织能力；对本项目的承担有足够的技术力量和生产能力保证；投标企业的业务、财务状况良好。

7. 对于涉及国家安全的工程、军事保密的工程、紧急抢险救灾工程应采用的招标方式是（　　）。

A. 公开招标　　B. 半公开招标　　C. 邀请招标　　D. 协商议标

【答案】D

【解析】对于涉及国家安全的工程、军事保密的工程、紧急抢险救灾工程，或专业性、技术性要求较高的特殊工程，不适合采用公开招标和邀请招标的建设项，经招投标管理机构审查同意，可以进行协商议标。

8. 一般报价为工程成本（　　）倍时，中标几率较高，利润也较好。

A. 1.05　　B. 1.10　　C. 1.15　　D. 1.20

【答案】C

【解析】一般报价为工程成本1.15倍时，中标几率较高，利润也较好。

9. 协商议标至少有（　　）个投标单位。

A. 1　　B. 2　　C. 3　　D. 4

【答案】B

【解析】协商议标至少有2个投标单位。

10. 以下关于邀请招标的方式，叙述正确的是（　　）。

A. 不发布广告

B. 应发布广告

C. 业主向有承担该项工程施工能力的2个以上（含2个）承包商发出招标邀请书

D. 业主向有承担该项工程施工能力的承包商发出招标邀请书

【答案】A

【解析】邀请招标不能发布广告，是向有承担该项工程施工能力的3个以上（含3个）工程单位发出招标邀请书。

11. 公开招标又称为（　　）。

A. 有限竞争招标　B. 无限竞争招标　C. 自由竞争招标　D. 无限制招标

【答案】B

【解析】公开招标又称为无限竞争招标。

12. 适用于投资额度大，工艺、结构复杂的较大型建设项目的招标方式为（　　）。

A. 公开招标　B. 邀请招标　C. 协商议标　D. 都行

【答案】A

【解析】当投资额度大，工艺、结构复杂的较大型建设项目，其招标方式需采用公开招标。

13. 招标文件应包括的内容不包括（　　）。

A. 建设项目概况　B. 设计图纸　C. 工程量清单　D. 材料明细表

【答案】D

【解析】招标文件的主要内容有：建设项目概况与综合说明、设计图纸和技术说明书、工程量清单和单价表、投标须知、合同主要条款及其他有关内容。

14. 下列选项中，不属于资格评审的主要内容的是（　　）。

A. 法人地位　B. 资质　C. 信誉　D. 财务状况

【答案】B

【解析】资格评审的主要内容包括：法人地位、信誉、财务状况、技术资格、项目实施经验等。

15. 以下关于“标底”的相关阐述正确的是（　　）。

A. 编制标底是建设项目投标前的一项重要准备工作

B. 标底等同于合同价

C. 标底通常由建设单位自己制定

D. 标底是建设项目的预期价格

【答案】D

【解析】编制标底是建设项目招标前的一项重要准备工作。标底是建设项目的预期价格，通常由建设单位或其委托设计单位或建设监理单位制定。但标底不等同于合同价。

16. 投标工作机构的决策者一般为（　　）。

A. 经理或业务副经理　B. 总工

C. 项目经理　D. 董事长

【答案】A

【解析】投标工作机构的决策者一般为经理或业务副经理。

17. 投标工作机构中，负责施工方案及技术措施的编审的是（　　）。

A. 项目经理　B. 经理或业务副经理

C. 项目负责人　D. 总工程师

【答案】D

【解析】投标工作机构中，总工程师或主任工程师负责施工方案及技术措施的编审。

18. 下列选项中，不属于投标单位计算标价主要依据的是（　　）。

A. 招标文件　B. 施工图纸和工程量清单

C. 材料预算价格　　　　　　　　D. 项目总体价格

【答案】D

【解析】投标单位计算标价主要依据有招标文件、施工图纸和工程量清单、施工组织设计、材料预算价格。

19. 投标工作机构的职能不包括（　　）。

A. 收集和分析招投标的信息资料　　　　B. 从事建设项目的投标活动

C. 总结投标经验　　　　　　　　　　D. 编制招标文件

【答案】D

【解析】投标工作机构的职能包括：收集和分析招投标的各种信息资料；从事建设项目的投标活动；总结投标经验，研究投标策略。

20. 对于“标价”解释不正确的是（　　）。

A. 代表行业的平均水平

B. 是企业自定的价格

C. 反映企业的管理水平

D. 标价费用由直接工程费、间接费、利润、税金等组成

【答案】A

【解析】标价是企业自定的价格，反映企业的管理水平等。

21. 一般情况下，报价为工程成本的（　　）倍时，中标几率较高，企业的利润也较好。

A. 1.15　　B. 1.2　　C. 1.25　　D. 1.50

【答案】A

【解析】一般情况下，报价为工程成本的1.15倍时，中标几率较高，企业的利润也较好。

22. 合同的平等主体（即当事人）包括法人、其他组织和（　　）。

A. 自然人　　B. 私企　　C. 投标人　　D. 招标人

【答案】A

【解析】合同的平等主体（即当事人）包括法人、其他组织和自然人。

23. 法人分为两类，包括企业法人和（　　）。

A. 事业法人　　B. 非企业法人　　C. 法定代表人　　D. 公司代表

【答案】B

【解析】法人分为两类，包括企业法人和非企业法人。

24. 终止是因法律规定的原因或当事人约定的原因出现时，合同所规定的当事人双方的权利义务关系归于消灭的状况。下列选项中，不属于终止的是（　　）。

A. 自然终止　　B. 裁决终止　　C. 协议终止　　D. 合同终止

【答案】D

【解析】终止包括自然终止、裁决终止和协议终止。

25. 下列哪一项不是合同订立的基本原则（　　）。

A. 自愿原则　　B. 守法原则　　C. 合法原则　　D. 公平原则

【答案】C

【解析】合同订立的基本原则有自愿原则、守法原则、诚实信用原则、公平原则。

26. 要约失效的情形不包括（　　）。

A. 拒绝要约的通知到达要约人

B. 要约人依法撤销要约

C. 承诺期限届满，受要约人未作出承诺

D. 受要约人对要约内容作出非实质性变更

【答案】D

【解析】要约失效的情形有：拒绝要约的通知到达要约人；要约人依法撤销要约；承诺期限届满，受要约人未作出承诺；受要约人对要约内容作出实质性变更。

27. 争议解决的方法不包括（　　）。

A. 和解　　B. 调解　　C. 裁定　　D. 诉讼

【答案】C

【解析】争议解决的方法有和解、调解、仲裁和诉讼。

28. 合同生效的情形不包括（　　）。

A. 成立生效　　B. 批准登记生效　　C. 约定生效　　D. 效力生效

【答案】D

【解析】合同生效的情形有成立生效、批准登记生效和约定生效。

29. 合同无效的情形不包括（　　）。

A. 一方以欺诈、胁迫的手段订立合同，损害国家利益

B. 在订立合同时显失公平的

C. 恶意串通，损害国家、集体或者第三人利益

D. 以合法形式掩盖非法目的

【答案】B

【解析】合同无效的情形包括：

1）一方以欺诈、胁迫的手段订立合同，损害国家利益。

2）恶意串通，损害国家、集体或者第三人利益。

3）以合法形式掩盖非法目的。

4）损害社会公众利益。

5）违反法律、行政法规的强制性规定。

30. 可变更或者可撤销合同的情形不包括（　　）。

A. 一方以欺诈、胁迫的手段，使对方在违背真实意思的情况下订立的

B. 因重大误解订立的

C. 在订立合同时显失公平的

D. 恶意串通，损害国家、集体或者第三人利益

【答案】D

【解析】可变更或者可撤销合同的情形有：

1）因重大误解订立的。

2）在订立合同时显失公平的。

3）一方以欺诈、胁迫的手段或者乘人之危，使对方在违背真实意思的情况下订立的。

31. 根据担保法的规定，可以抵押的财产不包括（ ）。

A. 房屋　　B. 交通运输工具

C. 国有土地使用权　　D. 集体土地使用权

【答案】D

【解析】根据担保法的规定，可以抵押的财产有：房屋和其他地上定着物；机器、交通工具和其他财产；依法承包并经发包方同意抵押的荒山、荒沟、荒丘、靠滩等荒地的土地所有权；依法可以抵押的其他财产。

32. 根据担保法，禁止抵押的财产不包括（ ）。

A. 宅基地　　B. 耕地

C. 以公益为目的的事业单位　　D. 国有土地使用权

【答案】D

【解析】根据担保法，禁止抵押的财产有：土地所有权；耕地、宅基地、自留地、自留山等集体所有的土地使用权，但法律有规定的可抵押物除外；学校、幼儿园、医院等以公益为目的的事业单位、社会团体的教育设施、医疗卫生设施和其他社会公益设施；所有权、使用权不明确或有争议的财产；依法被查封、扣押、监管的财产；依法不得抵押的其他财产。

33. 下列哪一项不是合同的担保方式（ ）。

A. 保证　　B. 抵押　　C. 赔偿　　D. 留置

【答案】C

【解析】合同担保方式：保证、抵押、质押、留置和定金。

34. 收受定金的一方不履行约定的债务的，应当（ ）倍返还定金。

A. 1　　B. 1.5　　C. 2　　D. 3

【答案】C

【解析】收受定金的一方不履行约定的债务的，应当2倍返还定金。

35. 定金的具体数额由当事人约定，但不得超过主合同标的额的（ ）。

A. 10%　　B. 20%　　C. 25%　　D. 30%

【答案】B

【解析】定金的具体数额由当事人约定，但不得超过主合同标的额的20%。

36. 以下说法不正确的是（ ）。

A. 禁止承包人将工程分包给不具备相应资质条件的单位。

B. 禁止分包单位将其承包的工程再分包。

C. 建设工程主体结构不得分包

D. 承包人可以将其承包的全部建设工程转包给第三人

【答案】D

【解析】承包人不得将其承包的全部建设工程转包给第三人。

37. 违约责任的承担形式不包括（ ）。

A. 违约金　　B. 赔偿损失　　C. 继续履行　　D. 协商谈判

【答案】D

【解析】违约责任的承担形式有：违约金；赔偿损失；继续履行；采取补救措施违约；

责任的免除。

38. 赔偿损失的方式不包括（　　）。

A. 恢复原状　　B. 金钱赔偿　　C. 实物赔偿　　D. 代物赔偿

【答案】 C

【解析】 赔偿损失的方式有恢复原状、金钱赔偿和代物赔偿。

39. 构成建设工程施工合同的文件不包括（　　）。

A. 施工合同协议书　　B. 中标通知书

C. 施工合同条款　　D. 施工技术资料

【答案】 D

【解析】 构成建设工程施工合同的文件有施工合同协议书、中标通知书、施工合同条款、图纸等。

40. 依据《建筑工程施工合同示范文本》，发包人供应的材料设备，（　　）派人参加清点后由（　　）妥善保管，（　　）支付相应费用。

A. 发包人，承包人，发包人　　B. 发包人，发包人，承包人

C. 承包人，承包人，承包人　　D. 承包人，承包人，发包人

【答案】 D

【解析】 依据《建筑工程施工合同示范文本》，发包人供应的材料设备，承包人派人参加清点后由承包人妥善保管，发包人支付相应费用。

三、多选题

1. 根据不同的分类方式，建设项目招标具有不同的类型。其中，按建设项目建设程序可以分为（　　）。

A. 项目开发招标　　B. 项目总承包招标

C. 勘察设计招标　　D. 工程施工招标

E. 专项工程承包招标

【答案】 ACD

【解析】 按工程项目建设程序招标可分为建设项目开发招标、勘察设计招标和工程施工招标三类。

2. 建设项目按工程承包的范围可以分为（　　）。

A. 项目总承包招标　　B. 工程施工招标

C. 专项工程承包招标　　D. 分项工程承包招标

E. 单项工程承包招标

【答案】 AC

【解析】 建设项目按工程承包的范围可以分为项目总承包招标和专项工程承包招标。

3. 建设项目按行业类别可以分为（　　）。

A. 工程招标　　B. 勘察设计招标

C. 安装工程招标　　D. 咨询服务招标

E. 工程施工招标

【答案】 ABCD

【解析】 建设项目按行业类别可以分为工程招标、勘察设计招标、材料设备采购招标、安装工程招标、生产工艺技术转让招标、咨询服务招标等。

4. 建设项目招标的方式主要有（　　）。

A. 公开招标　　B. 邀请招标　　C. 协商议标　　D. 半公开招标

E. 非竞争性招标

【答案】 ABC

【解析】 建设项目招标主要有公开招标、邀请招标和协商议标三种方式。

5. 邀请招标时，业主选择投标单位的条件有（　　）。

A. 工程经验丰富　　B. 企业信誉较好

C. 有足够的管理组织能力　　D. 财务状况良好

E. 有过合作项目

【答案】 ABCD

【解析】 邀请招标时，业主选择投标单位的条件有：近期内承担过类似建设项目，工程经验比较丰富；企业的信誉较好；对本项目有足够的管理组织能力；对本项目的承担有足够的技术力量和生产能力保证；投标企业的业务、财务状况良好。

6. 招标文件应包括的内容有（　　）。

A. 建设项目概况　　B. 设计图纸　　C. 工程量清单　　D. 材料明细表

E. 投标须知

【答案】 ABCE

【解析】 招标文件的主要内容有：建设项目概况与综合说明、设计图纸和技术说明书、工程量清单和单价表、投标须知、合同主要条款及其他有关内容。

7. 资格评审的主要内容包括（　　）。

A. 法人地位　　B. 信誉　　C. 财务状况　　D. 技术资格

E. 资质

【答案】 ABCD

【解析】 资格评审的主要内容包括：法人地位、信誉、财务状况、技术资格、项目实施经验等。

8. 按工程承包范围分类，建设项目招标可分为（　　）。

A. 新建项目招标　　B. 项目总承包招标

C. 专项工程承包招标　　D. 扩建项目招标

E. 大型项目招标

【答案】 BC

【解析】 按工程承包范围分类，建设项目招标可分为项目总承包招标和专项工程承包招标。

9. 以下属于投标单位计算标价主要依据的有（　　）。

A. 招标文件　　B. 施工图纸和工程量清单

C. 施工组织设计　　D. 材料预算价格

E. 项目总体价格

【答案】 ABCD

【解析】 投标单位计算标价主要依据有招标文件、施工图纸和工程量清单、施工组织设计、材料预算价格。

10. 合同的平等主体（即当事人）包括（　　）。

A. 法人　　B. 自然人　　C. 其他组织　　D. 私企

E. 投标人

【答案】 ABC

【解析】 合同的平等主体（即当事人）包括法人、其他组织和自然人。

11. 终止是因法律规定的原因或当事人约定的原因出现时，合同所规定的当事人双方的权利义务关系归于消灭的状况，包括（　　）。

A. 自然终止　　B. 裁决终止　　C. 协议终止　　D. 合同终止

E. 未履行终止

【答案】 ABC

【解析】 终止包括自然终止、裁决终止和协议终止。

12. 合同订立的基本原则有（　　）。

A. 自愿原则　　B. 守法原则　　C. 诚实信用原则　　D. 公平原则

E. 合法原则

【答案】 ABCD

【解析】 合同订立的基本原则有自愿原则、守法原则、诚实信用原则、公平原则。

13. 要约失效的情形有（　　）。

A. 拒绝要约的通知到达要约人

B. 要约人依法撤销要约

C. 承诺期限届满，受要约人未作出承诺

D. 要约人在受要约人发出承诺通知后撤销要约

E. 受要约人对要约内容作出非实质性变更

【答案】 ABC

【解析】 要约失效的情形有：拒绝要约的通知到达要约人；要约人依法撤销要约；承诺期限届满，受要约人未作出承诺；受要约人对要约内容作出实质性变更。

14. 合同生效的情形有（　　）。

A. 成立生效　　B. 批准登记生效　　C. 约定生效　　D. 效力生效

E. 限制性生效

【答案】 ABC

【解析】 合同生效的情形有成立生效、批准登记生效和约定生效。

15. 争议解决的方法有（　　）。

A. 和解　　B. 调解　　C. 仲裁　　D. 诉讼

E. 裁定

【答案】 ABCD

【解析】 争议解决的方法有和解、调解、仲裁和诉讼。

16. 合同无效的情形包括（　　）。

A. 一方以欺诈、胁迫的手段订立合同，损害国家利益

B. 因重大误解订立的

C. 在订立合同时显失公平的

D. 恶意串通，损害国家、集体或者第三人利益

E. 以合法形式掩盖非法目的

【答案】 ADE

【解析】 合同无效的情形包括：

（1）一方以欺诈、胁迫的手段订立合同，损害国家利益。

（2）恶意串通，损害国家、集体或者第三人利益。

（3）以合法形式掩盖非法目的。

（4）损害社会公众利益。

（5）违反法律、行政法规的强制性规定。

17. 可变更或者可撤销合同的情形有（　　）。

A. 一方以欺诈、胁迫的手段，使对方在违背真实意思的情况下订立的

B. 因重大误解订立的

C. 在订立合同时显失公平的

D. 恶意串通，损害国家、集体或者第三人利益

E. 以合法形式掩盖非法目的

【答案】 ABC

【解析】 可变更或者可撤销合同的情形有：

（1）因重大误解订立的。

（2）在订立合同时显失公平的。

（3）一方以欺诈、胁迫的手段或者乘人之危，使对方在违背真实意思的情况下订立的。

18. 合同担保的方式有（　　）。

A. 保证　　B. 抵押　　C. 质押　　D. 留置和定金

E. 担保

【答案】 ABCD

【解析】 合同担保的方式有保证、抵押、质押、留置和定金。

19. 根据担保法的规定，可以抵押的财产有（　　）。

A. 房屋　　B. 交通运输工具　　C. 国有土地使用权　　D. 宅基地

E. 自留地

【答案】 ABC

【解析】 根据担保法的规定，可以抵押的财产有：房屋和其他地上定着物；机器、交通工具和其他财产；依法承包并经发包方同意抵押的荒山、荒沟、荒丘、靠滩等荒地的土地所有权；依法可以抵押的其他财产。

20. 根据担保法，禁止抵押的财产有（　　）。

A. 宅基地　　B. 耕地

C. 以公益为目的的事业单位　　D. 有争议的财产

E. 国有土地使用权

【答案】 ABCD

【解析】根据担保法，禁止抵押的财产有：土地所有权；耕地、宅基地、自留地、自留山等集体所有的土地使用权，但法律有规定的可抵押物除外；学校、幼儿园、医院等以公益为目的的事业单位、社会团体的教育设施、医疗卫生设施和其他社会公益设施；所有权、使用权不明确或有争议的财产；依法被查封、扣押、监管的财产；依法不得抵押的其他财产。

21. 以下说法正确的有（　　）。

A. 禁止承包人将工程分包给不具备相应资质条件的单位。

B. 禁止分包单位将其承包的工程再分包。

C. 建设工程主体结构不得分包

D. 承包人可以将其承包的全部建设工程转包给第三人

E. 承包人可以将其承包的全部建设工程肢解以后以分包的名义分别转包给第三人

【答案】ABC

【解析】承包人不得将其承包的全部建设工程转包给第三人或将其承包的全部建设工程肢解以后以分包的名义分别转包给第三人。

22. 赔偿损失的方式有（　　）。

A. 恢复原状　B. 金钱赔偿　C. 实物赔偿　D. 代物赔偿

E. 采取补救措施

【答案】ABD

【解析】赔偿损失的方式有恢复原状、金钱赔偿和代物赔偿。

23. 构成建设工程施工合同的文件有（　　）。

A. 施工合同协议书　B. 中标通知书

C. 施工合同条款　D. 图纸

E. 施工技术资料

【答案】ABCD

【解析】构成建设工程施工合同的文件有施工合同协议书、中标通知书、施工合同条款、图纸等。

24. 政府采购的原则有（　　）。

A. 公开性原则　B. 公平性原则　C. 公正性原则　D. 守法性原则

E. 政策性原则

【答案】AB

【解析】政府采购的原则有公开性原则、公平性原则、效率性原则、适度集权原则。

四、案例题

1. 某市为规范建设项目招标与投标市场，根据《招标投标法》的有关规定，由该市发展和改革委员会会同有关部门组建该市跨行业、跨地区的综合性的市级评标专家库，进一步规范评标专家的聘用与管理。由具备一定的条件，经招投标管理机构审查批准的工程建设咨询专业公司和招标组织进行招投标工作。

（1）单选题

① 工程施工招标是在建设项目的初步设计或施工图设计完成后，用招标的方式选择施工单位的招标。施工单位最终向业主交付按（　　）文件规定的建筑产品。

A. 招标设计　　B. 合同文件　　C. 投标设计　　D. 竣工结算

【答案】A

② 标底是建设项目的（　　），通常由建设单位或其委托设计单位或建设监理单位制定。

A. 合同价格　　B. 投资预算　　C. 预期价格　　D. 结算总价

【答案】C

③ 合同无效，（　　）合同中独立存在的有关解决争议条款的效力。

A. 影响　　B. 不影响　　C. 可修改　　D. 应修改

【答案】B

④ 投标标价的费用由（　　）等组成。

A. 材料费、间接费、利润、其他费用和不可预见费

B. 材料费、人工费、利润、税金、不可预见费

C. 直接工程费、间接费、利润、税金、其他费用和不可预见费

D. 人机料费、管理费、利润、税金、其他费用

【答案】C

⑤ 价款或者报酬不明确的，按照（　　）的市场价格履行；依法应当执行政府定价或者指导价的，按照规定履行。

A. 订立合同时履行地　　B. 订立合同时

C. 履行地　　D. 相似合同

【答案】A

⑥ 我国《担保法》规定的担保方式为保证、抵押、质押、留置和定金，其中质押分为（　　）。

A. 动产质押和不动产质押　　B. 资产质押和权利质押

C. 不动产质押和非权利质押　　D. 动产质押和权利质押

【答案】D

（2）多选题

① 建设项目按工程项目建设程序招标可分为（　　）三种类型。

A. 建设监理招标　　B. 建设项目开发招标

C. 建设项目总承包招标　　D. 勘察设计招标

E. 施工招标

【答案】BDE

② 建设项目招标主要有（　　）三种方式。

A. 公开招标　　B. 非公开招标　　C. 邀请招标　　D. 协商议标

E. 定向招标

【答案】ACD

第四章　材料、设备配置的计划

一、判断题

1. 项目材料、设备的配置计划按用途划分，可分为：需用计划、申请计划、采购（加工订货）计划、供应计划、储备计划。

【答案】正确

【解析】项目材料、设备的配置计划按用途划分，可分为：需用计划、申请计划、采购（加工订货）计划、供应计划、储备计划。

2. 材料季度计划是年度计划的滚动计划和分解计划。

【答案】正确

【解析】材料季度计划是年度计划的滚动计划和分解计划，说法正确。

3. 材料的年度计划是企业控制成本，编制资金计划和考核物资部门全年工作的主要依据。

【答案】正确

【解析】材料的年度计划是企业控制成本，编制资金计划和考核物资部门全年工作的主要依据。

4. 室内、外各类防水材料属于 ABC 分类法中的 A 类物资。

【答案】错误

【解析】室内、外各类防水材料属于 ABC 分类法中的 B 类物资。

5. 考虑到“工完料清场地净”，材料实际需用量要略小于计划需用量。

【答案】正确

【解析】在工程竣工阶段，因考虑到“工完料清场地净”，防止工程竣工材料积压，一般是利用库存控制进料，这样实际需用量要略小于计划需用量。

6. 由于施工预算编制较细，一般应高于施工图预算。

【答案】错误

【解析】由于施工预算编制较细，又有比较切实合理的施工方案和技术节约措施，一般应低于施工图预算。

7. 一些通用性材料，在工程进行初期阶段，实际需用量要略小于计划需用量。

【答案】错误

【解析】一些通用性材料，在工程进行初期阶段，实际需用量要略大于计划需用量。

8. 材料消耗量汇总表是编制材料需用量计划的依据。

【答案】正确

【解析】材料消耗量汇总表是编制材料需用量计划的依据。

9. 单位工程机械需用（台班）量确定的依据是单位工程工程量和定额机械台班用量。

【答案】错误

【解析】单位工程施工机械需用（台班）量计算是根据单位工程工程量、施工方案、施工机具类型、定额机械台班用量编制的。

10. 材料用款计划为尽可能少的占用资金、合理使用有限的备料资金，而制定的材料用款计划，资金是材料物资供应的保证。

【答案】正确

【解析】材料用款计划为尽可能少的占用资金、合理使用有限的备料资金，而制定的材料用款计划，资金是材料物资供应的保证。

11. 当材料消耗的历史统计资料比较齐全时，可采用类比分析法用类似工程的消耗定额进行间接推算。

【答案】错误

【解析】当材料消耗的历史统计资料比较齐全时，可采用动态分析法，通过分析变化规律和计划任务量估算材料计划需用量，当既无消耗定额，又无历史统计资料时，可采用类比分析法用类似工程的消耗定额进行间接推算。

12. 材料供应量计划中计算材料供应量时，其中期末储备量为经常储备和保险储备的合计，不考虑季节储备。

【答案】错误

【解析】材料供应量的计算中，期末储备量为经常储备和保险储备的合计，或者是经常储备、保险储备和季节储备的合计。

二、单选题

1. （　　）是企业内部编制施工作业计划，是工程项目实行限额领料的依据。是企业项目核算的基础。

A. 施工定额　　B. 企业定额　　C. 施工图预算　　D. 施工预算

【答案】D

【解析】施工预算是企业内部编制施工作业计划，是工程项目实行限额领料的依据。是企业项目核算的基础。

2. 材料月度需用计划也称（　　）计划。

A. 储备　　B. 备料　　C. 滚动　　D. 分解

【答案】B

【解析】月度需用计划也称备料计划，是由项目技术部门依据施工方案和项目月度计划编制的下月备料计划。

3. 项目月度材料采购计划中量的确定为（　　）。

A. 储备量＋申请量　　B. 储备量＋合理运输损耗量

C. 申请量＋合理运输损耗量　　D. 供货量＋合理运输损耗量

【答案】C

【解析】项目月度材料采购计划中量的确定：材料采购量＝申请量＋合理运输损耗量。

4. 下列物资中，不属于A类物资的是（　　）。

A. 钢材　　B. 水泥　　C. 木材　　D. 防水材料

【答案】D

【解析】属于A类物资的有：钢材、水泥、木材、装饰材料、机电材料、工程机械设备。

5. 下列物资中，不属于B类物资的是（　　）。

A. 防水材料　　B. 保温材料　　C. 装饰材料　　D. 地方材料

【答案】 C

【解析】 属于B类物资的有：防水材料、保温材料、地方材料、安全防护用具、租赁设备等。

6. 下列物资中，不属于C类物资的是（　　）。

A. 油漆　　B. 五金　　C. 小五金　　D. 杂品

【答案】 B

【解析】 属于C类物资的有：油漆、小五金、杂品、劳保用品等。

7. 企业一级材料计划员在编制和执行计划中，应做到的“把两关”是（　　）。

A. 材料供应平衡关和计划用量落实关

B. 严格计划供应和定期碰头会决策

C. 核实计划用料关和核实周转材料关

D. 督促各建设单位给足指标和控制基层用料、掌握项目节约和超支情况

【答案】 D

【解析】 企业一级材料计划员在编制和执行计划中，应做到的“把两关”是：按预（决）算督促各建设单位（或主管部门）给足指标；按预（决）算用料量控制基层用料、掌握项目节约和超支情况。

8. 下列不属于材料计划检查和分析制度的有（　　）。

A. 供应检查制度　　B. 现场检查制度　　C. 定期检查制度　　D. 统计检查制度

【答案】 A

【解析】 材料计划检查和分析制度有现场检查制度、定期检查制度、统计检查制度。

三、多选题

1. 单位工程施工机械需用量计算是根据（　　）编制的。

A. 单位工程工程量　　B. 设计方案

C. 施工方案　　D. 施工机具类型

E. 定额机械台班用量

【答案】 ACDE

【解析】 单位工程施工机械需用量计算是根据单位工程工程量、施工方案、施工机具类型及定额机械台班用量编制的。

2. 采用直接计算法计算施工项目某种材料计划需用量时，可采用的定额为（　　）。

A. 材料消耗施工定额　　B. 概算定额

C. 月度计划　　D. 旬计划

E. 预算定额

【答案】 AB

【解析】 采用直接计算法计算施工项目某种材料计划需用量时，可采用的定额为材料消耗施工定额和概算定额。

3. 已知工程结构类型及建设面积匡算主要材料需用量时，必需的数据是（　　）。

A. 工程的建筑面积　　B. 该种材料消耗定额

C. 调整系数　　D. 每万元工程量该种材料消耗定额

E. 工程项目总投资

【答案】 ABC

【解析】 已知工程结构类型及建设面积匡算主要材料需用量时，必需的数据是工程的建筑面积；该类工程单位建筑面积，该种材料消耗定额，调整系数。

4. 项目物资计划管理的任务有（　　）。

A. 做好物质准备　　B. 做好平衡、协调工作

C. 合理使用资金　　D. 建立健全企业物资计划管理体系

E. 及时进行物资调配

【答案】 ABCD

【解析】 项目物资计划管理的任务有：做好物质准备；做好平衡、协调工作；合理使用资金；建立健全企业物资计划管理体系。

5. 项目材料、设备的配置计划按用途可以分为（　　）。

A. 需用计划　　B. 申请计划　　C. 采购计划　　D. 供应计划

E. 追加计划

【答案】 ABCD

【解析】 项目材料、设备的配置计划按用途可以分为需用计划、申请计划、采购计划、供应计划、储备计划。

6. 按材料计划涵盖的时间段划分，可分为（　　）。

A. 年度计划　　B. 季度计划　　C. 月度计划　　D. 旬计划

E. 追加计划

【答案】 ABCE

【解析】 按材料计划涵盖的时间段划分，可分为年度计划、季度计划、月度计划、追加计划。

7. 下列物资中，属于A类物资的有（　　）。

A. 钢材　　B. 水泥　　C. 木材　　D. 装饰材料

E. 防水材料

【答案】 ABCD

【解析】 属于A类物资的有：钢材、水泥、木材、装饰材料、机电材料、工程机械设备。

8. 下列物资中，属于B类物资的有（　　）。

A. 防水材料　　B. 保温材料　　C. 装饰材料　　D. 地方材料

E. 机电材料

【答案】 ABD

【解析】 属于B类物资的有：防水材料、保温材料、地方材料、安全防护用具、租赁设备等。

9. 下列物资中，属于C类物资的有（　　）。

A. 油漆　　B. 五金　　C. 小五金　　D. 杂品
E. 劳保用品

【答案】ACDE

【解析】属于C类物资的有：油漆、小五金、杂品、劳保用品等。

10. 材料计划分类中，以下属于按计划用途分的有（　　）。
A. 一次性用料计划　　B. 材料申请计划
C. 生产材料计划　　D. 材料储备计划
E. 材料加工订货计划

【答案】BE

【解析】按计划用途，材料计划可以分为材料需用计划、材料申请计划、材料供应计划、材料加工订货计划、材料采购计划、材料运输计划、材料用款计划。

11. 材料计划的变更及修订主要方法有（　　）。
A. 专案调整或修订　　B. 汇集专家意见修订
C. 临时调整或修订　　D. 按领导指示调整或修订
E. 全面调整或修订

【答案】ACE

【解析】材料计划的变更及修订主要方法有全面调整或修订、专案调整或修订、临时调整或修订。

四、案例题

1. 某施工工程制定材料、设备配置的计划，其中采用分部分项工程中的各工种的用工量和各项原材料的消耗量，以此作为计划采购的依据，同时用建筑安装实物工程量×某种材料预算定额作为某种材料计划需用量，在计划审定时，提出该计划在以上数据计算和其他相关问题中出现不当，请针对这些问题提出以下纠正方案和应注意的问题。

（1）单选题

①（　　）是施工预算的基本计算用表。通过此表可以查出分部分项工程中的各工种的用工量和各项原材料的消耗量，以此作为计划采购的依据之一。
A. 标底材料汇总　　B. 工（材）料分析表
C. 招标文件材料分析表　　D. 投标文件材料分析表

【答案】B

② 用直接计算法计算某种材料计划需用量，其一般计算公式为：
某种材料计划需用量=（　　）
A. 建筑安装实物工程量×某种材料消耗定额
B. 建筑安装实物工程量×某种材料预算定额
C. 建筑安装预算工程量×某种材料预算定额
D. 建筑安装预算工程量×某种材料消耗定额

【答案】A

③ 在工程竣工阶段，因考虑“工完料清场地净”，防止工程竣工材料积压，一般是利用库存控制进料，这样实际需用量要（　　）计划需用量。

A. 小于　　B. 大于　　C. 略小于　　D. 略大于

【答案】C

④ 材料月度计划需用量的确定公式正确的应为（　　）。

A. 需用量＝实际用量×(1＋合理损耗率)

B. 需用量＝实际用量×(1＋合理库存率)

C. 需用量＝预算用量×(1＋合理库存率)

D. 需用量＝图纸用量×(1＋合理损耗率)

【答案】D

⑤ 某公司供应计划的编制根据物资对于企业质量和成本的影响程度和物资管理体制将物资分为A、B、C三类进行计划管理。以减少中间环节，发挥各级物资管理人员的作用，以下各选项物资按A、B、C三类分别对应正确的为（　　）。

A. 防水材料、保温材料、安全网　　B. 水泥、保温材料、油漆

C. 水泥、装饰材料　　D. 木材、机电材料、小五金

【答案】B

⑥ 编制施工方案时，施工机械的选择，多使用（　　），即依据施工机械的额定台班产量和规定的台班单价，计算单位工程量成率，以选择成本最低的方案。

A. 单位工程量成本比较法　　B. 额定台班产量法

C. 台班单价法　　D. 最低机械成本法

【答案】A

(2) 多选题

①《单位工程物资总量供应计划》是工程组织物资供应的前期方案和总量控制依据，是企业编制工程制造成本中材料成本的主要依据。计划中包括主要材料的供应模式（采购或租赁）、主要材料大概用量、供方名称、所选定物资供方的理由和材质证明、生产企业资质文件等，其编制依据有（　　）。

A. 项目投标书中的《材料汇总表》　　B. 项目招标书中的《材料汇总表》

C. 项目施工组织计划　　D. 当期物资市场采购价格

E. 预期物资市场采购价格

【答案】ACD

② 项目物资供应计划中要明确标明的有（　　）。

A. 物资的类别、名称　　B. 品种（型号）规格、数量

C. 进场时间、交货地点　　D. 验收人和编制日期、编制依据

E. 出厂日期、生产厂家

【答案】ABCD

第五章　材料、设备的采购

一、判断题

1. 现货供应适用于一次采购批量大，价格升浮幅度较大，供货时间可确定的主要材料设备。

【答案】错误

【解析】现货供应的采购方式一般适用于市场供应比较充裕，价格升浮幅度较小，采购批量、价值都较小，采购较为频繁的材料设备。而适用于一次采购批量大，价格升浮幅度较大，供货时间可确定的主要材料设备等采购的采购方式是期货供应。

2. 材料采购方式不是一成不变的，企业要把握市场，灵活应用采购方式。

【答案】正确

【解析】在市场经济条件下，建筑企业的采购工作要根据复杂多变的市场情况，采用灵活多样的采购方式，既要保证施工生产需要，又要最大限度降低采购成本。

3. 以大分包形式分包的工程，分包单位的物资供方评定工作由项目经理负责。

【答案】错误

【解析】以大分包形式分包的工程，分包单位的物资供方评定工作由项目物资部负责。

4. B、C类物资均可不进行物资供方评定工作。

【答案】错误

【解析】C类物资可不进行物资供方评定工作。

5. 材料采购招标的应标供应商不得少于2家。

【答案】错误

【解析】采购招标中，招标在入围的合格供应商中进行，应标供应商不得少于三家。

6. 项目材料结算方式主要为企业内部结算和对外结算。

【答案】正确

【解析】工程项目材料结算方式主要分为企业内部结算和对外结算两大类。

7. 材料、设备采购应坚持的“三比一算”是指：比质量、比价格、比运距、算成本。

【答案】正确

【解析】材料、设备采购应坚持的“三比一算”是指：比质量、比价格、比运距、算成本，是对采购环节加强核算和管理的基本要求。

8. 采购业务谈判过程中，对于违约的赔偿额度和方式，在没有成交之前必须坚持需方要求不能让步。成交后的合同签订上，文字应注意含糊，以便于后期再次谈判。

【答案】错误

【解析】采购业务谈判过程中，对于违约的赔偿额度和方式，在没有成交之前应控制双方情绪，留有一定余地，避免出现谈判僵局。成交后一定要有书面合同和协议，条款一定要清楚，文字不能含糊不清，避免产生歧义和不必要的争议。

9. 物资采购合同签订过程中，为了避免合同欺诈风险，双方订立合同时，尽量由供应商出具合同。

【答案】错误

【解析】合同欺诈风险的规避措施有：双方订立合同时，尽量由采购方出具合同，并严格按照采购方的合同条款执行。

二、单选题

1. 材料的期货供应属于（　　）的供货方式。

A. 联合开发获得资源　　B. 招标采购
C. 市场采购　　D. 协作采购

【答案】C

【解析】市场采购分为现货供应、期货供应和赊销供应。

2. 采购较为频繁的材料设备时应采用（　　）。

A. 协作采购　　B. 现货供应　　C. 期货供应　　D. 赊销供应

【答案】B

【解析】现货供应的采购方式一般适用于市场供应比较充裕，价格升浮幅度较小，采购批量、价值都较小，采购较为频繁的材料设备。

3. 当一次采购批量大时，且价格升浮幅度较大，而供货时间可确定的主要材料设备可采用（　　）。

A. 协作采购　　B. 现货供应　　C. 期货供应　　D. 赊销供应

【答案】C

【解析】期货供应适用于一次采购批量大，价格升浮幅度较大，供货时间可确定的主要材料设备等采购的一种采购方式。

4. 适用于施工生产连续使用，供应商长期固定、市场供大于求，竞卖较为激烈的材料设备的采购方式是（　　）。

A. 协作采购　　B. 现货供应　　C. 期货供应　　D. 赊销供应

【答案】D

【解析】赊销供应适用于施工生产连续使用，供应商长期固定、市场供大于求，竞卖较为激烈的材料设备而采用的一种采购方式。

5. 要求工程项目材料人员必须与业主方配合才能完成材料采购任务的采购方式是（　　）。

A. 市场采购　　B. 招标采购　　C. 协作采购　　D. 赊销供应

【答案】C

【解析】协作采购方式．要求工程项目材料人员必须与业主方配合，才能完成材料采购任务。

6. 最优采购批量是指（　　）之和最低的采购批量。

A. 材料费和机械费　　B. 采购费和储存费
C. 运输费和采购费　　D. 仓储费和损耗费

【答案】B

【解析】最优采购批量，也称最优库存量，或称经济批量，是指采购费和储存费之和最低的采购批量。

7. 以大分包形式分包的工程，分包单位的物资供方评定工作由（ ）负责。

A. 项目经理 B. 工程部 C. 物资部 D. 总包材料员

【答案】C

【解析】以大分包形式分包的工程，分包单位的物资供方评定工作由项目物资部负责。

8. 可不进行物资供方评定工作的是（ ）物资。

A. A类 B. B类 C. C类 D. B、C类

【答案】C

【解析】C类物资可不进行物资供方评定工作。

9. 下列选项中，不属于对物资供方的评定采取的方法是（ ）。

A. 对供方能力和产品质量体系进行实地考察与评定

B. 对供方的信誉进行调查与评定

C. 对所需产品样品进行综合评定

D. 了解其他使用者的使用效果

【答案】B

【解析】对物资供方的评定采取的方法有：对供方能力和产品质量体系进行实地考察与评定；对所需产品样品进行综合评定；了解其他使用者的使用效果。

10. 对物资供方的评定内容不包括（ ）。

A. 供方资质 B. 供方质量保证能力

C. 供方样品质量 D. 供方服务能力

【答案】C

【解析】对物资供方的评定内容有：供方资质；供方质量保证能力；供方资信程度；供方服务能力；供方安全、环保能力；供方遵守法律法规，履行合同或协议的情况；供货能力；付款要求；企业履约情况及信誉；售后服务能力；同等质量的产品单价竞争力。

11. 对物资供方的评估的内容不包括（ ）。

A. 生产能力 B. 社会信誉 C. 供货速度 D. 质量保证能力

【答案】C

【解析】对物资供方的评估的内容有：生产能力和供货能力；所供产品的价格水平和社会信誉；质量保证能力；履约表现和售后服务水平；产品环保、安全性。

12. 签订材料采购合同应使用企业、事业单位章或合同专用章并有（ ）。

A. 采购业务章 B. 项目经理签字或盖章

C. 法定代表（理）人签字或盖章 D. 财务业务章

【答案】C

【解析】签订材料采购合同应使用企业、事业单位章或合同专用章并有法定代表（理）人签字或盖章，而不能使用计划、财务等其他业务章。

13. 材料采购招标的应标供应商不得少于（ ）家。

A. 2 B. 3 C. 4 D. 5

【答案】B

【解析】采购招标中，招标在入围的合格供应商中进行，应标供应商不得少于三家。

14. 成交的形式不包括（　　）。

A. 签订购销合同　　B. 签订供货手续和方式

C. 签发提货单据　　D. 现货现购

【答案】B

【解析】成交的形式有：签订购销合同、签发提货单据和现货现购等。

15. 下列选项中，不属于企业内部的结算方式的是（　　）。

A. 转账法　　B. 内部货币法　　C. 预付法　　D. 现金结算

【答案】D

【解析】企业内部的结算方式包括转账法、内部货币法和预付法。

16. 下列选项中，不属于企业对外结算方式的是（　　）。

A. 转账法　　B. 托收承付　　C. 信汇结算　　D. 支票结算

【答案】A

【解析】企业对外结算方式包括托收承付、信汇结算、委托银行付款结算、承兑汇票结算、支票结算、现金结算。

17. 下列不属于材料、设备采购的企业内部影响因素的是（　　）。

A. 料场、仓库堆放能力限制　　B. 供求因素

C. 施工生产因素　　D. 资金的限制

【答案】B

【解析】材料、设备采购的企业内部影响因素有施工生产因素、储存能力因素（采购批量受料场、仓库堆放能力限制）、资金的限制。供求因素是企业外部的影响因素。

18. 下列不属于谈判采购特点的是（　　）。

A. 没有竞争性　　B. 合作性与冲突性

C. 原则性和可调性　　D. 经济利益中心性

【答案】A

【解析】谈判采购特点是合作性与冲突性、原则性和可调性、经济利益中心性。

19. 材料供应的“三包”是（　　）。

A. 包质、包量、包进度　　B. 包供应、包退换、包回收

C. 包质、包量、包退换　　D. 包供应、包质量、包退换

【答案】B

【解析】材料供应的“三包”是包供应、包退换、包回收。

三、多选题

1. 市场采购具体的供货方式可分为（　　）。

A. 协作采购　　B. 现货供应　　C. 期货供应　　D. 赊销供应

E. 网上采购

【答案】BCD

【解析】市场采购分为现货供应、期货供应和赊销供应。

2. 材料采购方案的优选原则是（　　）之和最低。

A. 采购费　　B. 储存费　　C. 损耗费　　D. 运输费

E. 二次倒运费

【答案】 AB

【解析】 材料采购时，要选择合理的材料采购方案，即采购周期、批量、库存量满足使用要求，并使采购费和储存费之和最低的采购方案。

3. 项目的年材料费用总和指（ ）之和。

A. 材料费 B. 运输费 C. 采购费 D. 损耗费

E. 仓库仓储费

【答案】 ACE

【解析】 项目的年材料费用总和就是材料费、采购费和仓库仓储费三者之和。

4. 对物资供方的评定采取的方法有（ ）。

A. 对供方能力和产品质量体系进行实地考察与评定

B. 对供方的财务状况进行评定

C. 对供方的信誉进行调查与评定

D. 对所需产品样品进行综合评定

E. 了解其他使用者的使用效果

【答案】 ADE

【解析】 对物资供方的评定采取的方法有：对供方能力和产品质量体系进行实地考察与评定；对所需产品样品进行综合评定；了解其他使用者的使用效果。

5. 对物资供方的评定内容有（ ）。

A. 供方资质 B. 供方质量保证能力

C. 供方样品质量 D. 供方服务能力

E. 付款要求

【答案】 ABDE

【解析】 对物资供方的评定内容有：供方资质；供方质量保证能力；供方资信程度；供方服务能力；供方安全、环保能力；供方遵守法律法规，履行合同或协议的情况；供货能力；付款要求；企业履约情况及信誉；售后服务能力；同等质量的产品单价竞争力。

6. 对物资供方的评估的内容有（ ）。

A. 生产能力 B. 社会信誉 C. 供货速度 D. 质量保证能力

E. 履约表现

【答案】 ABDE

【解析】 对物资供方的评估的内容有：生产能力和供货能力；所供产品的价格水平和社会信誉；质量保证能力；履约表现和售后服务水平；产品环保、安全性。

7. 材料设备采购和加工订货业务，经过与供方协商取得一致意见，履行买卖手续后即为成交。成交的形式有（ ）。

A. 签订购销合同 B. 签订供货手续和方式

C. 签发提货单据 D. 供需双方协商

E. 现货现购

【答案】 ACE

【解析】 成交的形式有：签订购销合同、签发提货单据和现货现购等。

8. 项目材料结算方式主要为（　　）。

A. 采购结算　B. 企业内部结算　C. 对外结算　D. 供应结算

E. 网上结算

【答案】 BC

【解析】 选择结算方式，应遵循既有利于资金周转又简便易行的原则。工程项目材料结算方式主要分为企业内部结算和对外结算两大类。

9. 企业内部的结算方式包括（　　）。

A. 转账法　B. 内部货币法　C. 预付法　D. 托收承付

E. 现金结算

【答案】 ABC

【解析】 企业内部的结算方式包括转账法、内部货币法和预付法。

10. 企业对外结算方式包括（　　）。

A. 转账法　B. 托收承付　C. 信汇结算　D. 支票结算

E. 现金结算

【答案】 BCDE

【解析】 企业对外结算方式包括托收承付、信汇结算、委托银行付款结算、承兑汇票结算、支票结算、现金结算。

11. 以下对于材料设备的采购时机的确定说法正确的是（　　）。

A. 根据材料、设备的供需波动规律，确定采购时间

B. 根据供应方的能力，确定采购时间

C. 根据市场竞争状况，确定采购时间

D. 根据现场库存情况，确定采购时间

E. 根据资金储备情况，确定采购时间

【答案】 ACD

【解析】 把握采购时机应从以下方面入手：根据材料、设备的供需波动规律，确定采购时间；根据市场竞争状况，确定采购时间；根据现场库存情况，确定采购时间。

12. 属于对供应商作综合评估的最基本指标有（　　）。

A. 技术水平和产品质量　B. 供应能力和价格

C. 地理位置和业务人员水平　D. 可靠性（信誉）和售后服务

E. 交货准确率

【答案】 ABDE

【解析】 对供应商作综合评估的最基本指标有：技术水平、产品质量、供应能力、价格、地理位置、可靠性（信誉）、售后服务、提前期、交货准确率、快速反应能力。

13. 以下属于到货验收风险的有（　　）。

A. 到货时间过早　B. 到货时间太迟

C. 在价格上发生变动　D. 在数量上不足

E. 在数量上过多

【答案】 ABDE

【解析】 到货验收风险是：在时间上过早或太迟；在数量上不足；在质量上以次充好；

在品种规格上偏差，不合规定要求；在价格上发生变动等。

四、案例题

1. 某建筑工程项目的年合同造价为2160万元，企业物资部门按概算每万元10t采购水泥。由同一个水泥厂供应，合同规定水泥厂按每次催货要求时间发货。项目物资部门提出了三个方案：

1）A_1 方案，每月交货一次。

2）A_2 方案，每二月交货一次。

3）A_3 方案，每三月交货一次。

根据历史资料得知，每次催货费用为 $C=5000$ 元；仓库保管费率为储存材料费的4%；水泥单价（含运费）为360元/t。

采购部门需决策：1）最优采购方案；2）确定最优采购批量和供应间隔期。

（1）单选题

① 招标采购是由材料部门编制货物采购标书，提出需用材料设备的数量、品种、规格、质量、技术参数等招标条件，由各供应（销售或代理）商投标，表明对采购标书中相关内容的满足程度和满足方法，经（　　）评定后，确定供应（销售或代理）商及其供应产品。

A. 评标组织　　B. 综合　　C. 项目部　　D. 公司物资部

【答案】 A

② 在进行材料采购时，应进行方案优选，选择采购费和储存费之和最低的方案，其计算公式为：$F=Q/2\times P\times A+S/Q\times C$，其中 F 为（　　）。

A. 采购费　　B. 储存费

C. 采购费和储存费之和　　D. 采购单价

【答案】 C

③ 经采购方案计算对比：A_1 方案 F 值为72960（元）；A_2 方案 F 值为55920（元）；A_3 方案 F 值为58880（元）。经 A_1、A_2、A_3 三个方案比较来看，A_2 方案的（　　）最小，故应采用 A_2 方案。

A. 采购费　　B. 总费用　　C. 储存费　　D. 损耗费

【答案】 B

④ 最优采购批量（最优库存量），或称经济批量，是指采购费和储存费之和最低的采购批量，其计算公式如下：

$$Q_0=\sqrt{2SC/PA}$$

则优选最优 A_2 方案的最优采购批量和供应间隔期分别为（　　）。

A. 2380t，每三月采购一次　　B. 4000t，每二个月采购一次

C. 3873t，每二个月采购一次　　D. 3873t，每三个月采购一次

【答案】 C

⑤ A、B类物资的物资供方评定（事前）与考核评估（事后）工作一般应由（　　）。

A. 公司物资部门负责牵头，项目经理部积极配合

B. 项目部负责牵头，公司物资部门配合监督

C. 采购部门负责牵头，运输仓储部门积极配合

D. 项目采购负责牵头，项目经理检查审批

【答案】B

⑥ 企业内部结算主要是指（　　）的结算。

A. 企业内部不同工程项目部之间　　B. 工程项目部与企业

C. 企业内不同业务部门间　　D. 企业内部不同业务部门与供货商之间

【答案】B

（2）多选题

① 在市场采购时、从供应商、市场、生产企业的销售机构购买所需的材料、设备，是目前企业获得资源的主要途径。市场采购具体的供货方式可分为（　　）三种形式。

A. 期前供应　　B. 现货供应　　C. 期货供应　　D. 赊销供应

E. 按需供应

【答案】BCD

② 企业内部结算方式有（　　）。

A. 转账法　　B. 托收承付　　C. 内部货币法　　D. 信汇结算

E. 预付法

【答案】ACE

第六章　材料的验收与复验

一、判断题

1. 建筑材料的出厂检验报告可以替代进场复试报告。

【答案】错误

【解析】建筑材料的出厂检验报告和进场复试报告有本质的不同，不能替代。

2. 由本地质检权威部门出具的进场复验报告具有法律效力。

【答案】正确

【解析】进场复验报告为用货单位在监理及业主方的监督下由本地质检权威部门出具的检验报告，具有法律效力。

3. 中热水泥不得与其他品种水泥混用。

【答案】正确

【解析】中热水泥不得与其他品种水泥混用。

4. 碱骨料反应是指粗细骨料中的二氧化硅与水泥中的碱性氧化物发生化学反应。

【答案】错误

【解析】碱骨料反应是指粗细骨料中的活性二氧化硅与水泥中的碱性氧化物发生化学反应。

5. 轻骨料的细度模数宜在2.3～4.0范围内。

【答案】正确

【解析】轻骨料的细度模数宜在2.3～4.0范围内。

6. 砂浆的保水性用砂浆含水率表示。

【答案】错误

【解析】砂浆的保水性用保水率表示。

7. 砂浆的强度等级是以边长100mm的立方体试块测得的。

【答案】错误

【解析】砂浆的强度等级是以边长70.7mm的立方体试块，在标准养护条件下，用标准试验方法测得28d龄期的抗压强度来确定的。

8. 一等普通烧结砖不允许出现泛霜现象。

【答案】错误

【解析】优等品无泛霜，一等品不允许出现中等泛霜。

9. 蒸压砖的强度不是通过烧结获得的。

【答案】正确

【解析】蒸压砖的强度不是通过烧结获得，而是制砖时掺入一定量的胶凝材料或在生产过程中形成一定的胶凝物质使砖具有一定强度。

10. 混凝土小型空心砌块是以水泥、砂、石等普通混凝土材料制成的，其空心率为20％。

【答案】错误

【解析】混凝土小型空心砌块是以水泥、砂、石等普通混凝土材料制成的，其空心率为25%～50%。

11. 混凝土小型砌块在砌筑前，应进行浇水预湿。

【答案】错误

【解析】砌筑前，混凝土小型空心砌块不允许浇水预湿。

12. 防水粉的性能稳定，适用于露天风力较大时施工使用。

【答案】错误

【解析】防水粉的性能稳定，但是露天风力过大时施工困难。

13. 公路沥青是用于公路结构性路面的气硬性胶凝材料。

【答案】错误

【解析】公路沥青是用于公路结构性路面的胶结材料。

14. 附有炼油厂的沥青质量检验单的沥青材料可以直接进行施工。

【答案】错误

【解析】沥青材料应附有炼油厂的沥青质量检验单。运至现场的各种材料必须按要求进行试验，经评定合格方可使用。

15. 煤沥青严禁与道路石油沥青、乳化沥青混合使用。

【答案】错误

【解析】煤沥青可以与道路石油沥青、乳化沥青混合使用，以改善渗透性。

16. 高速公路和一级公路不得使用筛选砾石和矿渣。

【答案】正确

【解析】高速公路和一级公路不得使用筛选砾石和矿渣。

17. 石料磨光值是高速公路的表层抗滑试验指标。

【答案】正确

【解析】石料磨光值是为高速公路等的表层抗滑需要而试验的指标。

18. 筛选砾石适用于二级以下公路的沥青表面处治路面。

【答案】错误

【解析】筛选砾石适用于三级及三级以下公路的沥青表面处治路面。

19. 粗骨料必须由具有生产许可证的采石场或施工单位自行加工。

【答案】正确

【解析】粗骨料必须由具有生产许可证的采石场或施工单位自行加工。

20. 细骨料必须由具有生产许可证的采石场、采砂场生产或施工单位自行加工。

【答案】错误

【解析】细骨料必须由具有生产许可证的采石场、采砂场生产。

21. 预应力混凝土用钢丝适用于预应力混凝土用冷拉或消除应力的低松弛光圆、螺旋肋和刻痕钢丝，其中冷拉钢丝主要用于超长预应力梁。

【答案】错误

【解析】预应力混凝土用钢丝适用于预应力混凝土用冷拉或消除应力的低松弛光圆、螺旋肋和刻痕钢丝，其中冷拉钢丝主要用于压力管道。

二、单选题

1. 水泥出厂超过（　　）个月时，应进行复验，并按复验结果使用。

A. 1　　B. 2　　C. 3　　D. 4

【答案】C

【解析】水泥贮存期为3个月，逾期水泥应重新检验，合格后方可使用。

2. 下列选项中，不属于通用硅酸盐水泥的是（　　）。

A. 快硬硅酸盐水泥　　B. 矿渣硅酸盐水泥

C. 火山灰质硅酸盐水泥　　D. 粉煤灰硅酸盐水泥

【答案】A

【解析】通用硅酸盐水泥包括硅酸盐水泥、普通硅酸盐水泥、矿渣硅酸盐水泥、火山灰质硅酸盐水泥、粉煤灰硅酸盐水泥、复合硅酸盐水泥。

3. 火山灰质硅酸盐水泥的代号为（　　）。

A. P·P　　B. P·F　　C. P·C　　D. P·O

【答案】A

【解析】火山灰质硅酸盐水泥的代号为P·P。

4. 国家标准规定，若使用活性骨料，用户要求提供低碱水泥时，水泥中碱含量不得大于（　　）或由买卖双方商定。

A. 0.2%　　B. 0.4%　　C. 0.6%　　D. 0.8%

【答案】C

【解析】国家标准规定，若使用活性骨料，用户要求提供低碱水泥时，水泥中碱含量不得大于0.6%或由买卖双方商定。

5. 下列选项中，不属于通用硅酸盐水泥的技术要求中的物理指标的是（　　）。

A. 碱含量　　B. 凝结时间　　C. 安定性　　D. 细度

【答案】A

【解析】通用硅酸盐水泥的技术要求中的物理指标包括凝结时间、安定性、细度、强度。

6. 硅酸盐水泥的初凝时间不小于（　　）min，终凝时间不大于（　　）min。

A. 45，390　　B. 60，390　　C. 45，600　　D. 60，600

【答案】A

【解析】硅酸盐水泥的初凝时间不小于45min，终凝时间不大于390min。

7. 粉煤灰硅酸盐水泥的初凝时间不小于（　　）min，终凝时间不大于（　　）min。

A. 45，390　　B. 60，390　　C. 45，600　　D. 60，600

【答案】C

【解析】粉煤灰硅酸盐水泥的初凝时间不小于45min，终凝时间不大于600min。

8. 下列选项中，不属于特性水泥的是（　　）。

A. 快凝快硬性水泥　　B. 快硬硅酸盐水泥

C. 膨胀水泥　　D. 自应力水泥

【答案】A

【解析】常用的特性水泥主要有快硬硅酸盐水泥、膨胀水泥、和自应力水泥、中热硅酸盐水泥和低热矿渣硅酸盐水泥以及低碱度硫铝酸盐水泥。

9. 可用于紧急抢修工程的是（　　）。

A. 快硬硅酸盐水泥　　B. 膨胀水泥
C. 自应力水泥　　D. 中热硅酸盐水泥

【答案】A

【解析】快硬硅酸盐水泥可用于紧急抢修工程、低温施工工程、高等级混凝土等。

10. 下列选项中，不属于中热水泥适用的是（　　）。

A. 紧急抢修工程　　B. 大体积水上建筑物
C. 高抗冻性工程　　D. 耐磨性工程

【答案】A

【解析】中热水泥水化热较低，抗冻性与耐酸性较高，适用于大体积水上建筑物水位变动区的覆面层及大坝溢流面，以及其他要求低水化热、高抗冻性和耐磨性的工程。此外，中热水泥有一定的抗硫酸盐侵蚀能力，可用于低硫酸盐侵蚀的工程。

11. 针片状颗粒含量是（　　）进场外观验收的项目。

A. 砂　　B. 岩石颗粒　　C. 水泥　　D. 陶粒

【答案】B

【解析】针片状颗粒含量是粗骨料的技术要求之一。

12. 碱骨料反应是指粗细骨料中的（　　）与水泥中的碱性氧化物发生化学反应。

A. 二氧化硅　　B. 活性二氧化硅　　C. 硫化物　　D. 硫酸盐

【答案】B

【解析】碱骨料反应是指粗细骨料中的活性二氧化硅与水泥中的碱性氧化物发生化学反应。

13. 轻骨料的技术要求不包括（　　）。

A. 颗粒级配　　B. 贝壳含量　　C. 堆积密度　　D. 粒型系数

【答案】B

【解析】轻骨料的技术要求主要有颗粒级配、堆积密度、粒型系数、筒压强度和吸水率等。

14. 下列选项中，不属于砌筑砂浆的是（　　）。

A. 水泥砌筑砂浆　　B. 普通砌筑砂浆
C. 水泥混合砌筑砂浆　　D. 预拌砌筑砂浆

【答案】B

【解析】砌筑砂浆可以分为水泥砌筑砂浆、水泥混合砌筑砂浆和预拌砌筑砂浆。

15. 干混普通砌筑砂浆拌合物的体积密度不小于（　　）。

A. 1200kg/m^3　　B. 1500kg/m^3　　C. 1800kg/m^3　　D. 2000kg/m^3

【答案】C

【解析】干混普通砌筑砂浆拌合物的体积密度不小于1800kg/m^3。

16. 普通碳素钢随牌号降低，钢材（　　）。

A. 强度提高、韧性提高　　B. 强度降低、伸长率降低

C. 强度提高、伸长率降低　　D. 强度降低、伸长率提高

【答案】D

【解析】普通碳素钢随牌号降低，钢材的强度降低、伸长率提高。

17. 热轧带肋钢筋的代号为（　　）。

A. HPB　　B. HRB　　C. CRB　　D. WLR

【答案】B

【解析】热轧带肋钢筋的代号为 HRB。

18. 属于建筑工程中用量最大的钢材品种之一，主要用于钢筋混凝土和预应力混凝土结构的配筋的是（　　）。

A. 热轧钢筋　　B. 冷加工钢筋　　C. 热处理钢筋　　D. 钢丝

【答案】A

【解析】热轧钢筋是建筑工程中用量最大的钢材品种之一，主要用于钢筋混凝土和预应力混凝土结构的配筋。

19. 用低碳钢热轧圆盘条专用钢筋经冷轧扭机调直、冷轧并冷扭一次成形为规定截面形状和节距的连续螺旋状钢筋称为（　　）。

A. 冷轧扭钢筋　　B. 热处理钢筋　　C. 冷轧带肋钢筋　　D. 热轧钢筋

【答案】A

【解析】冷轧扭钢筋是用低碳钢热轧圆盘条专用钢筋经冷轧扭机调直、冷轧并冷扭一次成形为规定截面形状和节距的连续螺旋状钢筋。

20. 烧结普通砖的公称尺寸为（　　）。

A. 150mm×115mm×53mm　　B. 240mm×150mm×115mm

C. 240mm×115mm×115mm　　D. 150mm×53mm×53mm

【答案】A

【解析】烧结普通砖的公称尺寸为 150mm×115mm×53mm。

21. 下列选项中，不属于烧结普通砖的抗压强度等级的是（　　）。

A. MU7.5　　B. MU10　　C. MU15　　D. MU20

【答案】A

【解析】烧结普通砖按抗压强度分为 MU30、MU25、MU20、MU15、MU10 五个强度等级。

22. 在绝热要求较高的维护结构上应使用（　　）。

A. 混凝土小型空心砌块　　B. 加气混凝土砌块

C. 粉煤灰砌块　　D. 轻骨料混凝土小型空心砌块

【答案】D

【解析】轻骨料混凝土小型空心砌块在绝热要求较高的维护结构上使用广泛。

23. 常用做屋面或地下防水工程的是（　　）。

A. 石油沥青纸胎油毡　　B. 石油沥青玻璃布油毡

C. 石油沥青玻纤胎油毡　　D. 石油沥青麻布胎油毡

【答案】C

【解析】石油沥青玻纤胎油毡常用做屋面或地下防水工程。

24. 常用做屋面增强附加层的是（　　）。

A. 石油沥青纸胎油毡　　B. 石油沥青玻璃布油毡

C. 石油沥青玻纤胎油毡　　D. 石油沥青麻布胎油毡

【答案】D

【解析】石油沥青麻布胎油毡常用做屋面或增强附加层。

25. 多用于沥青面层下层的是（　　）沥青混合料。

A. 粗粒式　　B. 中粒式　　C. 细粒式　　D. 混合式

【答案】A

【解析】粗粒式沥青混合料多用于沥青面层的下层。

26. 可用作单层式沥青面层的是（　　）沥青混合料。

A. 粗粒式　　B. 中粒式　　C. 细粒式　　D. 混合式

【答案】B

【解析】中粒式沥青混合料可用作单层式沥青面层。

27. 土工模袋的最大填充厚度不超过（　　）mm。

A. 200　　B. 300　　C. 400　　D. 500

【答案】D

【解析】土工模袋的最大填充厚度不超过500mm。

28. 低碱度硫铝酸盐水泥用于混凝土制品及结构时，所用钢材应为（　　）。

A. 低碳钢　　B. 螺纹钢　　C. 钢绞线　　D. 不锈钢

【答案】D

【解析】低碱度硫铝酸盐水泥用于配有钢纤维、钢筋、钢丝网、钢埋件等混凝土制品及结构时，所用钢材应为不锈钢。

29. 长期受高于200℃温度作用，或受冷热交替作用，或有酸性侵蚀的建筑部位（　　）使用粉煤灰砖。

A. 必须　　B. 应当　　C. 可以　　D. 不得

【答案】D

【解析】长期受高于200℃温度作用，或受冷热交替作用，或有酸性侵蚀的建筑部位不得使用粉煤灰砖。

30. 更广泛的用作保温、隔热、防水和地面防潮的材料的有机气泡状保温材料是（　　）。

A. 岩棉板　　B. EPS　　C. XPS　　D. 硅藻土

【答案】B

【解析】模塑聚苯乙烯泡沫塑料（EPS）更广泛地应用在房屋建筑领域，用作保温、隔热、防水和地面的芳草材料等。

三、多选题

1. 通用硅酸盐水泥包括（　　）。

A. 普通硅酸盐水泥　　B. 矿渣硅酸盐水泥

C. 火山灰质硅酸盐水泥　　D. 粉煤灰硅酸盐水泥

E. 快硬硅酸盐水泥

【答案】ABCD

【解析】通用硅酸盐水泥包括硅酸盐水泥、普通硅酸盐水泥、矿渣硅酸盐水泥、火山灰质硅酸盐水泥、粉煤灰硅酸盐水泥、复合硅酸盐水泥。

2. 通用硅酸盐水泥的技术要求中的物理指标包括（　　）。

A. 碱含量　B. 凝结时间　C. 安定性　D. 细度

E. 强度

【答案】BCDE

【解析】通用硅酸盐水泥的技术要求中的物理指标包括凝结时间、安定性、细度、强度。

3. 常用的特性水泥主要有（　　）。

A. 快凝快硬性水泥　B. 快硬硅酸盐水泥

C. 膨胀水泥　D. 自应力水泥

E. 中热硅酸盐水泥

【答案】BCDE

【解析】常用的特性水泥主要有快硬硅酸盐水泥、膨胀水泥、自应力水泥、中热硅酸盐水泥和低热矿渣硅酸盐水泥以及低碱度硫铝酸盐水泥。

4. 轻骨料的技术要求主要有（　　）。

A. 颗粒级配　B. 贝壳含量　C. 堆积密度　D. 粒型系数

E. 吸水率

【答案】ACDE

【解析】轻骨料的技术要求主要有颗粒级配、堆积密度、粒型系数、筒压强度和吸水率等。

5. 混凝土强度的评定方法有（　　）。

A. 统计方法评定　B. 非统计方法评定

C. 标准差已知方案评定　D. 标准差未知方案评定

E. 合格性评定

【答案】AB

【解析】混凝土强度的评定方法有统计方法评定和非统计方法评定。

6. 砌筑砂浆可以分为（　　）。

A. 水泥砌筑砂浆　B. 普通砌筑砂浆

C. 水泥混合砌筑砂浆　D. 预拌砌筑砂浆

E. 特种砂浆

【答案】ACD

【解析】砌筑砂浆可以分为水泥砌筑砂浆、水泥混合砌筑砂浆和预拌砌筑砂浆。

7. 砌筑砂浆的技术性能包括（　　）。

A. 工作性　B. 流动性　C. 保水性　D. 强度

E. 抗冻性

【答案】ADE

【解析】砌筑砂浆的技术性能包括工作性、强度、抗冻性。

8. 水泥混合砂浆的强度等级可以分为（　　）。

A. M5　　B. M7.5　　C. M10　　D. M15

E. M20

【答案】ABCD

【解析】水泥混合砂浆的强度等级可以分为 M5、M7.5、M10、M15。

9. 低合金钢与碳素钢相比提高了（　　）。

A. 屈服强度　　B. 抗拉强度　　C. 抗弯强度　　D. 耐磨性

E. 耐腐蚀性

【答案】ABDE

【解析】低合金钢与碳素钢相比提高了屈服强度、抗拉强度、耐磨性、耐腐蚀性及耐低温性能等。

10. 沥青混合料按混合料密实度可以分为（　　）。

A. 密级配沥青混合料　　B. 中级配沥青混合料

C. 开级配沥青混合料　　D. 半开级配沥青混合料

E. 连续级配沥青混合料

【答案】ACD

【解析】沥青混合料按混合料密实度可以分为密级配沥青混合料、开级配沥青混合料、半开级配沥青混合料。

11. 沥青混合料的填料可采用（　　）。

A. 矿粉　　B. 天然砂　　C. 机制砂　　D. 拌合机粉尘

E. 粉煤灰

【答案】ADE

【解析】沥青混合料的填料可采用矿粉、拌合机粉尘或粉煤灰。

12. 土工合成材料的力学性能主要包括（　　）。

A. 拉伸性能　　B. 穿透强力　　C. 撕破强力　　D. 顶破强力

E. 渗透性能

【答案】ABC

【解析】土工合成材料的力学性能主要包括拉伸性能、撕破强力、刺破强力、穿透强力和摩擦性能等。

13. 乳化沥青适用于（　　）。

A. 各等级的公路　　B. 沥青表面处治路面

C. 沥青贯入式路面　　D. 冷拌沥青混合料路面

E. 修补裂缝

【答案】BCDE

【解析】乳化沥青适用于沥青表面处治路面、沥青贯入式路面、冷拌沥青混合料路面，修补裂缝等。

14. 以下现场数量验收采用过磅方法的有（　　）。

A. 石灰　　B. 袋装水泥　　C. 木板、方材　　D. 砂石料

E. 钢材

【答案】 BE

【解析】 目前，钢筋验收方法有检尺和检斤，所谓检斤，就是按物资的实际重量验收。袋装水泥进场时，随机抽取10%进行过磅抽查重量。

15. 有抗震设防要求的结构的纵向受力钢筋的性能复试应满足设计要求；设计无具体要求时，以下说法正确的有（　　）。

A. 抗拉强度实测值与强度标准值之比不应小于1.25

B. 与屈服强度实测值之比不应大于1.3

C. 抗拉强度实测值与屈服强度实测值之比不应小于1.25

D. 屈服强度实测值与强度标准值之比不应大于1.3

E. 钢筋的最大力下总伸长率不应大于9%

【答案】 CD

【解析】 有抗震设防要求的结构的纵向受力钢筋的性能复试应满足设计要求；设计无具体要求时，抗拉强度实测值与屈服强度实测值之比不应小于1.25；钢筋屈服强度实测值与强度标准值之比不应大于1.3；钢筋的最大力下总伸长率不应小于9%。

16. 对于SBS改性沥青防水卷材的复试取样要求说法正确的有（　　）。

A. 外观质量达到合格

B. 取样卷材切除距外层卷头2500mm

C. 距端部300mm处截取3m长卷材为试样

D. 横向切取长度为800mm的全幅卷材为试样

E. 取试样2块封扎

【答案】 ABE

【解析】 SBS改性沥青防水卷材的复试取样时，在外观质量达到合格的卷材中，将取样卷材切除距外层卷头2500mm后，顺向切取长度为800mm的全幅卷材试样2块进行封扎，送检物理性能测定。

四、案例题

1. 某高层建筑，基础类型为桩基筏式承台板，结构形式为现浇剪力端，混凝土采用预拌混凝土，强度等级有C25、C30、C35、C40级，钢筋采用HPB235级、HRB335级。屋面防水采用SBS改性沥青防水卷材，外墙面喷涂，内墙面和顶棚刮腻子喷大白，屋面保温采用憎水珍珠岩，外墙保温采用聚苯保温板。

（1）单选题

① 依据规范规定，混凝土的抗压强度等级分为十四个等级。下列关于混凝土强度等级级差和最高等级的表述中，正确的是（　　）。

A. 等级级差5N/mm^2，最高等级为C80　B. 等级级差4N/mm^2，最高等级为C60

C. 等级级差5N/mm^2，最高等级为C75　D. 等级级差4N/mm^2，最高等级为C80

【答案】 D

② 混凝土强度等级C25表示混凝土立方体抗压强度标准值为（　　）。

A. $f_{cu,k}$=25MPa　B. 20MPa<$f_{cu,k}$≤25MPa

C. 22.5MPa<$f_{cu,k}$<27.5MPa　D. 25MPa≤$f_{cu,k}$<30MPa

【答案】D

③ 混凝土立方体抗压强度标准值是用标准试件测得的抗压强度。关于试件的养护湿度和强度保证率是（　　）。

A. 相对湿度为80%以上、强度保证率95%

B. 相对湿度为90%以上、强度保证率95%

C. 相对湿度为95%以上、强度保证率95%

D. 相对湿度为90%以上、强度保证率97%

【答案】C

④ SBS改性沥青防水卷材的适用范围正确的是（　　）。

A. 适合于寒冷地区　　B. 适合于非寒冷地区

C. 多层铺设的屋面防水工程　　D. 单独使用

【答案】A

⑤ 若该工程屋面防水等级为Ⅱ级，则SBS改性沥青防水卷材的选用厚度不应小于（　　）mm。

A. 2　　B. 3　　C. 4　　D. 5

【答案】B

（2）多选题

① 对用于评定的样本容量小于10组时，应采用非统计方法评定混凝土强度，其强度按《混凝土强度检验评定标准》GB/T 50107—2010规定，应同时符合下式（　　）的要求。

A. $m_{f_{cu}} \geqslant \lambda_3 \cdot f_{cu,k}$　　B. $m_{f_{cu}} \leqslant \lambda_3 \cdot f_{cu,k}$

C. $f_{cu,min} \leqslant \lambda_4 \cdot f_{cu,k}$　　D. $f_{cu,min} \leqslant f_{cu,k}$

E. $f_{cu,min} \geqslant \lambda_4 \cdot f_{cu,k}$

【答案】AE

② 根据行业标准《普通混凝土用砂、石质量及检验方法标准》JGJ 52—2006按细度模数将砂分为粗砂（μ_t=3.7～3.1）、中砂（μ_t=3.0～2.3）、细砂（μ_t=2.2～1.6）、特细砂（μ_t=1.5～0.7）四级。普通混凝土在可能情况下应选用（　　），以节约水泥。

A. 粗砂　　B. 中砂　　C. 细砂　　D. 特细砂

E. 混合砂

【答案】AB

2. 某一级建筑施工企业总承包一项城市商住综合体工程，该工程根据设计方案，有超高层5栋（40层），6层大型商场一栋，配套中小学两所，附属房屋2栋、下沉式地下停车场及商场一座。全部混凝土为公司所属混凝土分公司提供，为此根据物资部提供的水泥和工料采购任务书，进行相应要求的采购调查。

（1）单选题

① 硅酸盐水泥按3d和28d龄期的抗折和抗压强度分为（　　）个强度等级。

A. 三　　B. 四　　C. 五　　D. 六

【答案】C

② 普通硅酸盐水泥按3d和28d龄期的抗折和抗压强度分为（　　）个强度等级。

A. 三　　B. 四　　C. 五　　D. 六

【答案】B

③ 该工程决定采用运距较近，运费和综合单价合理某采石场的骨料，因该采石场的骨料有一定的活性性，故在水泥材料质量要求中提出：根据国家标准规定：应采用低碱水泥，水泥中碱含量不得大于（ ）或由买卖双方商定。

A. 0.6% B. 0.8% C. 0.10% D. 0.12%

【答案】A

④ 为保证超高层部分地下基础打地基混凝土的质量，需采购低热矿渣硅酸盐水泥，其强度等级为（ ）。

A. 32.5 和 42.5 B. 32.5 和 32.5R

C. 42.5 和 42.5R D. 52.5 和 52.5R

【答案】A

⑤ 普通硅酸盐系列水泥的细度是（ ）指标。

A. 必测性 B. 强制性 C. 非选择性 D. 选择性

【答案】D

⑥ 烧失量为水泥的（ ）指标。

A. 物理 B. 化学 C. 选择性 D. 协商性

【答案】B

(2) 多选题

① 对于硅酸盐水泥的凝结时间的要求是（ ）。

A. 初凝时间不小于 60min B. 初凝时间不小于 45min

C. 终凝时间不大于 390min D. 终凝时间不大于 400min

E. 终凝时间不大于 600min

【答案】BC

② 以下各选项中属于硅酸盐系列水泥物理指标的为（ ）。

A. 凝结时间 B. 体积稳定性 C. 安定性 D. 强度

E. 细度

【答案】ACDE

3. 某国家重点工业工程的厂房项目位于高寒山区且经常处于潮湿或干湿交替状态下的，根据所处环境和市场条件，决定混凝土采用现场搅拌，其中细、粗骨料采用当地采石场所产山砂和碎石。在某批次的细、粗骨料进场复验中用于 C60～C40 混凝土的碎石的压碎值指标、坚固性指标、针、片状颗粒含量、含泥量和泥块含量以及砂中的有害物质含量不满足规范的要求。

(1) 单选题

① 用于 C60～C40 混凝土的碎石的压碎值指标为不大于（ ）。

A. 8% B. 10% C. 12% D. 15%

【答案】B

② 用于在严寒及寒冷地区室外使用，并经常处于潮湿或干湿交替状态下的 C60～C40 混凝土的坚固性指标（5 次循环后的质量损失）为不大于（ ）。

A. 8% B. 10% C. 12% D. 15%

【答案】A

③ 针片状颗粒的外形和较低的抗折能力，会降低混凝土的密实度和强度，并使其工作性变差，故其含量应予控制，应小于等于（ ）。

A. 8% B. 10% C. 12% D. 15%

【答案】D

④ 细骨料是指粒径小于（ ）mm 的岩石颗粒，通常按砂的生成过程特点，可将砂分为天然砂和人工砂。

A. 4.50 B. 4.70 C. 4.75 D. 5.00

【答案】C

⑤ 根据《普通混凝土用砂、石质量及检验方法标准》JGJ 52—2006，砂颗粒级配区是按 600μm 筛孔直径的不重叠且连续的累计筛余率划分为（ ）个级配区。

A. 3 B. 4 C. 5 D. 6

【答案】A

⑥ 碎石中不应混有草根、树叶、树枝、塑料、煤块和炉渣等杂物且其中的有害物质（有机物、硫化物和硫酸盐）的含量（硫化物及硫酸盐含量，折算成 SO_3 按质量计）控制应满足不大于（ ）。

A. 1% B. 2% C. 3% D. 4%

【答案】A

(2) 多选题

① 本工程按规范规定碎石的含泥量和泥块含量应符合的要求为（ ）。

A. 含泥量（按质量计）≤1.0 B. 含泥量（按净质量计）≤1.0

C. 泥块含量（按体积计）≤0.5 D. 泥块含量（按质量计）≤0.5

E. 泥块含量（按质量计）≤0.8

【答案】AD

② 普通混凝土在可能情况下应选用（ ），以节约水泥。

A. 特粗砂 B. 粗砂 C. 中砂 D. 细砂

E. 特细砂

【答案】BC

4. 某中心城市为改善空气环境质量、推进绿色建筑和施工，规定在中心城区的中大型施工项目必须采用预拌砂浆。

(1) 单选题

① 预拌砂浆标记 WW M15/P8-70-12-GB/T 25181—2010 代表的含义正确的是（ ）。

A. 湿拌砂浆强度等级为 M15，抗渗等级为 P8，稠度为 70mm，凝结时间为 12h

B. 湿拌防水砂浆强度等级为 M15，抗渗等级为 P8，稠度为 70mm，凝结时间为 12h

C. 预拌砂浆强度等级为 M15，抗渗等级为 P8，稠度为 70mm，凝结时间为 12h

D. 干拌砂浆强度等级为 M15，抗渗等级为 12h，稠度为 70mm，凝结时间为 P8

【答案】B

② 砂浆的流动性技术指标为稠度，由砂浆的沉入度试验确定。对于烧结多孔砖砌体、烧结空心砖砌体、轻集料混凝土小型空心砌块砌体、蒸压加气混凝土砌块砌体砌筑砂浆的

施工稠度为（　　）。

A. 50～70　　B. 60～80　　C. 70～90　　D. 80～90

【答案】B

③ 砌筑砂浆的技术性能包括（　　）。

A. 流动性、保水性、强度　　B. 工作性、强度、粘结性

C. 工作性、强度、塑性　　D. 工作性、强度、抗冻性

【答案】D

④ 不属于干混砂浆分类品种的是（　　）。

A. 干混砌筑砂浆　　B. 干混抹灰砂浆　　C. 干混界面砂浆　　D. 干混防冻砂浆

【答案】D

⑤ 砂浆的强度等级是以边长为 70.7mm 的立方体试块，在标准养护条件（温度为 20±2℃，相对湿度为 90%以上）下，用标准试验方法测得 28d 龄期的（　　）来确定的。

A. 抗压强度　　B. 抗压强度的标准值

C. 抗压强度和抗折强度　　D. 轴心抗压强度

【答案】A

⑥ 水泥混合砂浆的强度等级可分为（　　）。

A. M5、M7.5、M10、M15

B. M5、M7.5、M10、M15、M20

C. M5、M7.5、M10、M15、M20、M25

D. M5、M7.5、M10、M15、M20、M25、M30

【答案】A

（2）多选题

① 预拌砂浆，是指专业生产厂家生产的（　　）。

A. 砌筑砂浆　　B. 湿拌砂浆　　C. 抹面砂浆　　D. 干混砂浆

E. 预拌砂浆

【答案】BD

② 下列预拌砂浆的代号中，属于干混砂浆的为（　　）。

A. DWS　　B. DWM　　C. DSL　　D. DFH

E. DWA

【答案】ACD

5. 某建筑工程项目，要求现场材料员对进场钢筋按外形、强度等级等技术指标与进料记录和标牌一一核实，按规定分品种、规格、用途、使用时间有序堆放，最高效率地满足现场不同工位的使用调配需要。

（1）单选题

① 预应力混凝土用热处理钢筋，是用热轧带肋钢筋经淬火和回火调质处理后的钢筋。通常，有直径为 6mm、8mm、10mm 三种规格，其条件屈服强度为不小于 1325MPa，抗拉强度不小于 1470MPa，伸长率（δ_{10}）不小于 6%，1000h 应力松弛不大于（　　）。

A. 3.5%　　B. 5.5%　　C. 7.5%　　D. 9.5%

【答案】A

② 代号为WLR的预应力混凝土用钢丝属于（ ）。

A. 普通松弛钢丝　B. 高松弛级钢丝　C. 低松弛级钢丝　D. 特殊松弛钢丝

【答案】C

③ HRBF335钢筋的外形为（ ）。

A. 光圆　B. 直肋　C. 月牙肋　D. 等高肋

【答案】C

④ 牌号为Q390的低合金高强度结构钢的质量等级分为（ ）级。

A. 3　B. 4　C. 5　D. 6

【答案】C

⑤ 低碳钢热轧圆盘条Q215的抗拉强度，不大于（ ）MPa。

A. 215　B. 235　C. 335　D. 435

【答案】D

（2）多选题

① 碳素结构钢的技术要求包括化学成分、力学性能、冶炼方法和（ ）五个方面。

A. 有害杂质　B. 交货状态　C. 屈强比　D. 含碳量

E. 表面质量

【答案】BE

② 热轧钢筋按其轧制外形分为（ ）。

A. 热轧光圆钢筋　B. 热轧带肋钢筋　C. 热处理钢筋　D. 热轧普通钢筋

E. 热轧

【答案】AB

6. 某住宅项目，总建筑面积4612.14m²，建筑总高度11.25m，建筑层数3层，建筑层高3.5m，抗震烈度七度设防。

屋面防水是本工程防水的重点工程，按设计为屋面防水等级为Ⅱ级，在施工过程中项目部除严格程序和过程控制之外，重点加强材料的质量控制以及接缝处、阴阳角、机电穿管处、防水收边处、屋顶防雷接地处、穿管处等细部节点的防水处理，以确保屋面防水的可靠性。

（1）单选题

① 具有一定的物理性质和黏附性，即在低温条件下应有弹性和塑性，在高温条件下要有足够的强度和稳定性，满足此条件的石油沥青产品为（ ）。

A. 普通石油沥青　B. 改性石油沥青

C. 丁基橡胶石油沥青　D. 三元乙丙石油沥青

【答案】B

② 该工程屋面防水的卷材的设防道数应为（ ）道设防。

A. 一　B. 二　C.三　D. 四

【答案】B

③ 三元乙丙橡胶防水卷材的施工工艺为（ ）。

A. 胶粘法　B. 热风焊接法　C. 冷粘法或自粘法　D. 压粘法

【答案】C

④ 高聚物改性沥青防水卷材每卷卷材的接头要求（　　）。

A. 不超过 1 处，较短的一段不应小于 1200mm，接头处应加长 150mm

B. 不超过 2 处，较短的一段不应小于 1500mm，接头处应加长 120mm

C. 不超过 1 处，较短的一段不应小于 1400mm，接头处应加长 100mm

D. 不超过 1 处，较短的一段不应小于 1000mm，接头处应加长 150mm

【答案】 D

⑤ 玻纤胎体的高聚物改性沥青防水卷材物理性能中拉力（N/50mm）的要求为（　　）。

A. 纵向，≥350；横向，≥250　　B. 纵向，≥250；横向，≥2000

C. 纵向，≥200，横向，≥150　　D. 纵向，≥150，横向，≥100

【答案】 A

⑥ 适于本案例项目的屋面、墙面、沟和槽的防水嵌缝材料是（　　）。

A. 无机嵌缝膏　　B. 有机防水粉　　C. 沥青嵌缝油膏　　D. 硅酮密封膏

【答案】 C

（2）多选题

① 普通石油沥青技术要求有（　　）。

A. 针入度　　B. 强度　　C. 延度　　D. 软化点

E. 闪点

【答案】 ACDE

② 根据我国现行石油沥青标准，石油沥青主要划分为三大类：（　　）。

A. APP 石油沥青　　B. 建筑石油沥青　　C. 道路石油沥青　　D. 普通石油沥青

E. 合成石油沥青

【答案】 BCD

7. 土工合成材料是土木工程应用的合成材料的总称。它是一种以人工合成聚合物（如塑料、化纤、合成橡胶等）为原料制成的，置于土体内部、表面及土体之间，发挥加强或保护土体的作用的土木工程材料。

（1）单选题

① 单位面积质量是指单位面积的土工合成材料在标准大气条件下的单位面积的质量。它是反映材料用量、生产均匀性以及质量稳定性的重要物理指标，采用（　　）测定。

A. 取样法　　B. 称量法　　C. 随机法　　D. 平衡法

【答案】 B

② 顶破强力是指材料受顶压荷载直至破裂时的最大顶压力。它反映了土工合成材料抵抗各种法向静态应力的能力，是评价各种土工织物、复合土工织物、土工膜、复合土工膜及其相关的复合材料力学性能的重要指标之一。顶破强力为规定施加荷载直至试件顶破破坏时的（　　）。

A. 最小压力　　B. 最小顶压力　　C. 最大顶压力　　D. 最大压力

【答案】 C

③ 常用（　　）来评价和控制材料的抗紫外线性能。

A. 炭黑含量　　B. 抗紫外线性能力　C. 抗老化性能　　D. 纤维含量

【答案】 A

④ 有纺土工织物的保存期为（　　）个月。

A. 6　　B. 12　　C. 18　　D. 24

【答案】B

⑤ 反滤作用是指在土工建筑物中设置反滤层以防止管涌破坏的现象，保护土料中的颗粒（特别小的除外）不从土工织物中的孔隙中流失同时要保证水流畅通，保护土料的细颗粒不得停留在织物内产生淤堵。（　　）逐渐取代常规的砂石料反滤层，成为反滤层设置的主要材料。

A. 水泥反滤层　　B. 土工织物　　C. 土工砌筑层　　D. 有机土工布

【答案】B

（2）多选题

① 土工合成材料的水力性能主要包括（　　）等。

A. 垂直渗透性能　　B. 防渗性能　　C. 有效孔径　　D. 最小顶压力

E. 渗水压力

【答案】ABC

② 土工模袋的填充物有（　　）等。

A. 混凝土　　B. 砂浆　　C. 碎砖　　D. 黏土

E. 膨胀土

【答案】ABCE

第七章 材料的仓储、保管和供应

一、判断题

1. 材料堆码应遵循“合理和节约”的原则。

【答案】错误

【解析】材料堆码应遵循“合理、牢固、定量、整齐、节约和便捷”的原则。

2. 固体材料燃烧时，可采用干粉灭火器进行灭火。

【答案】错误

【解析】固体材料燃烧时，可采用高压水灭火，如果同时伴有有害气体挥发，应用黄砂灭火并覆盖。

3. 加工成型的钢筋、铁件要挂标识：名称、规格、数量、使用部位。

【答案】正确

【解析】加工成型的钢筋、铁件要挂标识：名称、规格、数量、使用部位。

4. 定期盘点指月末对仓库保管的材料进行全面、彻底盘点。

【答案】错误

【解析】定期盘点指季末或年末对仓库保管的材料进行全面、彻底盘点。

5. 水泥决不允许露天存放。

【答案】错误

【解析】水泥应放入仓库保管。但是可以临时存放。如遇特殊情况，水泥需在露天临时存放时，必须设有足够的遮垫措施，做到防水、防雨、防潮。

6. 水泥的储存期自到达仓库算起，通用硅酸盐水泥出厂超过 3 个月，应进行复检。

【答案】错误

【解析】水泥的储存期自出厂日期算起，通用硅酸盐水泥出厂超过 3 个月，应进行复检。

7. 施工过程中严禁使用受潮水泥。

【答案】错误

【解析】不同程度的受潮水泥有不同的处理方法。工程中严禁使用严重受潮的水泥。

8. 钢材决不允许露天存放。

【答案】错误

【解析】优质钢材、小规格钢材等最好放入仓库储存保管。

9. 施工现场应由专人负责建筑钢材的储存保管与发料。

【答案】正确

【解析】施工现场应由专人负责建筑钢材的储存保管与发料。

10. 凡重要结构中的钢筋代换，应征得监理单位同意。

【答案】错误

【解析】凡重要结构中的钢筋代换，应征得设计单位同意。

11. 对于某些重要构件，不宜用光圆热轧钢筋代替 HRB335 级带肋钢筋。

【答案】正确

【解析】对于某些重要构件，不宜用光圆热轧钢筋代替 HRB335 和 HRB400 级带肋钢筋。

12. 当构件受裂缝宽度控制时，可不进行构件裂缝宽度验算。

【答案】正确

【解析】当构件受裂缝宽度控制时，如用细钢筋代换较大直径钢筋、低强度等级钢筋代换高强度等级钢筋时，可不进行构件裂缝宽度验算。

13. 装饰材料价值较高，易损、易坏、易丢，应放入库内由专人保管，以防丢失。

【答案】错误

【解析】装饰材料种类繁多、价值高，易损、易坏、易丢失。对于壁纸、瓷砖、陶瓷锦砖、油漆、五金、灯具等应入库专人保管，防止丢失。

14. 由于砂、石等材料堆积体积庞大，为了不影响施工，应离现场远一些堆放。

【答案】错误

【解析】砂、石料一般集中堆放在混凝土搅拌机和砂浆搅拌机旁，不宜过远。

15. 同时存放砂和石时，砂石之间必须分开且距离不小于 1m。

【答案】错误

【解析】同时存放砂和石时，砂石之间必须砌筑高度不低于 1m 的隔墙。

16. 烧结砖应根据现场情况码放于施工现场附近，便于使用。

【答案】错误

【解析】烧结砖应按现场平面布置图码放于垂直运输设备附近，便于起吊。

17. 水泥的发放，应根据限额领料单签发的工程量、材料的规格、型号及定额数量进行发放。

【答案】错误

【解析】水泥的发放，除应根据限额领料单签发的工程量、材料的规格、型号及定额数量外，还要凭混凝土、砂浆的配合比进行发放。

18. 限额领料是依据材料预算定额，有限制地供应材料的一种方法。

【答案】错误

【解析】限额领料是依据材料消耗定额，有限制地供应材料的一种方法。

19. 材料现场的使用监督要提倡管理监督和自我监督相结合的方式，以降低消耗为目标，充分发挥相关管理、操作人员的积极性。

【答案】错误

【解析】材料现场的使用监督要提倡管理监督和自我监督相结合的方式，在保证质量前提下，充分发挥相关管理、操作人员降低消耗的积极性。

20. 机具管理的实质是使用过程中的管理，是在保证适用的基础上延长机具的使用寿命。

【答案】正确

【解析】机具管理的实质是使用过程中的管理，是在保证适用的基础上延长机具的使用寿命，使之能更长时间地发挥作用。

21. 外包队使用企业工具为有偿使用，一律应实行购买和租赁的办法。

【答案】正确

【解析】凡外包队使用企业机具设备者，均不得无偿使用，一律执行购买和租赁的办法。

22. 所有的材料工具都要用租赁的方式管理。

【答案】错误

【解析】机具设备的管理方法有租赁管理、定包管理、机具设备津贴管理、临时借用管理等

23. 零星机具可按定额规定使用期限，由班组保管，丢失赔偿。

【答案】错误

【解析】零星机具可按定额规定使用期限，由班组交给个人保管，丢失赔偿。

24. 工具发放管理中，要坚持“交旧领新”、“交旧换新”和“修旧利废”等行之有效的制度。

【答案】正确

【解析】工具发放管理中，要坚持“交旧领新”、“交旧换新”和“修旧利废”等行之有效的制度。

25. 周转材料是指非一次性消耗的材料。

【答案】错误

【解析】在一些特殊情况下，由于受施工条件限制，有些周转材料也是一次性消耗的。

26. 固定资产设备是指使用年限3年以上的机具设备。

【答案】错误

【解析】固定资产设备是指使用年限1年以上，单价在规定限额以上的机具设备。

27. 仓库设置的基本原则是：方便生产，保证安全，便于管理，促进周转。

【答案】正确

【解析】仓库设置的基本原则是：方便生产，保证安全，便于管理，促进周转。

28. 钢材现场保管应合理堆码，堆垛高度人工作业的不超过1.5m，机械作业的不超过2m，垛宽不小于0.8m。

【答案】错误

【解析】钢材现场保管应合理堆码，堆垛高度人工作业的不超过1.2m，机械作业的不超过1.5m，垛宽不超过2.5m。

二、单选题

1. 水泥、镀锌钢管适宜存放在（　　）。

A. 仓库　　B. 库棚　　C. 料场　　D. 露天

【答案】A

【解析】仓库通常存放不宜风吹日晒、雨淋，对空气中温度、湿度及有害气体反应较敏感的材料，如各类水泥、镀锌钢管、镀锌钢板、混凝土外加剂、五金设备、电线电料等。

2. 通常将不宜雨淋日晒，而对空气中温度及有害气体反应不敏感的材料存放在（　　）。

A. 仓库　　B. 库棚　　C. 料场　　D. 露天

【答案】B

【解析】库棚通常存放不宜雨淋日晒，而对空气中温度及有害气体反应不敏感的材料，如陶瓷、石材等。

3. 库存材料的盘点方法有（　　）。

A. 定期盘点法　　B. “四包”管理法

C. “四统一”管理法　　D. 跟踪管理法

【答案】A

【解析】库存材料的盘点方法有定期盘点法和永续盘点法。

4. 小规格钢材，如高强度钢丝等最好放入（　　）保管。

A. 仓库　　B. 库棚　　C. 料场　　D. 特殊库房

【答案】A

【解析】优质钢材、小规格钢材等最好放入仓库储存保管。

5. 钢材中的镀锌板、镀锌管、薄壁电线管最好放入（　　）保管。

A. 仓库　　B. 库棚　　C. 料场　　D. 特殊库房

【答案】A

【解析】对于优质钢材、小规格钢材，如镀锌板、镀锌管、薄壁电线管等最好放入仓库储存保管。

6. 钢筋代换后，应满足（　　）要求。

A. 配筋率　　B. 强度　　C. 稳定性　　D. 配筋构造

【答案】D

【解析】钢筋代换后，应满足配筋构造要求，如钢筋的最小直径、间距、根数、锚固长度等。

7. 偏心受压构件进行钢筋代换时，应按（　　）分别代换。

A. 截面面积　　B. 整个截面配筋量

C. 截面承载力　　D. 受力面

【答案】D

【解析】偏心受压构件或偏心受拉构件进行钢筋代换时，应按受力面分别代换。

8. 不易受自然条件影响的大宗材料，如砂、石料等储存在（　　）。

A. 封闭式仓库　　B. 半封闭式仓库

C. 露天料场　　D. 特种仓库

【答案】C

【解析】砂、石料均为露天存放。

9. 精密的铁件应入（　　）保管。

A. 露天　　B. 库房　　C. 料场　　D. 特殊库房

【答案】B

【解析】铁件一般在露天存放，精密的放入库内或棚内。

10. 工程用料的发放，包括大堆材料、主要材料、成品及半成品材料，必须以（　　）

作为发料依据。

A. 工程暂供用料单 B. 工程暂设用料申请单

C. 材料调拨单 D. 限额领料单

【答案】D

【解析】工程用料的发放，包括大堆材料、主要材料、成品及半成品材料，必须以限额领料单作为发料依据。

11. 对于调往项目以外其他部门或其他项目的材料，凭施工项目材料主管人签发或上级主管部门签发、项目材料主管人员核准的（ ）调拨材料。

A. 工程暂设用料申请单 B. 工程暂供用料单

C. 限额领料单 D. 材料调拨单

【答案】D

【解析】对于调往项目以外其他部门或其他项目的材料，凭施工项目材料主管人签发或上级主管部门签发、项目材料主管人员核准的材料调拨单调拨材料。

12. 大堆材料，如砖、瓦、灰、砂、石等材料，大多采用（ ）存放。

A. 库房 B. 库棚 C. 露天 D. 料场

【答案】C

【解析】大堆材料一般是砖、瓦、灰、砂、石等材料，多为露天存放。

13. 以下不属于材料使用监督的内容的是（ ）。

A. 监督材料在使用中是否按照材料的使用说明和材料做法的规定操作

B. 监督材料在使用中是否按技术部门制定的施工方案和工艺进行

C. 监督材料在使用中操作人员是否做到工完场清、活完脚下清

D. 监督材料在使用中是否按技术部门制定的节约措施执行

【答案】D

【解析】材料使用监督的内容：

1）监督材料在使用中是否按照材料的使用说明和材料做法的规定操作。

2）监督材料在使用中是否按技术部门制定的施工方案和工艺进行。

3）监督材料在使用中操作人员是否做到工完场清、活完脚下清。

14. 测量用的水准仪属于（ ）。

A. 固定资产设备 B. 通用机具 C. 低值易耗机具 D. 消耗性机具

【答案】A

【解析】测量用的水准仪属于固定资产设备。

15. 机具设备的发放管理中应坚持的制度不包括（ ）。

A. 交旧领新 B. 交旧换新 C. 按量归还 D. 修旧利废

【答案】C

【解析】机具发放管理应坚持“交旧领新”、“交旧换新”和“修旧利废”等行之有效的制度。

16. 下列选项中，不属于机具设备管理的任务的是（ ）。

A. 及时、齐备地向施工班组提供优良、适用的工具，积极推广和采用先进工具，保证施工生产，提高劳动效率

B. 采取有效的管理办法，加速工具的周转，延长工具使用寿命，最大限度地发挥工具效能

C. 做好工具的收、发、保管和维护、维修工作

D. 根据不同工具的特点建立相应的管理制度和办法加速周转，以较少的投入发挥尽可能大的效能

【答案】D

【解析】机具设备管理的主要任务有：及时、齐备地向施工班组提供优良、适用的施工机具设备，积极推广和采用先进设备，保证施工生产，提高劳动效率；采取有效的管理办法，加快机具设备的周转，延长其使用寿命，最大限度地发挥机具设备效能；做好施工机具设备的收、发、保管和保养维修工作，防止机具设备损坏，节约机具设备费用。

17. 测算租赁单价时，采购、维修、管理费按设备原值的一定比例技术，一般为原值的（　　）。

A. 1%～2%　　B. 2%～3%　　C. 3%～4%　　D. 4%～5%

【答案】A

【解析】测算租赁单价时，采购、维修、管理费按设备原值的一定比例技术，一般为原值的1%～2%。

18. 下列选项中，不属于机具设备的管理方法的是（　　）。

A. 租赁管理　　B. 包干管理

C. 机具设备津贴管理　　D. 临时借用管理

【答案】B

【解析】机具设备的管理方法有租赁管理、定包管理、机具设备津贴管理、临时借用管理等。

19. 下列选项不属于周转材料按材质属性划分的是（　　）。

A. 钢制品　　B. 木制品　　C. 塑料制品　　D. 胶合板

【答案】C

【解析】按材质属性的不同，周转材料可分为钢制品、木制品、竹制品及胶合板四类。

20. 下列属于混凝土工程用周转材料的是（　　）。

A. 钢模板、木模板　　B. 脚手架、跳板

C. 安全网、挡土板　　D. 钢模板、胶合板

【答案】A

【解析】混凝土工程用周转材料有钢模板、木模板等。

21. 下列选项中，不属于周转材料按用途划分的是（　　）。

A. 模板　　B. 挡板　　C. 安全网　　D. 架料

【答案】C

【解析】周转材料按施工生产过程中的用途可以划分为：模板、挡板、架料和其他四类。

22. 主要反映周转材料投入和使用的经济效果及其摊销状况的核算是（　　）。

A. 会计核算　　B. 统计核算　　C. 业务核算　　D. 会计业务核算

【答案】 A

【解析】 会计核算要反映周转材料投入和使用的经济效果及其摊销状况，它是资金的核算。

23. 统计核算主要反映数量规模、使用状况和使用趋势，它是（ ）。

A. 资金的核算　　B. 数量的核算

C. 货币的核算　　D. 既有资金的核算，也有数量的核算

【答案】 B

【解析】 统计核算主要反映数量规模、使用状况和使用趋势，它是数量的核算。

24. 下列选项中，不属于周转材料按使用对象分类的是（ ）。

A. 混凝土工程用周转材料　　B. 结构及装修工程用周转材料

C. 安全防护用周转材料　　D. 钢制品

【答案】 D

【解析】 周转材料按使用对象可以分为混凝土工程用周转材料、结构及装修工程用周转材料和安全防护用周转材料三类。

25. 业务核算是材料部门根据实际需要和业务特点而进行的核算，它是（ ）。

A. 资金的核算　　B. 数量的核算

C. 货币的核算　　D. 既有资金的核算，也有数量的核算

【答案】 D

【解析】 业务核算是材料部门根据实际需要和业务特点而进行的核算，它既有资金的核算，也有数量的核算。

26. 下列不属于周转材料的管理方法的是（ ）。

A. 租赁管理　　B. 费用承包管理　　C. 数量管理　　D. 实物量承包管理

【答案】 C

【解析】 周转材料的管理方法有租赁管理、费用承包管理、实物量承包管理。

27. 下列选项中，不属于租赁管理的内容的是（ ）。

A. 周转材料费用的测算　　B. 签订租赁合同

C. 考核租赁效果　　D. 结算

【答案】 D

【解析】 租赁管理的内容有：周转材料费用的测算、签订租赁合同、考核租赁效果。

28. 下列选项中，不属于租赁管理方法的是（ ）。

A. 周转材料的租用　　B. 租赁效果考核

C. 周转材料的验收和赔偿　　D. 结算

【答案】 B

【解析】 租赁管理方法有：周转材料的租用、周转材料的验收和赔偿、结算。

29. 租赁中的管理费和保养费均按周转材料原值的一定比例计取，一般不超过原值的（ ）。

A. 2%　　B. 3%　　C. 4%　　D. 5%

【答案】 A

【解析】 租赁中的管理费和保养费均按周转材料原值的一定比例计取，一般不超过原

值的2%。

30. 租赁部门应对退库周转材料进行外观质量验收。如有丢失损坏应由租用单位赔偿。对丢失或严重损坏的按原值的（　　）赔偿。

A. 50%　　B. 40%　　C. 30%　　D. 20%

【答案】 A

【解析】 租赁部门应对退库周转材料进行外观质量验收。如有丢失损坏应由租用单位按照租赁合同规定进行赔偿；对丢失或严重损坏按原值的50%赔偿。

31. 周转材料的实物量承包管理的定包数量的确定中，模板用量的确定的定额损耗率一般不超过计划用量的（　　）。

A. 1%　　B. 2%　　C. 3%　　D. 4%

【答案】 A

【解析】 模板用量的确定中，定额损耗率一般不超过计划用量的1%。

32. 下列选项中，关于周转材料的租赁、费用承包和实物量承包三者之间的关系，说法不正确的是（　　）。

A. 实行费用承包是工区或施工队对单位工程或承包标段所进行的费用控制和管理

B. 实行租赁办法是企业对工区或施工队所进行的费用控制和管理

C. 实行实物量承包是单位工程或承包标段对使用班组所进行的数量控制和管理

D. 实行租赁办法是工区或施工队对单位工程或承包标段所进行的费用控制和管理

【答案】 D

【解析】 实行租赁办法是企业对工区或施工队所进行的费用控制和管理，因此D选项错误。其他三项均表述的是周转材料的租赁、费用承包和实物量承包三者之间的关系。

33. 下列选项中，不属于木模板的管理形式的是（　　）。

A. “四统一”管理法　　B. “四包”管理法

C. 集中管理法　　D. 模板专业队管理法

【答案】 C

【解析】 木模板的管理形式有“四统一”管理法、“四包”管理法、模板专业队管理法。

34. 材料验收入库正确的工作程序是（　　）。

A. 验收准备→检验实物→办理入库手续→问题处理

B. 验收准备→核对凭证→检验实物→问题处理→办理入库手续

C. 验收准备→核对凭证→检验实物→再验收→办理入库手续→问题处理

D. 验收准备→检验实物→办理入库手续→问题处理→再验收

【答案】 B

【解析】 材料验收入库的工作程序是验收准备→核对凭证→检验实物→问题处理→办理入库手续。

35. 下列不属于材料入库凭证的是（　　）。

A. 验收单　　B. 调拨单　　C. 加工单　　D. 入库单

【答案】 B

【解析】材料入库凭证有验收单、入库单、加工单。

36. 下列对于周转材料采用一次摊销法摊销与核算的说法错误的是（　　）。

A. 会计核算简便，利于周转材料管理

B. 周转材料价值全部转入工程成本中但实物仍然存在

C. 产生账外资产

D. 周转材料的价值管理与实物管理脱节

【答案】A

【解析】周转材料一次摊销法摊销与核算的结果会使价值较大、使用期限较长的周转材料的价值管理与实物管理相脱节，即周转材料的价值已全部转入工程成本中但实物仍然存在。由于已领用的周转材料价值已不在账上有记录了，所以使其变成了账外资产，从而使周转材料的价值管理与实物管理脱节，不利于对周转材料的管理。

三、多选题

1. 仓库按储存材料的种类可以划分为（　　）。

A. 综合性仓库　　B. 专业性仓库　　C. 封闭式仓库　　D. 普通仓库

E. 特种仓库

【答案】AB

【解析】仓库按储存材料的种类可以划分为综合性仓库和专业性仓库。

2. 仓库按保管条件可以划分为（　　）。

A. 综合性仓库　　B. 普通仓库　　C. 封闭式仓库　　D. 专业性仓库

E. 特种仓库

【答案】BE

【解析】仓库按保管条件可以划分为普通仓库和特种仓库。

3. 仓库按建筑结构可以划分为（　　）。

A. 普通仓库　　B. 特种仓库　　C. 封闭式仓库　　D. 半封闭式仓库

E. 露天料场

【答案】CDE

【解析】仓库按建筑结构可以划分为封闭式仓库、半封闭式仓库和露天料场。

4. 材料的维护保养工作的具体要求有（　　）。

A. 预防为主，防治结合　　B. 安排适当的保管场所

C. 搞好堆码、苫垫及防潮防损　　D. 严格控制温、湿度

E. 强化检查

【答案】BCDE

【解析】材料的维护保养工作的具体要求是：安排适当的保管场所，搞好堆码、苫垫及防潮防损，严格控制温、湿度，强化检查严格控制材料储存期限，搞好仓库卫生及库区环境卫生。

5. 材料的保管包括（　　）等方面。

A. 材料的验收　　B. 材料的码放

C. 材料的保管场所　　D. 材料的账务管理

E. 材料的安全消防

【答案】BCE

【解析】现场材料仓储管理主要包括：选择进场材料保管场所；材料的堆码；材料的标识；材料的安全消防；材料的维护保养。

6. 材料堆码应遵循的原则为（　　）。

A. 合理　B. 牢固　C. 定量　D. 分区

E. 节约和便捷

【答案】ABCE

【解析】材料堆码应遵循合理、牢固、定量、整齐、节约和便捷的原则。

7. 进行水泥现场仓储保管时，正确的做法是（　　）。

A. 注意防水防潮

B. 避免与石灰、石膏以及其他易于飞扬的粒状材料同存

C. 袋装水泥应用木料垫高超出地面 10cm

D. 散装水泥储存于专用的水泥罐中

E. 实行先进先出的发放原则

【答案】ABDE

【解析】袋装水泥应用木料垫高超出地面 30cm，四周离墙 30cm。

8. 建筑钢材代换的原则有（　　）。

A. 当构件受承载力控制时，可按强度相等原则进行代换

B. 当构件受承载力控制时，可按截面面积相等原则进行代换

C. 当构件按最小配筋率配筋时，可按截面面积相等原则进行代换

D. 当构件按最小配筋率配筋时，可按强度相等原则进行代换

E. 当构件受裂缝宽度或挠度控制时，代换后应进行相应的验算

【答案】ACE

【解析】建筑钢材代换的原则有：

1）当构件受承载力控制时，可按强度相等原则进行代换；

2）当构件按最小配筋率配筋时，可按截面面积相等原则进行代换；

3）当构件受裂缝宽度或挠度控制时，代换后应进行相应的验算。

9. 对于木材的现场保管，应做到（　　）。

A. 分等级码放　B. 场地高　C. 露天堆放　D. 通风好

E. 遮阳堆放

【答案】ABDE

【解析】木材应按材种、规格、等级不同而分别码放，要便于抽取和保持通风，以防日晒雨淋。木材存料场地要高，通风要好等。

10. 储存保管易破损物品的过程中应注意（　　）。

A. 小心轻放、文明作业　B. 搬运前对物品进行再包装

C. 不使用带有滚轮的贮物架　D. 不与其他物品混放

E. 严格限制摆放高度

【答案】ACDE

【解析】 储存保管易破损物品的过程中应注意：

1）严格执行小心轻放、文明作业制度；

2）尽可能在原包装状态下实施搬运和装卸作业；

3）不使用带有滚轮的贮物架；

4）不与其他物品混放；

5）利用平板车搬运时要对码层做适当捆绑后进行；

6）一般情况下不允许使用吊车作业；

7）严格限制摆放高度；

8）明显标识其易损的特性；

9）严禁以滑动方式搬运。

11. 以下不属于料场要具备的条件是（　　）。

A. 地面平坦、坚实　　B. 有固定的道路

C. 设有排水沟　　D. 设置消防专用道路

E. 场地要达到一定规模

【答案】 ABC

【解析】 料场要具备的条件有：

1）地面平坦、坚实，视存料情况，每 m^2 承载重量应达 3～5t；

2）有固定的道路，便于装卸作业；

3）设有排水沟，不应有积水、杂草污物；

4）在储存保管过程中，应对施工设备的铭牌采取妥善防护措施，确保其完好；

5）对损坏的施工设备及时修复，延长施工设备的使用寿命，使之处于随时可投入使用的状态。

12. 材料发放应遵循的原则为（　　）。

A. “先进先出”　　B. 及时、准确

C. 面向生产、为生产服务　　D. 保证生产正常进行

E. “后进先出”

【答案】 ABCD

【解析】 材料发放应遵循先进先出、及时、准确、面向生产、为生产服务，保证生产正常进行的原则。

13. 限额领料的方式有（　　）。

A. 按分部工程限额领料　　B. 按分项工程限额领料

C. 按分层分段限额领料　　D. 按工程部位限额领料

E. 按单位工程限额领料

【答案】 BCDE

【解析】 限额领料的方式有：按分项工程限额领料；按分层分段限额领料；按工程部位限额领料；按单位工程限额领料。

14. 限额领料的依据有（　　）。

A. 材料的预算定额　　B. 材料的消耗定额

C. 材料的库存数量　　D. 材料使用者承担的工程量

E. 必须采取的技术措施

【答案】BDE

【解析】限额领料的依据有：材料的消耗定额；材料使用者承担的工程量或工作量；施工中必须采取的技术措施。

15. 随着项目法施工的不断完善，许多企业和项目开展了不同形式的控制材料消耗的方法，有（　　）。

A. 包工包料　　B. 与分包签订包保合同

C. 定额供应　　D. 包干使用

E. 样板间控制

【答案】ABCD

【解析】随着项目法施工的不断完善，许多企业和项目开展了不同形式的控制材料消耗的方法，如包工包料、与分包签订包保合同、定额供应、包干使用等。

16. 按机具设备的价值和使用期划分，机具设备可分为（　　）。

A. 固定资产设备　　B. 专用机具

C. 通用机具　　D. 低值易耗机具

E. 消耗性机具

【答案】ADE

【解析】按机具设备的价值和使用期划分，机具设备可分为固定资产设备、低值易耗机具、消耗性机具。

17. 下列选项中，属于低值易耗工具的是（　　）。

A. 手电钻　　B. 灰桶　　C. 扳子　　D. 锯片

E. 千斤顶

【答案】ABC

【解析】低值易耗机具是指使用期或价值低于固定资产标准的机具设备，如手电钻、灰槽、苫布、扳子、灰桶等。

18. 工具按价值和使用期限分类，可分为（　　）。

A. 固定资产工具　　B. 个人随手工具

C. 低值易耗工具　　D. 消耗性工具

E. 班组共用工具

【答案】ACD

【解析】按机具设备的价值和使用期划分，施工设备可分为固定资产设备、低值易耗机具、消耗性机具。

19. 下列选项中，属于班组内共同使用的机具的是（　　）。

A. 水管　　B. 胶轮车　　C. 搅灰盘　　D. 水桶

E. 磅秤

【答案】BD

【解析】班组公用机具是指在一定作业范围内为一个或多个施工班组共同使用的机具。其中，班组内共同使用的机具有胶轮车、水桶等。

20. 下列选项中，属于班组之间或工种之间共同使用的机具的是（　　）。

A. 水管　B. 胶轮车　C. 搅灰盘　D. 水桶
E. 磅秤

【答案】 ACE

【解析】 班组公用机具是指在一定作业范围内为一个或多个施工班组共同使用的机具。其中，班组之间或工种之间共同使用的机具有水管、搅灰盘、磅秤等。

21. 班组工具定包管理，是按各工种的设备消耗，对班组集体实行定包。实行班组工具定包管理，需做的工作有（　　）。

A. 实行定包的设备，所有权属于企业

B. 测定各工种的设备费定额

C. 确定班组月度定包设备费收入

D. 班组定包工具费的支出与结算

E. 实行设备定包的班组需设立专职设备员，负责保管设备，督促组内成员爱护工具和记载保管手册

【答案】 ABCD

【解析】 实行设备定包的班组需设立兼职设备员，负责保管设备，督促组内成员爱护工具和记载保管手册。

22. 机具设备管理的主要任务有（　　）。

A. 及时、齐备地向施工班组提供优良、适用的工具，积极推广和采用先进工具，保证施工生产，提高劳动效率

B. 采取有效的管理办法，加速工具的周转，延长工具使用寿命，最大限度地发挥工具效能

C. 做好工具的收、发、保管和维护、维修工作

D. 根据不同工具的特点建立相应的管理制度和办法加速周转，以较少的投入发挥尽可能大的效能

E. 合理运用施工机具设备，提高企业经济效益

【答案】 ABC

【解析】 机具设备管理的主要任务有：及时、齐备地向施工班组提供优良、适用的施工机具设备，积极推广和采用先进设备，保证施工生产，提高劳动效率；采取有效的管理办法，加快机具设备的周转，延长其使用寿命，最大限度地发挥机具设备效能；做好施工机具设备的收、发、保管和保养维修工作，防止机具设备损坏，节约机具设备费用。

23. 周转材料的管理方法有（　　）。

A. 租赁管理　B. 费用承包管理　C. 数量管理　D. 预算定额管理
E. 实物量承包管理

【答案】 ABE

【解析】 周转材料的管理方法有租赁管理、费用承包管理、实物量承包管理。

24. 下列属于租赁管理内容的有（　　）。

A. 周转材料费用的测算　B. 签订租赁合同
C. 考核租赁效果　D. 结算
E. 周转材料的验收和赔偿

【答案】ABC

【解析】租赁管理的内容有：周转材料费用的测算、签订租赁合同、考核租赁效果。

25. 木模板管理中的“四包”管理是指（　　）。

A. 包制作　　B. 包维修　　C. 包回收　　D. 包拆除

E. 包安装

【答案】ACDE

【解析】木模板管理中的“四包”管理是指“包制作、包安装、包拆除、包回收”。

26. 组合钢模板的特点有（　　）。

A. 接缝严密　　B. 灵活　　C. 自重轻　　D. 搬运方便

E. 专业性强

【答案】ABCD

【解析】组合钢模板的特点有接缝严密，灵活性好，配备标准，通用性强，自重轻，搬运方便，在建筑业得到广泛运用。

27. 木模板的管理形式有（　　）。

A. “四统一”管理法　　B. “四包”管理法

C. 集中管理法　　D. 模板专业队管理法

E. 循环管理法

【答案】ABD

【解析】木模板的管理形式有“四统一”管理法、“四包”管理法、模板专业队管理法。

28. 以下属于材料入库的“六不入”原则的有（　　）。

A. 有送货单而没有实物的，不能办入库手续

B. 有实物而没有送货单或发票原件的，不能办入库手续

C. 材料包装损坏的，不能办入库手续

D. 质监部门不通过的，且没有领导签字同意使用的，不能办入库手续

E. 没办入库而先领用的，不能办入库手续

【答案】ABDE

【解析】材料入库的“六不入”原则是：有送货单而没有实物的，不能办入库手续；有实物而没有送货单或发票原件的，不能办入库手续；来料与送货单数量、规格、型号不同的，不能办入库手续；质监部门不通过的，且没有领导签字同意使用的，不能办入库手续；没办入库而先领用的，不能办入库手续；送货单或发票不是原件的，不能办入库手续。

29. 以下属于高分子材料防老化的防护措施的有（　　）。

A. 避免经常搬运，选择室外储存

B. 避免疲劳老化，折叠叠放

C. 做好防潮、防雨措施

D. 为避免直接暴露于大气中，可采用浸水存放措施

E. 可密封储存

【答案】CE

【解析】高分子材料防老化的防护措施有做好防，避免潮、防雨措施，避免受潮、浸水；室内储存或密封储存，避免直接暴露于大气中或日光的照射下；避免经常搬运、折叠存放，减少疲劳老化。

四、案例题

1. 某高层住宅工程，根据用料计划，工程初期需进强度等级为 42.5 硅酸盐水泥 50t，河砂 100t，碎石 200t。

（1）单选题

① 水泥应储存在（　　）仓库。

A. 封闭式　　B. 半封闭式　　C. 露天料场　　D. 综合性

【答案】A

② 砂石应储存在（　　）仓库。

A. 封闭式　　B. 半封闭式　　C. 露天料场　　D. 综合性

【答案】C

③ 现场材料的验收主要是指材料的（　　）等方面的验收。

A. 外观质量与内在质量　　B. 采购数量

C. 质量　　D. 品种、规格、数量和质量

【答案】D

④ 先进先出是指（　　）。

A. 先入库的材料先出库　　B. 后入库的材料先出库

C. 积压的材料先出库　　D. 在仓库入口的材料先出库

【答案】A

⑤ 出厂后超过（　　）未使用的水泥，要及时抽样送检，检验后重新确定水泥强度等级使用。

A. 一个月　　B. 三个月　　C. 二个月　　D. 四个月

【答案】B

⑥ 水泥储存期是按（　　）起算。

A. 开工日期　　B. 入库日期　　C. 出厂日期　　D. 封装日期

【答案】C

（2）多选题

①（　　）属于该项目现场材料堆放仓库选址的原则。

A. 交通方便　　B. 布局合理　　C. 地势低洼　　D. 冬暖夏凉

E. 便于装卸

【答案】ABE

② 关于该项目现场水泥保管正确的说法有（　　）。

A. 水泥仓库地坪要高出室外地面 20～30cm，四周地面要有防潮措施

B. 水泥入库码垛时一般码放 15 袋，最高不超过 20 袋

C. 水泥储存时间不能太长，如有硬化的水泥，须经处理后降级使用

D. 水泥储存期按码放至现场仓库之日起算，一般水泥不应超过三个月

E. 应将散装水泥储存于专用的水泥罐中

【答案】ACE

2. 某工业厂房工程，混凝土估算工程量为1200m³，计划需用42.5硅酸盐水泥450t，实际混凝土工程量为1800m³，耗用42.5硅酸盐水泥680t，由于材料储备不足致使材料供应处于被动，发生停工待料，延误工期25天，按合同规定施工单位需支付40万元违约金。

（1）单选题

① 该项目现场水泥出库应遵循的原则是（　　）。

A. 先进先出　B. 随意　C. 后进先出　D. 先进后出

【答案】A

② 水泥进场入库必须附有（　　）。

A. 购货凭证　B. 水泥出厂合格证

C. 采购证　D. 采购审批表

【答案】B

③ 水泥库属于（　　）。

A. 综合性仓库　B. 特种仓库　C. 露天仓库　D. 地下仓库

【答案】B

④ 下列关于现场材料管理制度的说法，不合理的是（　　）。

A. 现场材料办理了进场验收手续，验收合格方可入库

B. 易燃易爆物品的仓库必须与交通要道保持安全距离

C. 配发给各专业班组的工具，不再无偿补发

D. 对不符合质量要求的材料，现场材料人员无拒绝验收权，但可提出处理意见

【答案】D

⑤ 水泥存放时间不宜超过（　　）。

A. 1个月　B. 3个月　C. 6个月　D. 12个月

【答案】B

⑥ 工程用料是以（　　）作为发料依据。

A. 购货凭证　B. 工程暂设用料申请单

C. 采购审批表　D. 预算表

【答案】B

（2）多选题

① 该工程项目在周转材料管理过程中可通过（　　）降低周转材料租赁费。

A. 合理确定出租方　B. 加快施工进度

C. 做好现场管理工作　D. 加强设备养护

E. 延长工期

【答案】ABC

② 该工程项目所用机具按其价值和使用期限可分为（　　）。

A. 固定资产机具设备　B. 专用机具

C. 低值易耗机具　D. 消耗性机具

E. 通用机具

【答案】ACD

3. 某施工企业全年计划水泥进货 257000t、HRB400 级热轧钢筋 30000t，其中合同进货 192750t，市场采购 38550t，建设单位来料 25700t。最终实际到货情况是：合同到货 183115t，市场采购 32768t，建设单位来料 15420t。

（1）单选题

① 材料堆码应遵循（　　）的原则。

A. 四号定位

B. 五四化堆码

C. 合理、牢固、定量、整齐、节约和便捷

D. 五五化堆码

【答案】C

② 材料供应工作中要坚持勤俭节约的原则，不包括的内容是（　　）。

A. 管供　　B. 管用　　C. 管节约　　D. 管税金

【答案】D

③ 该工程施工现场材料限额领料单的签发人是（　　）。

A. 施工员　　B. 质量员　　C. 资料员　　D. 材料员

【答案】D

④ 每日对有变动的材料及时盘点的方法为（　　）。

A. 定期盘点法　　B. 活期盘点法　　C. 永续盘点法　　D. 临时盘点法

【答案】C

⑤ 该工程施工现场材料供应工作责任制中“三定”中不包括的内容是（　　）。

A. 定送料分工　　B. 定送料地点　　C. 定接料人员　　D. 定运输方法

【答案】D

⑥ 该工程施工现场材料限额领料的依据是（　　）。

A. 材料消耗定额

B. 材料使用者承担的工程量或工作量

C. 施工中必须采取的技术措施

D. 材料消耗定额、材料使用者承担的工程量与施工中必须采取的技术措施

【答案】D

（2）多选题

① 关于提高该企业周转材料的承包经济效果的说法，合理的是（　　）。

A. 在使用数量既定的条件下努力提高周转次数

B. 在使用数量既定的条件下尽量减少周转次数

C. 在使用期限既定的条件下努力减少占用量

D. 在使用期限既定的条件下尽量增加占用量

E. 在使用期限既定的条件下随意安排

【答案】AC

② 该企业项目所用机具按使用方法和保管范围分为（　　）。

A. 个人随手机具　B. 消耗性机具　C. 班组共用机具　D. 专用机具
E. 通用机具

【答案】AC

4. 某施工企业承包了五栋30层的高层建筑，因项目任务量大，2014年度计划需用P.O 42.5水泥2050t，HRB400钢筋4000t，木模板1000t。

(1) 单选题

① (　　) 不需留存进场材料验收入库单。

A. 库房　B. 财务部门　C. 采购员　D. 现场技术负责人

【答案】D

② 对于受潮较重的水泥，以下处理方法中正确的是 (　　)。

A. 可正常使用
B. 可降低强度等级，用于要求较低的工程部位
C. 不能用于工程中
D. 可用于要求不严格工程部位

【答案】B

③ 应根据进场材料的 (　　)，合理选择进场材料保管场所。

A. 数量与种类　B. 技术要求
C. 性能特点和储存保管要求　D. 重要性

【答案】C

④ 材料维护保养工作，必须坚持 (　　) 的原则。

A. 质量第一　B. 预防为主，防治结合
C. 百年大计　D. 预防为主

【答案】B

⑤ (　　) 属于材料入库凭证。

A. 限额领料单　B. 盘点盈亏调整单　C. 验收单　D. 调拨单

【答案】C

⑥ 库房应通风良好，不准住人，并设置消防器材和 (　　) 的明显标志。

A. 安全第一　B. 综合治理　C. 严禁烟火　D. 提高警惕

【答案】C

(2) 多选题

① 施工现场材料储存时，不同材料储存在一处的条件是 (　　)。

A. 性质无相互影响　B. 储存环境相同
C. 保管要求相同　D. 消防方法相同
E. 外形一样

【答案】ACD

② 施工现场材料储存仓库不安全因素主要由 (　　) 因素造成的。

A. 自然灾害　B. 管理人员认识上的局限性
C. 管理人员素质不高　D. 易燃易爆危险品
E. 外界温度变化

【答案】BC

5. 某施工单位在C市区承包了某大学的一栋多层教学楼，结构形式为框架结构，该工程于冬季开工。工程所需的大宗材料由公司材料部门集中采购供应，根据用料计划，第二季度供应水泥3600t。HRB400钢筋2000t，木模板800t。

（1）单选题

① 材料入库时，材料应按照材料验收程序进行检验，正确的顺序为（　　）。

A. 验收前准备、核对验收资料、检验实物、办理入库手续

B. 验收前准备、检验实物、核对验收资料、办理入库手续

C. 核对验收资料、验收前准备、验收实物、办理入库手续

D. 核对验收资料、办理入库手续、验收前准备、检验实物

【答案】A

② 材料定位与堆码的方法有四号定位和（　　）。

A. 五五化堆码　　B. 六七化堆码　　C. 七七化堆码　　D. 五四化堆码

【答案】A

③（　　）属于材料出库凭证。

A. 加工单　　B. 盘点盈亏调整单　C. 验收单　　D. 调拨单

【答案】D

④ 木模板的管理形式之一"四统一"管理法，主要包括"统一管理"、（　　）、"统一制作"和"统一回收"。

A. 统一安装　　B. 统一配料　　C. 统一拆除　　D. 统一定价

【答案】B

⑤ 成型钢筋的存放场地要平整，无积水，堆放时应（　　）码放整齐，用垫木垫起，防止水浸锈蚀。

A. 分等级　　B. 分规格　　C. 分等级与规格　　D. 随意

【答案】C

⑥ 施工设备验收入库后应按品种、质量、规格、新旧残废程度的不同分库、分区、分类保管，做到"材料不混、名称不错、（　　）、账卡物相符"。

A. 防火防盗　　B. 规格不串　　C. 防水防潮　　D. 防锈蚀

【答案】B

（2）多选题

① 在施工中当遇到建筑钢材的品种或规格与设计要求不符的情况，此时可进行钢材的代换。钢筋代换应遵循的原则有（　　）。

A. 当构件受承载力控制时，建筑钢材可按强度相等原则进行代换

B. 当构件按最小配筋率配筋时，建筑钢材可按截面面积相等原则进行代换

C. 当构件受裂缝宽度或挠度控制时，建筑钢材代换后应进行构件裂缝宽度或挠度验算

D. 施工单位随意代换

E. 不得代换

【答案】ABC

② 施工现场周转材料按其自然属性可分为（　　）。

A. 钢制品　　B. 木质品　　C. 复合型　　D. 胶合板

E. 竹制品

【答案】ABDE

6. 某大型建筑施工企业在M市承包了15幢多层住宅，主要建筑材料预计需用量及品种如下：水泥6930t、钢材6000t、砖429000块、黄砂17820m^2，木材1650m^2，项目经理准备根据工程进度和资金情况，分期分批组织采购，保证供应。

（1）单选题

① 施工现场水泥的发放，除应根据（　　）签发的工程量、材料的规格、型号及定额数量外，还要凭混凝土、砂浆的配合比进行发放，并做好领发记录。

A. 入库单　　B. 加工单　　C. 限额领料单　　D. 数量规格调整单

【答案】C

② 低值易耗设备是指使用期或价值低于固定资产标准的设备，主要有（　　）。

A. 测量用水准仪　　B. 手电钻　　C. 锯片　　D. 搅拌机

【答案】B

③ 设备管理的方法主要有租赁管理、（　　）、设备津贴法、临时借用管理等方法。

A. 发放管理　　B. 使用管理　　C. 定包管理　　D. 交旧领新

【答案】C

④ 下列周转材料中属于混凝土工程用周转材料的是（　　）。

A. 脚手架　　B. 安全网　　C. 跳板　　D. 木模板

【答案】D

⑤ 木模板的管理形式之一"四包"管理法，主要包括"包制作"、"包安装"、"包拆除"和（　　）。

A. 包配料　　B. 包回收　　C. 包定价　　D. 包运输

【答案】B

⑥ 烧结砖在储存保管时应按现场平面布置图码放于垂直运输设备附近，（　　），便于起吊。

A. 不同品种规格的砖应分开码放　　B. 不同品种规格的砖应集中码放

C. 在施工现场随意码放　　D. 在仓库内随意码放

【答案】A

（2）多选题

① 该项目工程周转材料的管理内容有（　　）、周转材料的使用管理及周转材料的核算管理。

A. 周转材料的采购管理　　B. 周转材料的养护管理

C. 周转材料的维修管理　　D. 周转材料的改制管理

E. 周转材料的租赁管理

【答案】BCD

② 下面属于该工程降低材料消耗的方法的是（　　）。

A. 加强施工管理，采取技术措施节约材料

B. 加速料具周转，节约材料资金

C. 加速材料管理，降低材料消耗，提高企业管理水平

D. 实行材料节约奖励制度，提高节约材料的积极性

E. 延长施工周期

【答案】ACD

7. 某施工项目钢筋混凝土施工过程中监理人员发现，按合同约定由建设单位负责采购的一批钢筋虽供货方提供了质量合格证，但在使用前的抽检试验中材料检验不合格，故向项目部提出加强材料的验收和复验管理，项目部采取措施，强调加强材料的验收和复验管理，并规范相应流程和责任制。

(1) 单选题

① 机电设备按供货合同，应由有关各方（公司设材部、机电部、项目部、业主方（监理））有关人员在（　　）进行开箱验收。

A. 仓库入口　　B. 规定地点　　C. 卸货地点　　D. 试车现场

【答案】B

② 所有进场材料按规定需（　　）的，由项目部根据分工进行取样复验。

A. 进场　　B. 复验　　C. 检验　　D. 入库

【答案】B

③ 通用水泥外观质量检验内容有破损、结块（　　）等。

A. 杂质　　B. 时效　　C. 粒度　　D. 细度

【答案】B

④ 现场材料数量验收一般采取点数、检斤、检尺的方法，对分批进场的要作好分次验收记录，对超过磅差的应（　　）。

A. 重新过磅　　B. 进行记录

C. 通知有关部门处理　　D. 继续积累记录

【答案】C

⑤ 钢筋验收的方法有检斤和检尺。所谓检斤，就是按物资的实际重量验收。供应商在将钢材送到现场前进行过磅。现场验收人员可以采取去磅房监磅，按实际数量结算。也可采取现场复磅，一般采用电子秤在现场复磅。二者之间的磅差不超过（　　）。

A. ±3‰　　B. ±3%　　C. ±5‰　　D. ±5%

【答案】A

⑥ 砂石料验收时，采取每车验收，根据所测运输车辆的实际尺寸按其（　　）进行检测验收。

A. 自然密度　　B. 干密度　　C. 体积密度　　D. 堆积密度

【答案】C

(2) 多选题

① 进入施工现场的各种材料、半成品、构配件都必须有由供应商提供的相应质量保证资料。主要有（　　），且都必须盖有生产单位或供货单位的红章并标明出厂日期、生产批号或产品编号。

A. 生产许可证（或使用许可证）　　B. 调拨单

C. 产品合格证　　D. 质量证明书（或质量试验报告）

E. 调拨单

【答案】ACD

② 进口材料设备按照国家有关规定进行（　　）后，按有关规定进行质量验证。

A. 报关　　B. 商检　　C. 检疫　　D. 复验

E. 出关

【答案】ABC

第八章　材料的核算

一、判断题

1. 直接费由人工费、材料费和机械费组成。

【答案】错误

【解析】直接费由直接工程费和措施费组成。直接工程费包括人工费、材料费和施工机械使用费。

2. 税金以税前总价为基数。

【答案】正确

【解析】税金以税前总价为基数，纳税地点在市区的乘以3.14%计算，纳税地点不在市区的乘以3.35%计算。

3. 材料费包括材料原价、材料运杂费、运输损耗费、采购及保管费、检验试验费。

【答案】正确

【解析】材料费是指施工过程中耗用的构成工程实体的原材料、辅助材料、构配件、半成品的费用，包括以下内容：材料原价、材料运杂费、运输损耗费、采购及保管费、检验试验费。

4. 工程材料费的核算，主要依据是直接工程费和地区材料预算价格。

【答案】错误

【解析】工程材料费的核算，主要依据是建筑安装工程预算定额和地区材料预算价格。

5. 材料的实际价格是按采购过程中所发生的实际成本计算的单价。

【答案】正确

【解析】材料的实际价格是按采购过程中所发生的实际成本计算的单价。

6. 检查考核材料供应计划的执行情况，主要是检查材料的收入执行情况。

【答案】正确

【解析】检查考核材料供应计划的执行情况，主要是检查材料的收入执行情况，它反映了材料对生产的保证程度。

7. 核算一项工程使用多种材料的消耗情况时，可以直接相加进行考核。

【答案】错误

【解析】核算一项工程使用多种材料的消耗情况时，由于使用价值不同，计量单位各异，不能直接相加进行考核。

8. 一次摊销法适用于价值较高、使用期限较长的材料。

【答案】错误

【解析】期限摊销法适用于价值较高、使用期限较长的材料。一次摊销法适用于与主件配套使用并独立计价的零配件等。

二、单选题

1. 生产工人劳动保护费属于（　　）。

A. 人工费　　B. 材料费　　C. 措施费　　D. 间接费

【答案】 A

【解析】 人工费是指直接从事建筑安装工程施工的生产工人开支的各项费用。其中包括生产工人劳动保护费。

2. 为完成工程项目施工，发生于该工程施工前和施工过程中非工程实体项目的费用是（　　）。

A. 企业管理费　　B. 直接工程费　　C. 措施费　　D. 规费

【答案】 C

【解析】 措施费是指为完成工程项目施工，发生于该工程施工前和施工过程中非工程实体项目的费用。

3. 以下不属于规费的是（　　）。

A. 社会保险费　　B. 住房公积金

C. 工程定额测定费　　D. 劳动保险费

【答案】 D

【解析】 规费包括：社会保险费、住房公积金、危险作业意外伤害保险、工伤保险、工程定额测定费等。

4. 纳税地点在市区的乘以（　　）计算

A. 3.14%　　B. 3.41%　　C. 3.30%　　D. 3.35%

【答案】 A

【解析】 税金以税前总价为基数，纳税地点在市区的乘以 3.14%计算，纳税地点不在市区的乘以 3.35%计算。

5. 工程成本核算的依据中，可以预测发展趋势的是（　　）。

A. 会计核算　　B. 业务核算　　C. 统计核算　　D. 年度核算

【答案】 C

【解析】 工程成本核算的依据为会计核算、业务核算、统计核算。其中，统计核算可以预测发展的趋势。

6. 可以对个别的经济业务进行单项核算的是（　　）。

A. 会计核算　　B. 业务核算　　C. 统计核算　　D. 年度核算

【答案】 B

【解析】 业务核算是各业务部门根据业务工作的需要而建立的核算制度，它的特点是，对个别的经济业务进行单项核算。

7. 根据构成工程成本的各个要素，按编制施工图预算的方法确定的工程成本是（　　）。

A. 预算成本　　B. 计划成本　　C. 实际成本　　D. 统计成本

【答案】 A

【解析】 预算成本根据构成工程成本的各个要素，按编制施工图预算的方法确定的工程成本。

8.（　　）是企业生产耗费在工程上的综合反映，是影响企业经济效益高低的重要因素。

A. 预算成本 B. 计划成本 C. 实际成本 D. 统计成本

【答案】C

【解析】实际成本是企业生产耗费在工程上的综合反映，是影响企业经济效益高低的重要因素。

9. 工程材料成本的盈亏主要核算（ ）。

A. 量差和价差 B. 采购费和储存费

C. 运输费和采购费 D. 仓储费和损耗费

【答案】A

【解析】工程材料成本的盈亏主要考核材料的量差和价差这两个方面。

10. 通常按实际成本计算价格可采用（ ）方法。

A. 先进先出法 B. 后进先出法 C. 预算价格法 D. 成本核算法

【答案】A

【解析】通常按实际成本计算价格可采用先进先出法和加权平均法。

11. 材料预算价格是（ ）的。

A. 全国统一 B. 地区性 C. 企业性 D. 项目自定

【答案】B

【解析】材料预算价格是由地区建筑主管部门颁布的，是地区性的。

12. 储备实物量的核算是对实物（ ）的核算。

A. 期末库存量 B. 平均材料消耗量

C. 周转速度 D. 综合单价

【答案】C

【解析】储备实物量的核算是对实物周转速度的核算。

13. 周转材料的费用收入是以（ ）为基础的。

A. 施工图 B. 设计图 C. 概算定额 D. 预算定额

【答案】A

【解析】周转材料的费用收入是以施工图为基础的。

14. 周转材料的核算是以（ ）为主要内容，核算其周转材料的费用收入与支出的差异。

A. 施工图 B. 概算定额 C. 预算定额 D. 价值量

【答案】D

【解析】周转材料的核算是以价值量为主要内容，核算其周转材料的费用收入与支出的差异。

15. 适用于与主件配套使用并独立计价的零配件的费用摊销方法是（ ）。

A. 分布摊销法 B. 一次摊销法

C. “五五”摊销法 D. 期限摊销法

【答案】B

【解析】一次摊销法指一经使用，其价值即全部转入工程成本的摊销方法。它适用于与主件配套使用并独立计价的零配件等。

16. 根据使用期限和单价来确定摊销额度的摊销方法是（ ）。

A. 分布摊销法　　B. 一次摊销法
C. “五五”摊销法　　D. 期限摊销法

【答案】D

【解析】期限摊销法是根据使用期限和单价来确定摊销额度的摊销方法。

17. 材料费用的“五五”摊销法适用于（　　）的周转材料。
A. 价值偏高，不宜摊销　　B. 价值偏低，宜多次摊销
C. 价值偏高，不宜一次摊销　　D. 价值偏低，宜一次摊销

【答案】C

【解析】“五五”摊销法适用于价值偏高，不宜一次摊销的周转材料。

三、多选题

1. 工程成本核算的分析方法有（　　）。
A. 比较法　B. 因素分析法　C. 差额计算法　D. 比率法
E. 指标分析法

【答案】ABCD

【解析】工程成本核算的分析方法有比较法、因素分析法、差额计算法、比率法等。

2. 工程成本核算的依据为（　　）。
A. 会计核算　B. 业务核算　C. 统计核算　D. 年度核算
E. 月度核算

【答案】ABC

【解析】工程成本核算的依据为会计核算、业务核算、统计核算。

3. 工程成本按其在成本管理中的作用的表现形式有（　　）。
A. 材料成本　B. 预算成本　C. 实际成本　D. 计划成本
E. 分项成本

【答案】BCD

【解析】工程成本按其在成本管理中的作用有三种表现形式：预算成本、计划成本、实际成本。

4. 工程成本核算分析的比较法的应用，通常有（　　）。
A. 实际指标与平均指标对比　　B. 实际指标与目标指标对比
C. 本期实际指标与上期实际指标对比　　D. 与本行业平均水平、先进水平对比
E. 与同期平均水平对比

【答案】BCD

【解析】比较法的应用，通常有下列形式：将实际指标与目标指标对比；本期实际指标与上期实际指标对比；与本行业平均水平、先进水平对比。

5. 材料预算价格由（　　）组成。
A. 材料原价　　B. 供销部门手续费
C. 包装费　　D. 运杂费
E. 人工费

【答案】ABCD

【解析】材料预算价格由五项费用组成：材料原价、供销部门手续费、包装费、运杂费、采购费及保管费。

6. 费用摊销的方法有（　　）。

A. 分布摊销法　　B. 一次摊销法

C. “五五”摊销法　　D. 期限摊销法

E. 成本摊销法

【答案】BCD

【解析】费用摊销的方法有：一次摊销法、“五五”摊销法和期限摊销法。

7. 材料部门对材料核算的职责有（　　）。

A. 对材料采购人员送交的“材料验收单”等凭证及时记账

B. 对必须发生的材料采购预付款，办理支付业务

C. 依据“材料出库单”按成本项目分配材料费用

D. 施工单位领用材料的发出成本，财务部先挂往来账

E. 对将剩余材料用到其他工程的，财务部必须严格办理材料核销手续

【答案】ABCD

【解析】若施工单位领用材料有剩余的情况，必须先办理退库手续，财务部门根据其办理退库后的实际使用材料办理材料核销。应严格禁止其将所剩材料挪用到另一工程，如出现此情况，财务部有权拒绝办理材料核销手续。

四、案例题

1. 某钢筋混凝土框剪结构工程施工，采用 C40 商品混凝土，标准层一层目标成本（取计划成本）为 166860 元，实际成本为 176715 元，其他有关资料见表 8-1。项目部要求用因素分析法分析其成本增加的原因。

目标成本与实际成本对比表　　表 8-1

项目	单位	计划	实际	差值
产量	m^2	600	630	+30
单位	元/m^2	270	275	+5
损耗率	%	3	2	−1
成本	元	166860	176715	9855

（1）单选题

① 分析对象是一层结构浇筑商品混凝土的成本，实际成本与目标成本的差额为（　　）元。

A. 9858　　B. 9855　　C. 9885　　D. 9880

【答案】B

② 该指标是由损耗率、产量、单价、三个因素组成的，其排序为（　　）。

A. 产量、损耗率、单价　　B. 损耗率、产量、单价

C. 产量、单价、损耗率　　D. 损耗率、单价、产量

【答案】C

③ 第一次替换、第二次替换、第三次替换的因素排列顺序为（　　）。

A. 单价因素、损耗率因素、产量因素

B. 损耗率因素、因素产量因素、单价因素

C. 损耗率因素、单价因素、产量因素

D. 产量因素、单价因素、损耗率因素

【答案】D

④ 各次替换的计算差额为（　　）。

A. 第一次替换与目标数的差额 8343 元；第二次替换与第一次替换的差额 3244.5 元；第三次替换与第二次替换的差额－1732.5 元

B. 第一次替换与目标数的差额 3244.5 元；第二次替换与第一次替换的差额 8343 元；第三次替换与第二次替换的差额－1732.5 元

C. 第一次替换与目标数的差额 3244.5 元；第二次替换与第一次替换的差额－1732.5 元；第三次替换与第二次替换的差额 8343 元

D. 第一次替换与目标数的差额－1732.5 元；第二次替换与第一次替换的差额 3244.5 元；第三次替换与第二次替换的差额 8343 元

【答案】A

⑤ 各因素和影响程度之和（　　）实际成本和目标成本的总差额。

A. 等于　　B. 大于　　C. 小于　　D. 大于等于

【答案】A

（2）多选题

① 建筑安装工程费用由（　　）组成。

A. 规费　　B. 直接费　　C. 利润　　D. 间接费

E. 税金

【答案】BCDE

② 工程成本核算的依据有（　　）。

A. 会计核算　　B. 业务核算　　C. 费用核算　　D. 统计核算

E. 综合核算

【答案】ABD

第九章　危险物品及施工余料、废弃物的管理

一、判断题

1. 危险源是指可能导致人员伤害或疾病的根源或状态因素。

【答案】错误

【解析】危险源是指可能导致人员伤害或疾病、物质财产损失、工作环境破坏或这些情况组合的根源或状态因素。

2. 根据危险源在事故发生中释放能量的大小，把危险源分为两大类。

【答案】错误

【解析】根据危险源在事故发生发展中的作用，把危险源分为两大类，即第一类危险源和第二类危险源。

3. 第一类危险源决定事故的严重程度。

【答案】正确

【解析】第一类危险源是事故的主体，决定事故的严重程度；第二类危险源出现的难易，决定事故发生的可能性大小。

4. 辨识危险源只需要认真采用一种方法即可。

【答案】错误

【解析】危险源的辨识方法各有其特点和局限性，往往采用两种或两种以上的方法识别危险源。

5. 大型临时设施总面积超过 $1000m^2$ 的，应备有专供消防用的太平桶、积水桶等器材设施。

【答案】错误

【解析】大型临时设施总面积超过 $1200m^2$ 的，应备有专供消防用的太平桶、积水桶(池)、黄砂池等器材设施。

6. 仓库内应设置灭火器，且每组灭火器之间的距离不大于 30m。

【答案】正确

【解析】仓库或堆料场内，应根据灭火对象分组布置不同的灭火器。每组灭火器不少于 4 个，每组灭火器之间的距离不大于 30m。

7. 施工余料应由项目材料部门负责回收和退库，施工余料的处理由项目经理负责。

【答案】错误

【解析】施工余料应由项目材料部门负责，做好回收、退库和处理。

8. 按再生和可利用价值，施工废弃物分为三类：可直接利用的材料，可作为材料再生或可以用于回收的材料以及没有利用价值的废料。

【答案】正确

二、单选题

1. 下列不属于针对第一类危险源的控制方法的是（　　）。

A. 限制能量和隔离危险物质　　B. 个体防护
C. 消除或减少故障　　D. 应急救援

【答案】 C

【解析】 对于第一类危险源，可以采取消除危险源、限制能量和隔离危险物质、个体防护、应急救援等方法。

2. 下列属于对第二类危险源的控制方法的是（　　）。

A. 个体防护　　B. 隔离危险物质　　C. 改善作业环境　　D. 应急救援

【答案】 C

【解析】 第二类危险源的控制方法有：提高各类设施的可靠性以消除或减少故障、增加安全系数、设置安全监控系统、改善作业环境等。

3. 一般临时设施区，每 100m^2 配备（　　）个 10L 灭火器。

A. 1　　B. 2　　C. 3　　D. 4

【答案】 B

【解析】 按规定，一般临时设施区，每 100m^2 配备 2 个 10L 灭火器。

4. 木工间、油漆间、机具间等每（　　）m^2 应配置一个合适的灭火器。

A. 10　　B. 15　　C. 25　　D. 50

【答案】 C

【解析】 按规定，木工间、油漆间、机具间等每 25m^2 应配置一个合适的灭火器。

5. 当项目竣工，又无后续工程，剩余物资应（　　）。

A. 经项目经理同意后及时变卖　　B. 不得冲减成本
C. 及时清理　　D. 由公司物资部与项目协商处理

【答案】 D

【解析】 当项目竣工，又无后续工程，剩余物资应由公司物资部与项目协商处理。

6. 模板、木方余料的处理错误的是（　　）。

A. 及时收或清理　　B. 加工后继续做洞口模板
C. 用于制作材料存放箱或简易桌凳　　D. 及时退货

【答案】 D

【解析】 模板、木方余料加工后可用作预留洞口模板、小型材料存放箱、简易木桌、木凳等。木方、模板余料应及时进行回收清理，避免造成火灾。

7. 以下不是施工废弃物的主要危害的是（　　）。

A. 占用土地存放　　B. 造成资金浪费
C. 对水体、大气和土壤造成污染　　D. 严重影响市容和环境卫生

【答案】 B

【解析】 施工废弃物的主要危害有以下几方面：占用土地存放；对水体、大气和土壤造成污染；严重影响市容和环境卫生。

8. 施工废弃物减量化原则是一种以（　　）的方法。

A. 强制减排　　B. 全过程控制　　C. 预防为主　　D. 及时消纳

【答案】 C

【解析】施工废弃物减量化原则是一种以预防为主的方法。

三、多选题

1. 危险源常用的识别方法有（　　）。

A. 现场调查法　　B. 工作任务分析法

C. 专家调查法　　D. 安全操作性研究法

E. 故障树分析法

【答案】ABCE

【解析】危险源常用的识别方法有现场调查法、工作任务分析法、专家调查法、安全检查表法、危险与可操作性研究法、事件或故障树分析法等。

2. 以下选项中，（　　）属于第二类危险源。

A. 雷管　　B. 材料堆放过高

C. 脚手架钢管壁厚不满足规范要求　　D. 易发生剧烈化学反应的材料混存

E. 氧气瓶

【答案】BD

【解析】第二类危险源是指造成约束、限制能量和危险物质措施失控的各种不安全因素的危险源。现场材料堆放过高或易发生剧烈化学反应的材料混存都属于第二类危险源。

3. 乙炔发生器、乙炔瓶、氧气瓶及相关物料的管理正确的是（　　）。

A. 应设置专用房间分别存放、专人管理

B. 电石应放在电石库内，不准在潮湿场所和露天存放

C. 乙炔发生器处严禁一切火源

D. 高空焊割时，不得放在焊割部位的下方，应保持一定的竖直距离

E. 焊接器具不准放在高低架空线路下方或变压器旁

【答案】ABCE

【解析】气焊危险源管理上应采取的措施：

1）乙炔发生器、乙炔瓶、氧气瓶和焊割具的安全设备应齐全有效。

2）乙炔发生器、乙炔瓶、液化石油气罐和氧气瓶在新建、维修工程内存放，应设置专用房间分别存放、专人管理，并有灭火器材和防火标识。电石应放在电石库内，不准在潮湿场所和露天存放。

3）乙炔发生器和乙炔瓶等与氧气瓶应保持一定距离，在乙炔发生器处严禁一切火源。夜间添加电石时，应使用防爆手电筒照明，禁止用明火照明。

4）乙炔发生器、乙炔瓶和氧气瓶不准放在高低架空线路下方或变压器旁，在高空焊割时，不得放在焊割部位的下方，应保持一定的水平距离。

4. 以下选项中，应安装避雷设施的工程部位及设施有（　　）。

A. 易燃物品库房　　B. 脚手架　　C. 卷扬机架　　D. 在施工建筑工程

E. 深基坑

【答案】ABC

【解析】油库、易燃物品库房、塔吊、卷扬机架、脚手架、在施工的高层建筑工程等部位及设施都应安装避雷设施。

5. 以下叙述中属于工程施工废弃物循环利用三大原则的有（　　）。

A. 3R 原则　　B. 循环利用　　C. 植被掩盖　　D. 再生利用

【答案】 ABD

【解析】 工程施工废弃物循环利用的三大原则是“减量化、循环利用、再生利用”，即“3R 原则”。

6. 从成本管理方面来控制施工废弃物包括（　　）。

A. 严把采购关

B. 正确核算材料消耗水平，坚持余料回收

C. 加强材料现场管理

D. 施行班组承包制度

E. 建立限额领料制度

【答案】 ABCD

【解析】 从成本管理方面来控制施工废弃物包括严把采购关、正确核算材料消耗水平，坚持余料回收、加强材料现场管理、施行班组承包制度。

7. 下列可回收利用的材料有（　　）。

A. 来自于轻骨料混凝土的废混凝土　　B. 塑料模板

C. 废砖瓦　　D. 有毒有害废弃物

E. 废塑料、废金属

【答案】 BCE

【解析】 来自于轻骨料混凝土的废混凝土不宜回收利用。塑料模板报废后可全部回收经处理后制成再生塑料模板或其他产品。废砖瓦可用作回填材料或再生骨料等。废金属废塑料的有害物含量不得超过国家现行有关标准规定，废塑料可用于生产墙、顶棚板和防水卷材的原材料。

四、案例题

1. 为提高工程项目的现场安全、职业健康环境的管理水平，某建设项目部严格管理，使现场危险物品及施工余料、废弃物的管理在行业现场管理检查评比中获得表扬，其项目部在全市的文明施工年度检查总结会上作典型发言。

（1）单选题

① 采购的劳动保护用品，必须符合国家标准及市有关规定，并向（　　）提供情况，接受对劳动保护用品的质量监督检查。

A. 安全员　　B. 安保督察员　　C. 主管部门　　D. 项目经理

【答案】 C

② 根据危险源在事故发生发展中的作用，把危险源分为两大类，即第一类危险源和第二类危险源。第一类危险源是指可能发生意外释放的能量（能源或能量载体）或危险物质。其危险性的大小主要取决于能量或危险物质的量、释放的强度或影响范围，以下（　　）不属于第一类危险源。

A. 雷管

B. 现场材料堆放过高或易发生剧烈化学反应的材料混存

C. 氧气瓶

D. 炸药

【答案】B

③ 木工间、油漆间、机具间等每（　　）m^2 应配置一个合适的灭火器。

A. 15　　B. 20　　C. 25　　D. 30

【答案】C

④ 因建设单位设计变更，造成多余材料的积压，经（　　）审核签字后，由项目物资部会同合同部与业主商谈，余料退回建设单位，收回料款或向建设单位提出积压材料经济损失索赔。

A. 业主工程师　　B. 监理工程师　　C. 材料员　　D. 项目经理

【答案】B

⑤ 工程竣工后废旧物资，由（　　）负责处理。

A. 材料员　　B. 项目部　　C. 公司物资部　　D. 业主

【答案】C

⑥ 安全检查表实际上就是实施安全检查和诊断项目的明细表，其优点是：简单易做、可以事先组织专家编制检查项目，使安全、检查做到系统化、完整化。缺点是（　　）。

A. 不易掌握　　B. 只能作出定性评价

C. 只能作出定量评价　　D. 不能作出定性评价

【答案】B

（2）多选题

① 危险源造成的安全事故的主要诱因可分为（　　）。

A. 人的因素　　B. 物的因素　　C. 环境因素　　D. 意外因素

E. 管理因素

【答案】ABCE

② 固体废弃物的主要处置方法有（　　）。

A. 回收利用　　B. 防滑抛撒　　C. 减量化处理　　D. 填埋

E. 稳定和固化

【答案】ACDE

第十章　现场材料的计算机管理

一、判断题

1. 在软件的材料验收过程中必须采取直接在验收单中填写验收单的验收方式。

【答案】 错误

【解析】 在软件的材料验收过程中有两种材料验收方式，一种为先收料，填写收料单，然后在验收中选择收料单，统一进行验收；另一种为直接在验收单中填写验收单。

2. 施工项目材料管理软件的加密锁分为LPT加密锁和USB加密锁。

【答案】 正确

【解析】 加密锁分为LPT加密锁和USB加密锁。在Windows2000及WindowsXP操作系统下，需安装加密锁的驱动程序。

3. 应将LPT加密锁插在计算机的USB口上。

【答案】 错误

【解析】 将LPT加密锁插在计算机的打印机接口（LPT）上或者USB加密锁插在计算机的USB口上。

4. 第一次使用“施工项目材料管理软件”时，系统会提示输入9位项目编号的后四位和项目名称。

【答案】 错误

【解析】 第一次使用“施工项目材料管理软件”时，系统会提示输入11位项目编号的后四位和项目名称。

5. 收料单是唯一的材料入库手续，是财务核算材料成本收入的依据。

【答案】 错误

【解析】 验收单是唯一的材料入库手续，是财务核算材料成本收入的依据，而不是收料单。

二、单选题

1. 下列不属于材料管理系统的主要功能的是（　　）。

A. 系统设置　　B. 基础信息管理　　C. 单据查询打印　　D. 材料库存管理

【答案】 D

【解析】 材料管理系统分七个功能：系统设置、基础信息管理、材料计划管理、材料收发管理、材料账表管理、单据查询打印、废旧材料管理。

2. 材料收发管理应遵循的原则是（　　）。

A. 后进先出　　B. 先进先出　　C. 量化库存　　D. 有凭有据

【答案】 B

【解析】 材料收发管理应遵循先进先出的原则。

3. 以下不属于“系统设置”功能菜单中的选项的是（　　）。

A. 基础信息管理　　B. 清空数据

C. 设置单价　　D. 备份

【答案】A

【解析】“系统设置”功能菜单中有“系统维护”、“清空数据”、“查看日志”、“设置单价”、“备份”。

4.（　　）是唯一的材料入库手续，是财务核算材料成本收入的依据。

A. 供料单　　B. 验收单　　C. 收料单　　D. 领用单

【答案】B

【解析】验收单是唯一的材料入库手续，是财务核算材料成本收入的依据。

5. 以下不属于对材料所用的单据以及库存的信息进行分类汇总统计的是（　　）。

A. 台账管理　　B. 报表管理　　C. 调拨管理　　D. 竣工工程结算表

【答案】C

【解析】对材料所用的单据以及库存的信息进行分类汇总统计。分为四部分：有“台账管理”、“报表管理”、“库存管理”、“竣工工程结算表”。

三、多选题

1. 材料管理系统的主要功能有（　　）。

A. 系统维护　　B. 材料计划管理　　C. 材料账表管理　　D. 退料管理

E. 废旧材料管理

【答案】BCE

【解析】材料管理系统分七个功能：系统设置、基础信息管理、材料计划管理、材料收发管理、材料账表管理、单据查询打印、废旧材料管理。

2. 下列属于“系统设置”功能菜单中的选项的有（　　）。

A. 系统维护　　B. 设置总额　　C. 清空数据　　D. 查看日志

E. 备份

【答案】ACDE

【解析】“系统设置”功能菜单中有“系统维护”、“清空数据”、“查看日志”、“设置单价”、“备份”。

3. 菜单中的“材料收发管理”包括下列（　　）部分。

A. 进料管理　　B. 验收管理　　C. 领用管理　　D. 退料管理

E. 库存管理

【答案】BCD

【解析】菜单中的“材料收发管理”包括：收料管理、验收管理、领用管理、退料管理、调拨管理五部分。

4. 对材料所用的单据以及库存的信息进行分类汇总统计，分为四部分。其中，台账管理中的台账明细包括（　　）。

A. 材料的验收　　B. 材料的领用

C. 材料的调拨　　D. 材料的库存

E. 材料的退料

【答案】ABCE

【解析】对材料所用的单据以及库存的信息进行分类汇总统计。分为四部分：有“台账管理”、“报表管理”、“库存管理”、“竣工工程结算表”。其中，台账管理中的台账明细包括材料的验收、材料的领用、材料的调拨、材料的退料这四部分。

第十一章　施工材料、设备的资料管理和统计台账的编制、收集

一、判断题

1. 材料、设备的资料是竣工前开始编制的有效记录。

【答案】错误

【解析】材料设备的资料是工程施工过程的真实记录。

2. 节能保温材料质保书、出厂检验报告合格齐全后进行节能保温的施工。

【答案】错误

【解析】节能材料除提供质保书、出厂检验报告外，还应按批量进行复试，复试合格报监理审核通过后再进行节能保温的施工。

二、单选题

1. 门窗的质保资料不包括（　　）。

A. 铝合金框复试报告　　B. 生产许可证

C. 四性试验报告　　D. 质量证明书

【答案】A

【解析】门窗的质包资料包括：生产许可证、质量证明书、四性试验报告、交易凭证现场材料使用验收证明单。

三、多选题

1. 资料管理应遵循的原则有（　　）。

A. 技术资料应整洁美观　　B. 资料应尽量采用纸版成册

C. 资料应符合信息化要求　　D. 资料应尽量专业化

E. 资料应具有规范性

【答案】CE

【解析】资料管理应遵循的原则有技术资料应具有真实性，资料应具有规范性，资料应符合信息化要求。

2. 以下关于物资管理台账管理要求正确的有（　　）。

A. 管理仓库要建立账、卡，卡和电脑都应用电脑做

B. 每次收、发货记账后要进行盘点，物品与卡、账不一致时按账面数量计

C. 按单据记卡、记账，内容包括日期，摘要，收、发、存的数量

D. 仓管员的基本职能是保证账、卡、物三者相符

E. 将做过账的单据及时销毁

【答案】CD

【解析】管理仓库要建立账、卡，卡是手工账，账可以用电脑做。每次收货、发货都

要点数，按数签单据，按单据记卡、记账，内容包括日期，摘要，收、发、存的数量。每次收、发货记账后要进行盘点，点物品与卡、账是否一致，不一致可能是点数错，或者记账记错等，要分析，查找原因，纠正错误。仓管员的基本职能是保证账、卡、物三者相符，包括名称、规格、数量都相同。将记过账的单据按日期分类归档保存。每周、每月都要对物品进行盘点，以确保账、物、卡一致。

材料员岗位知识与专业技能试卷

一、判断题（共20题，每题1分）

1. 建筑材料、建筑构配件和设备检验不合格的不得使用。

【答案】(　　)

2. 我国的监理单位的资质分为甲级、乙级和丙级。其中，可以跨地区监理的是甲级和乙级资质的监理单位。

【答案】(　　)

3. 招标单位向选定的投标单位发函通知，领取或购买招标文件。但是对于发给投标申请书而未被选定参加投标的单位，则无需通知。

【答案】(　　)

4. 终止是因法律规定的原因或当事人约定的原因出现时，合同所规定的当事人双方的权利义务关系归于消灭的状况。

【答案】(　　)

5. 材料消耗量汇总表是编制材料需用量计划的依据。

【答案】(　　)

6. 材料用款计划为尽可能少的占用资金、合理使用有限的备料资金，而制定的材料用款计划，资金是材料物资供应的保证。

【答案】(　　)

7. 以大分包形式分包的工程，分包单位的物资供方评定工作由项目经理负责。

【答案】(　　)

8. 建筑材料的出厂检验报告可以替代进场复试报告。

【答案】(　　)

9. 国家标准规定，若使用活性骨料，用户要求提供低碱水泥时，水泥中碱含量不得大于0.6%或由买卖双方商定。

【答案】(　　)

10. 快硬水泥出厂一个月后，应重新检验强度，合格后方可使用。

【答案】(　　)

11. 轻骨料的细度模数宜在2.3～4.0范围内。

【答案】(　　)

12. 蒸压砖的强度不是通过烧结获得的。

【答案】(　　)

13. 高速公路和一级公路不得使用筛选砾石和矿渣。

【答案】(　　)

14. 材料堆码应遵循“合理和节约”的原则。

【答案】(　　)

15. 水泥的储存期自到达仓库算起，通用硅酸盐水泥出厂超过3个月，应进行复检。

【答案】（ ）

16. 材料现场的使用监督要提倡管理监督和自我监督相结合的方式，以降低消耗为目标，充分发挥相关管理、操作人员的积极性。

【答案】（ ）

17. 零星机具可按定额规定使用期限，由班组保管，丢失赔偿。

【答案】（ ）

18. 直接费由人工费、材料费和机械费组成。

【答案】（ ）

19. 乙炔发生器和乙炔瓶等与氧气瓶应保持一定距离，在乙炔发生器处严禁一切火源。夜间添加电石时，必须用明火照明。

【答案】（ ）

20. 收料单是唯一的材料入库手续，是财务核算材料成本收入的依据。

【答案】（ ）

二、单选题（共40题，每题1分）

21. 发包单位（ ）指定承包单位购入用于工程的建筑材料、建筑构配件和设备或者指定生产厂、供应商。

A. 可以　　B. 不得

C. 与施工方洽商后可以　　D. 与承包方洽商后可以

22. 具有相应的专业服务能力，对工程建设进行估算测量、咨询代理、建设等高智能服务，并取得服务费用的机构被称为（ ）。

A. 业主　　B. 承包商

C. 中介服务组织　　D. 建设工程交易中心

23. 下列选项中，不属于以采购为核心的企业市场调查目的与主题的是（ ）。

A. 采购计划的需求确定　　B. 市场竞争状况

C. 规划企业采购与供应战略　　D. 确定仓储规模

24. （ ）是经过政府主管部门批准，为建设工程交易提供服务的有形建筑市场。

A. 国内建筑市场　　B. 建筑工程交易机构

C. 中介服务组织　　D. 建设工程交易中心

25. 下列选项中，不属于按建设项目建设程序分类的招标方式是（ ）。

A. 项目开发招标　　B. 项目总承包招标

C. 勘察设计招标　　D. 工程施工招标

26. 以下关于邀请招标的方式，叙述正确的是（ ）。

A. 不发布广告

B. 应发布广告

C. 业主向有承担该项工程施工能力的2个以上（含2个）承包商发出招标邀请书

D. 业主向有承担该项工程施工能力的承包商发出招标邀请书

27. 对于涉及国家安全的工程、军事保密的工程、紧急抢险救灾工程应采用的招标方式是（　　）。

A. 公开招标　　B. 半公开招标　　C. 邀请招标　　D. 协商议标

28. 投标工作机构的职能不包括（　　）。

A. 收集和分析招投标的信息资料　　B. 从事建设项目的投标活动

C. 总结投标经验　　D. 编制招标文件

29. 合同的平等主体（即当事人）包括法人、其他组织和（　　）。

A. 自然人　　B. 私企　　C. 投标人　　D. 招标人

30. 终止是因法律规定的原因或当事人约定的原因出现时，合同所规定的当事人双方的权利义务关系归于消灭的状况。下列选项中，不属于终止的是（　　）。

A. 自然终止　　B. 裁决终止　　C. 协议终止　　D. 合同终止

31. 下列哪一项不是合同的担保方式（　　）。

A. 保证　　B. 抵押　　C. 赔偿　　D. 留置

32. 以下说法不正确的是（　　）。

A. 禁止承包人将工程分包给不具备相应资质条件的单位。

B. 禁止分包单位将其承包的工程再分包。

C. 建设工程主体结构不得分包

D. 承包人可以将其承包的全部建设工程转包给第三人

33. 材料月度需用计划也称（　　）计划。

A. 储备　　B. 备料　　C. 滚动　　D. 分解

34. 下列物资中，不属于C类物资的是（　　）。

A. 油漆　　B. 五金　　C. 小五金　　D. 杂品

35. 依据《建筑工程施工合同示范文本》，发包人供应的材料设备，（　　）派人参加清点后由（　　）妥善保管，（　　）支付相应费用。

A. 发包人，承包人，发包人　　B. 发包人，发包人，承包人

C. 承包人，承包人，承包人　　D. 承包人，承包人，发包人

36. 最优采购批量是指（　　）之和最低的采购批量。

A. 材料费和机械费　　B. 采购费和储存费

C. 运输费和采购费　　D. 仓储费和损耗费

37. 材料供应的“三包”是（　　）。

A. 包质、包量、包进度　　B. 包供应、包退换、包回收

C. 包质、包量、包退换　　D. 包供应、包质量、包退换

38. 对物资供方的评估的内容不包括（　　）。

A. 生产能力　　B. 社会信誉　　C. 供货速度　　D. 质量保证能力

39. 水泥出厂超过（　　）个月时，应进行复验，并按复验结果使用。

A. 1　　B. 2　　C. 3　　D. 4

40. 下列选项中，不属于通用硅酸盐水泥的技术要求中的物理指标的是（　　）。

A. 碱含量　　B. 凝结时间　　C. 安定性　　D. 细度

41. 可用于紧急抢修工程的是（　　）。

A. 快硬硅酸盐水泥　　B. 膨胀水泥

C. 自应力水泥　　D. 中热硅酸盐水泥

42. 轻骨料的技术要求不包括（　　）。

A. 颗粒级配　　B. 贝壳含量　　C. 堆积密度　　D. 粒型系数

43. 热轧带肋钢筋的代号为（　　）。

A. HPB　　B. HRB　　C. CRB　　D. WLR

44. 长期受高于200℃温度作用，或受冷热交替作用，或有酸性侵蚀的建筑部位（　　）使用粉煤灰砖。

A. 必须　　B. 应当　　C. 可以　　D. 不得

45. 多用于沥青面层下层的是（　　）沥青混合料。

A. 粗粒式　　B. 中粒式　　C. 细粒式　　D. 混合式

46. 水泥、镀锌钢管适宜存放在（　　）。

A. 仓库　　B. 库棚　　C. 料场　　D. 露天

47. 小规格钢材，如高强度钢丝等最好放入（　　）保管。

A. 仓库　　B. 库棚　　C. 料场　　D. 特殊库房

48. 材料验收入库正确的工作程序是（　　）。

A. 验收准备→检验实物→办理入库手续→问题处理

B. 验收准备→核对凭证→检验实物→问题处理→办理入库手续

C. 验收准备→核对凭证→检验实物→再验收→办理入库手续→问题处理

D. 验收准备→检验实物→办理入库手续→问题处理→再验收

49. 对于调往项目以外其他部门或其他项目的材料，凭施工项目材料主管人签发或上级主管部门签发、项目材料主管人员核准的（　　）调拨材料。

A. 工程暂设用料申请单　　B. 工程暂供用料单

C. 限额领料单　　D. 材料调拨单

50. 以下不属于材料使用监督的内容的是（　　）。

A. 监督材料在使用中是否按照材料的使用说明和材料做法的规定操作

B. 监督材料在使用中是否按技术部门制定的施工方案和工艺进行

C. 监督材料在使用中操作人员是否做到工完场清、活完脚下清

D. 监督材料在使用中是否按技术部门制定的节约措施执行

51. 主要反映周转材料投入和使用的经济效果及其摊销状况的核算是（　　）。

A. 会计核算　　B. 统计核算　　C. 业务核算　　D. 会计业务核算

52. 租赁中的管理费和保养费均按周转材料原值的一定比例计取，一般不超过原值的（　　）。

A. 2%　　B. 3%　　C. 4%　　D. 5%

53. 下列选项中，关于周转材料的租赁、费用承包和实物量承包三者之间的关系，说法不正确的是（　　）。

A. 实行费用承包是工区或施工队对单位工程或承包标段所进行的费用控制和管理

B. 实行租赁办法是企业对工区或施工队所进行的费用控制和管理

C. 实行实物量承包是单位工程或承包标段对使用班组所进行的数量控制和管理

D. 实行租赁办法是工区或施工队对单位工程或承包标段所进行的费用控制和管理

54. 以下不属于规费的是（　　）。

A. 社会保险费　　B. 住房公积金

C. 工程定额测定费　　D. 劳动保险费

55. 根据构成工程成本的各个要素，按编制施工图预算的方法确定的工程成本是（　　）。

A. 预算成本　　B. 计划成本　　C. 实际成本　　D. 统计成本

56. 储备实物量的核算是对实物（　　）的核算。

A. 期末库存量　　B. 平均材料消耗量

C. 周转速度　　D. 综合单价

57. 根据使用期限和单价来确定摊销额度的摊销方法是（　　）。

A. 分布摊销法　　B. 一次摊销法

C. “五五”摊销法　　D. 期限摊销法

58. 下列属于对第二类危险源的控制方法的是（　　）。

A. 个体防护　　B. 隔离危险物质

C. 改善作业环境　　D. 应急救援

59. 施工废弃物减量化原则是一种以（　　）的方法。

A. 强制减排　　B. 全过程控制　　C. 预防为主　　D. 及时消纳

60. 下列不属于材料管理系统的主要功能的是（　　）。

A. 系统设置　　B. 基础信息管理

C. 单据查询打印　　D. 材料库存管理

三、多选题（共 20 题，每题 2 分，选错项不得分，选不全得 1 分）

61. 强制性标准监督检查的内容包括（　　）。

A. 有关工程技术人员是否熟悉、掌握强制性标准

B. 工程项目的规划、勘察、设计等是否符合强制性标准

C. 工程项目的安全、质量是否符合强制性标准的规定

D. 工程采用的材料、设备是否符合强制性标准的规定

E. 工程中采用的国际标准和国外标准

62. 一般说，市场是由市场主体、市场客体和（　　）构成的。

A. 市场规则　　B. 市场价格　　C. 市场机制　　D. 市场交易

E. 市场效益

63. 建筑市场的构成主要包括（　　）。

A. 主体　　B. 客体

C. 建设工程交易中心　　D. 政府部门

E. 社会职能部门

64. 资格评审的主要内容包括（　　）。

A. 法人地位　　B. 信誉　　C. 财务状况　　D. 技术资格

E. 资质

65. 赔偿损失的方式有（　　）。

A. 恢复原状　B. 金钱赔偿　C. 实物赔偿　D. 代物赔偿
E. 采取补救措施

66. 已知工程结构类型及建设面积匡算主要材料需用量时，必需的数据是（　）。
A. 工程的建筑面积　B. 该种材料消耗定额
C. 调整系数　D. 每万元工程量该种材料消耗定额
E. 工程项目总投资

67. 下列物资中，属于A类物资的有（　）。
A. 钢材　B. 水泥　C. 木材　D. 装饰材料
E. 防水材料

68. 对物资供方的评定采取的方法有（　）。
A. 对供方能力和产品质量体系进行实地考察与评定
B. 对供方的财务状况进行评定
C. 对供方的信誉进行调查与评定
D. 对所需产品样品进行综合评定
E. 了解其他使用者的使用效果

69. 材料计划分类中，以下属于按计划用途分的有（　）。
A. 一次性用料计划　B. 材料申请计划
C. 生产材料计划　D. 材料储备计划
E. 材料加工订货计划

70. 快硬硅酸盐水泥可用于（　）。
A. 紧急抢修工程　B. 低温施工工程　C. 高等级混凝土　D. 大体积建筑物
E. 耐磨性工程

71. 混凝土强度的评定方法有（　）。
A. 统计方法评定　B. 非统计方法评定
C. 标准差已知方案评定　D. 标准差未知方案评定
E. 合格性评定

72. 低合金钢与碳素钢相比提高了（　）。
A. 屈服强度　B. 抗拉强度　C. 抗弯强度　D. 耐磨性
E. 耐腐蚀性

73. 土工合成材料的力学性能主要包括（　）。
A. 拉伸性能　B. 穿透强力　C. 撕破强力　D. 顶破强力
E. 渗透性能

74. 材料的保管包括（　）等方面。
A. 材料的验收　B. 材料的码放
C. 材料的保管场所　D. 材料的账务管理
E. 材料的安全消防

75. 建筑钢材代换的原则有（　）。
A. 当构件受承载力控制时，可按强度相等原则进行代换
B. 当构件受承载力控制时，可按截面面积相等原则进行代换

C. 当构件按最小配筋率配筋时，可按截面面积相等原则进行代换

D. 当构件按最小配筋率配筋时，可按强度相等原则进行代换

E. 当构件受裂缝宽度或挠度控制时，代换后应进行相应的验算

76. 限额领料的方式有（　　）。

A. 按分部工程限额领料　　B. 按分项工程限额领料

C. 按分层分段限额领料　　D. 按工程部位限额领料

E. 按单位工程限额领料

77. 按机具设备的价值和使用期划分，机具设备可分为（　　）。

A. 固定资产设备　B. 专用机具　C. 通用机具　D. 低值易耗机具

E. 消耗性机具

78. 工程成本按其在成本管理中的作用的表现形式有（　　）。

A. 材料成本　B. 预算成本　C. 实际成本　D. 计划成本

E. 分项成本

79. 以下选项中，应安装避雷设施的工程部位及设施有（　　）。

A. 易燃物品库房　B. 脚手架　C. 卷扬机架　D. 在施工建筑工程

E. 深基坑

80. 以下关于物资管理台账管理要求正确的有（　　）。

A. 管理仓库要建立账、卡，卡和电脑都应用电脑做

B. 每次收、发货记账后要进行盘点，物品与卡、账不一致时按账面数量计

C. 按单据记卡、记账，内容包括日期，摘要，收、发、存的数量

D. 仓管员的基本职能是保证账、卡、物三者相符

E. 将做过账的单据及时销毁

材料员岗位知识与专业技能试卷答案与解析

一、判断题（共20题，每题1分）

1. 正确

【解析】建筑法规定建筑材料、建筑构配件和设备检验不合格的不得使用。

2. 错误

【解析】我国的监理单位的资质分为甲级、乙级和丙级。甲级监理单位可以跨地区、跨部门监理一、二、三等的工程。

3. 错误

【解析】招标单位向选定的投标单位发函通知，领取或购买招标文件。对那些发给投标申请书而未被选定参加投标的单位，招标单位也应该及时通知。

4. 正确

【解析】终止是因法律规定的原因或当事人约定的原因出现时，合同所规定的当事人双方的权利义务关系归于消灭的状况，包括自然终止、裁决终止和协议终止。

5. 正确

【解析】材料消耗量汇总表是编制材料需用量计划的依据。

6. 正确

【解析】材料用款计划为尽可能少的占用资金、合理使用有限的备料资金，而制定的材料用款计划，资金是材料物资供应的保证。

7. 错误

【解析】以大分包形式分包的工程，分包单位的物资供方评定工作由项目物资部负责。

8. 错误

【解析】建筑材料的出厂检验报告和进场复试报告有本质的不同，不能替代。

9. 正确

【解析】国家标准规定，若使用活性骨料，用户要求提供低碱水泥时，水泥中碱含量不得大于0.6%或由买卖双方商定。

10. 正确

【解析】快硬水泥易受潮变质，出厂一个月后，应重新检验强度，合格后方可使用。

11. 正确

【解析】轻骨料的细度模数宜在2.3～4.0范围内。

12. 正确

【解析】蒸压砖的强度不是通过烧结获得，而是制砖时掺入一定量的胶凝材料或在生产过程中形成一定的胶凝物质使砖具有一定强度。

13. 正确

【解析】高速公路和一级公路不得使用筛选砾石和矿渣。

14. 错误

【解析】材料堆码应遵循“合理、牢固、定量、整齐、节约和便捷”的原则。

15. 错误

【解析】水泥的储存期自出厂日期算起，通用硅酸盐水泥出厂超过3个月，应进行复检。

16. 错误

【解析】材料现场的使用监督要提倡管理监督和自我监督相结合的方式，在保证质量前提下，充分发挥相关管理、操作人员降低消耗的积极性。

17. 错误

【解析】零星机具可按定额规定使用期限，由班组交给个人保管，丢失赔偿。

18. 错误

【解析】直接费由直接工程费和措施费组成。直接工程费包括人工费、材料费和施工机械使用费。

19. 错误

【解析】乙炔发生器和乙炔瓶等与氧气瓶应保持一定距离，在乙炔发生器处严禁一切火源。夜间添加电石时，应使用防爆手电筒照明，禁止用明火照明。

20. 错误

【解析】验收单是唯一的材料入库手续，是财务核算材料成本收入的依据，而不是收料单。

二、单选题（共40题，每题1分）

21. B

【解析】发包单位不得指定承包单位购入用于工程的建筑材料、建筑构配件和设备或者指定生产厂、供应商。

22. C

【解析】中介服务组织指具有相应的专业服务能力，对工程建设进行估算测量、咨询代理、建设等高智能服务，并取得服务费用的机构。

23. D

【解析】施工企业市场调查目的与主题主要有采购计划的需求确定、市场竞争状况、潜在供应商开发、规划企业采购与供应战略。

24. D

【解析】建设工程交易中心是经过政府主管部门批准，为建设工程交易提供服务的有形建筑市场。

25. B

【解析】按工程项目建设程序招标可分为建设项目开发招标、勘察设计招标和工程施工招标三类。

26. A

【解析】邀请招标不能发布广告，是向有承担该项工程施工能力的3个以上（含3个）工程单位发出招标邀请书。

27. D

【解析】对于涉及国家安全的工程、军事保密的工程、紧急抢险救灾工程，或专业性、技术性要求较高的特殊工程，不适合采用公开招标和邀请招标的建设项，经招投标管理机构审查同意，可以进行协商议标。

28. D

【解析】投标工作机构的职能包括：收集和分析招投标的各种信息资料；从事建设项目的投标活动；总结投标经验，研究投标策略。

29. A

【解析】合同的平等主体（即当事人）包括法人、其他组织和自然人。

30. D

【解析】终止包括自然终止、裁决终止和协议终止。

31. C

【解析】合同担保方式：保证、抵押、质押、留置和定金。

32. D

【解析】承包人不得将其承包的全部建设工程转包给第三人。

33. B

【解析】月度需用计划也称备料计划，是由项目技术部门依据施工方案和项目月度计划编制的下月备料计划。

34. B

【解析】属于C类物资的有：油漆、小五金、杂品、劳保用品等。

35. D

【解析】依据《建筑工程施工合同示范文本》，发包人供应的材料设备，承包人派人参加清点后由承包人妥善保管，发包人支付相应费用。

36. B

【解析】最优采购批量，也称最优库存量，或称经济批量，是指采购费和储存费之和最低的采购批量。

37. B

【解析】材料供应的“三包”是包供应、包退换、包回收。

38. C

【解析】对物资供方的评估的内容有：生产能力和供货能力；所供产品的价格水平和社会信誉；质量保证能力；履约表现和售后服务水平；产品环保、安全性。

39. C

【解析】水泥贮存期为3个月，逾期水泥应重新检验，合格后方可使用。

40. A

【解析】通用硅酸盐水泥的技术要求中的物理指标包括凝结时间、安定性、细度、强度。

41. A

【解析】快硬硅酸盐水泥可用于紧急抢修工程、低温施工工程、高等级混凝土等。

42. B

【解析】轻骨料的技术要求主要有颗粒级配、堆积密度、粒型系数、筒压强度和吸水率等。

43. B

【解析】热轧带肋钢筋的代号为 HRB。

44. D

【解析】长期受高于 200℃温度作用，或受冷热交替作用，或有酸性侵蚀的建筑部位不得使用粉煤灰砖。

45. A

【解析】粗粒式沥青混合料多用于沥青面层的下层。

46. A

【解析】仓库通常存放不宜风吹日晒、雨淋，对空气中温度、湿度及有害气体反应较敏感的材料，如各类水泥、镀锌钢管、镀锌钢板、混凝土外加剂、五金设备、电线电料等。

47. A

【解析】优质钢材、小规格钢材等最好放入仓库储存保管。

48. B

【解析】材料验收入库的工作程序是验收准备→核对凭证→检验实物→问题处理→办理入库手续。

49. D

【解析】对于调往项目以外其他部门或其他项目的材料，凭施工项目材料主管人签发或上级主管部门签发、项目材料主管人员核准的材料调拨单调拨材料。

50. D

【解析】材料使用监督的内容：

1）监督材料在使用中是否按照材料的使用说明和材料做法的规定操作；

2）监督材料在使用中是否按技术部门制定的施工方案和工艺进行；

3）监督材料在使用中操作人员是否做到工完场清、活完脚下清。

51. A

【解析】会计核算要反映周转材料投入和使用的经济效果及其摊销状况，它是资金的核算。

52. A

【解析】租赁中的管理费和保养费均按周转材料原值的一定比例计取，一般不超过原值的 2%。

53. D

【解析】实行租赁办法是企业对工区或施工队所进行的费用控制和管理，因此 D 选项错误。其他三项均表述的是周转材料的租赁、费用承包和实物量承包三者之间的关系。

54. D

【解析】规费包括：社会保险费、住房公积金、危险作业意外伤害保险、工伤保险、工程定额测定费等。

55. A

【解析】预算成本根据构成工程成本的各个要素，按编制施工图预算的方法确定的工程成本。

56. C

【解析】储备实物量的核算是对实物周转速度的核算。

57. D

【解析】期限摊销法是根据使用期限和单价来确定摊销额度的摊销方法。

58. C

【解析】第二类危险源的控制方法有：提高各类设施的可靠性以消除或减少故障、增加安全系数、设置安全监控系统、改善作业环境等。

59. C

【解析】施工废弃物减量化原则是一种以预防为主的方法。

60. D

【解析】材料管理系统分七个功能：系统设置、基础信息管理、材料计划管理、材料收发管理、材料账表管理、单据查询打印、废旧材料管理。

三、多选题（共20题，每题2分，选错项不得分，选不全得1分）

61. ABCD

【解析】强制性标准监督检查的内容包括有关工程技术人员是否熟悉、掌握强制性标准；工程项目的规划、勘察、设计等是否符合强制性标准；工程项目的安全、质量是否符合强制性标准的规定；工程采用的材料、设备是否符合强制性标准的规定。

62. ABC

【解析】市场是由市场主体、市场客体、市场规则、市场价格和市场机制构成的。

63. ABC

【解析】建筑市场的构成主要包括主体、客体、建设工程交易中心。

64. ABCD

【解析】资格评审的主要内容包括：法人地位、信誉、财务状况、技术资格、项目实施经验等。

65. ABD

【解析】赔偿损失的方式有恢复原状、金钱赔偿和代物赔偿。

66. ABC

【解析】已知工程结构类型及建设面积匡算主要材料需用量时，必需的数据是工程的建筑面积；该类工程单位建筑面积该种材料消耗定额，调整系数。

67. ABCD

【解析】属于A类物资的有：钢材、水泥、木材、装饰材料、机电材料、工程机械设备。

68. ADE

【解析】对物资供方的评定采取的方法有：对供方能力和产品质量体系进行实地考察与评定；对所需产品样品进行综合评定；了解其他使用者的使用效果。

69. BE

【解析】按计划用途，材料计划可以分为材料需用计划、材料申请计划、材料供应计划、材料加工订货计划、材料采购计划、材料运输计划、材料用款计划。

70. ABC

【解析】快硬硅酸盐水泥可用于紧急抢修工程、低温施工工程、高等级混凝土等。

71. AB

【解析】混凝土强度的评定方法有统计方法评定和非统计方法评定。

72. ABDE

【解析】低合金钢与碳素钢相比提高了屈服强度、抗拉强度、耐磨性、耐腐蚀性及耐低温性能等。

73. ABC

【解析】土工合成材料的力学性能主要包括拉伸性能、撕破强力、刺破强力、穿透强力和摩擦性能等。

74. BCE

【解析】现场材料仓储管理主要包括：选择进场材料保管场所；材料的堆码；材料的标识；材料的安全消防；材料的维护保养。

75. ACE

【解析】建筑钢材代换的原则有：

（1）当构件受承载力控制时，可按强度相等原则进行代换；

（2）当构件按最小配筋率配筋时，可按截面面积相等原则进行代换；

（3）当构件受裂缝宽度或挠度控制时，代换后应进行相应的验算。

76. BCDE

【解析】限额领料的方式有：按分项工程限额领料；按分层分段限额领料；按工程部位限额领料；按单位工程限额领料。

77. ADE

【解析】按机具设备的价值和使用期划分，机具设备可分为固定资产设备、低值易耗机具、消耗性机具。

78. BCD

【解析】工程成本按其在成本管理中的作用有三种表现形式：预算成本、计划成本、实际成本。

79. ABC

【解析】油库、易燃物品库房、塔吊、卷扬机架、脚手架、在施工的高层建筑工程等部位及设施都应安装避雷设施。

80. CD

【解析】管理仓库要建立账、卡，卡是手工账，账可以用电脑做。每次收货、发货都要点数，按数签单据，按单据记卡、记账，内容包括日期，摘要，收、发、存的数量。每次收、发货记账后要进行盘点，点物品与卡、账是否一致，不一致可能是点数错，或者记账记错等，要分析，查找原因，纠正错误。仓管员的基本职能是保证账、卡、物三者相符，包括名称、规格、数量都相同。将记过账的单据按日期分类归档保存。每周、每月都要对物品进行盘点，以确保账、物、卡一致。